本书由上海交大 - 南加州大学文化创意产业学院
国际文化创意产业研究学会项目资助

观·物

两宋书籍设计

岳鸿雁 著

上海交通大学 出版社

SHANGHAI JIAO TONG UNIVERSITY PRESS

内容提要

宋代是"中国印刷术的黄金时代"。本书回到与现在同样经历巨大技术变革的中国雕版书籍的黄金时代——两宋（960—1279年），以两宋书籍设计为研究主体，探讨其物质属性和精神属性，寻找宋代思想和技术变革对书籍设计的影响，分析了宋代思想观念、创新和产品的循环过程如何推动当时的社会创新，两宋书籍视觉秩序如何建构和表征当时的文化秩序，以及其对今天书籍设计的启示。中国传统文化讲技以载道、道器合一，传统中国书籍设计连接了作为精神文化的书籍内容和作为物质载体的书籍形式，从造物设计角度看，将内容看作道，将书看作器，设计作为技，是道与器的连接点，承载了道，中国的观·物理念即起始点。本书作者爬梳了国内外现存宋版书，系统分析了两宋书籍的社会背景、观念、制度、形态、版式以及背后传递的美学价值。

图书在版编目（CIP）数据

观·物：两宋书籍设计 / 岳鸿雁著．—上海：上
海交通大学出版社，2023.5
　　ISBN 978-7-313-28456-3

　　Ⅰ.①观…　Ⅱ.①岳…　Ⅲ.①书籍装帧-图书史-中
国-宋代　Ⅳ.①TS881

　　中国国家版本馆CIP数据核字（2023）第050905号

观·物： 两宋书籍设计
GUAN·WU: LIANGSONG SHUJI SHEJI

著　　者:	岳鸿雁			
出版发行:	上海交通大学出版社		地　　址:	上海市番禺路951号
邮政编码:	200030		电　　话:	021-64071208
印　　制:	常熟市文化印刷有限公司		经　　销:	全国新华书店
开　　本:	710mm×1000mm　1/16		印　　张:	17
字　　数:	273千字			
版　　次:	2023年5月第1版		印　　次:	2023年5月第1次印刷
书　　号:	ISBN 978-7-313-28456-3			
定　　价:	68.00元			

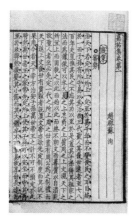
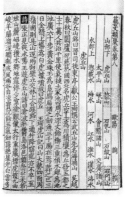

《嘉祐集》十五卷，宋苏
洵撰。宋刻本

《艺文类聚》一百卷，唐
欧阳询等辑。宋绍兴严
州刻本

《春秋经传集解》三十
卷，晋杜预撰。唐陆德
明释文。宋刻本

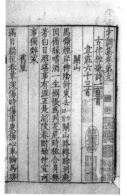
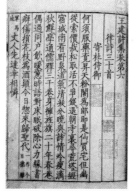

《才调集》十卷，五代
韦縠辑。宋临安府陈宅
书籍铺刻本

《王建诗集》十卷，唐王
建撰。宋临安府陈解元
宅刻本

《王建诗集》

《增修互注礼部韵略》
五卷，宋毛晃增注，宋
毛居正重增。宋刻元公
文纸印本

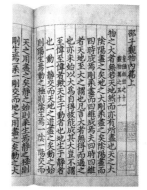

《邵子观物内篇》二卷，宋
邵雍撰。宋吴坚福建漕治
刻本

《渔樵问对》一卷，宋
邵雍撰。宋吴坚福建
漕治刻本

《长短经》九卷，唐
赵蕤撰。北宋刻本

《礼记》，宋绍熙刻本，线装

《虞斋考工记解》，宋刻本，线装

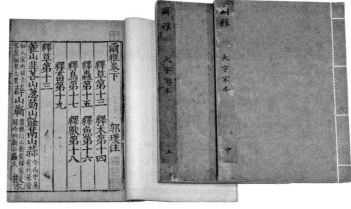

《尔雅》三卷，南宋国子监大字刊本

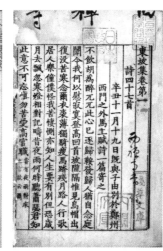

左图：《世说新语》南宋绍兴八年
刊本

右图：《东坡集》南宋时期杭州刊
本

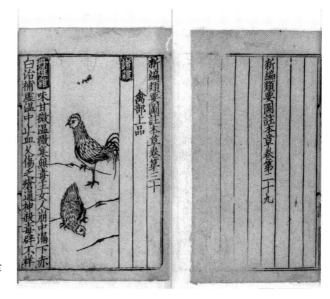

《新编类要图注本草》宋末元初建安余
彦国励贤堂刊本

千里江山图

序　一

　　岳鸿雁是我带的第一位博士生，也是上海交通大学海派连环画基地副主任。历经四年，每遇事而进、勤奋好学。其本科毕业于 985 大学（南开大学外国语学院英语专业）、硕博士均毕业于中国 C9 大学。她于复旦大学新闻学院获得传播学硕士学位，于上海交通大学设计学院获得设计学博士学位，后留校于上海交通大学文创学院任职一年。硕士期间她跟随著名传播学大师、复旦大学信息与传播研究中心"教育部文科重点研究基地"主任，复旦大学传播（国家重点学科）学科带头人张国良教授学习。张国良教授后至上海交通大学担任媒体与设计学院立院院长。小岳有缘成为张教授弟子并深受导师严谨的治学态度与方法的影响，每年一次的全球传播大会都积极跟随并宣读其论文。

　　后小岳跟我读博，选的是设计学主题。最终定题在两宋书籍。书籍设计是她在深圳报业集团工作多年中一直关注的命题，并对"中国最美的书""世界最美的书"评选活动的获奖者长期关注，如北京吕敬人及其弟子韩湛宁、南京的赵清、台湾（《汉声》杂志）黄永松老师等，也在之后交大设计专题讲座中尽力邀请他们过来，一堂堂精彩讲座深受师生好评。设计学对于小岳来说，是初遇，但凭借她深厚的文字功底与长期养成的自学能力和才思敏捷，其早已熟知了设计学的基本理论原理。她的论文一挥而就 20 多万字，洋洋洒洒，深受传播学教授和设计学教授们的赞赏，也屡屡成学弟学妹们传看的模板和学习的榜样。文中以两宋书籍为定位点，涉及诸多中西文明中的哲思发展规律与各个朝代的思想潮流之更替发展。立足于两宋书籍，论文涉及两宋历史文化与宋明理学、文化史，落脚点在内心，推导出"书籍演变史不仅是一部媒介变革史，而且是心物互一的认知过程发展史。其发展与整体文化有着互动关系。技术的变革和文化的发展带来书籍设计形态的变化，深刻影响着人类阅读和认知行为"，并整理出一条中国哲思的脉络图系：从先秦老子"涤除玄鉴"，到魏晋宗炳"澄怀观道，卧以游之"，至唐代王维指出："水墨为上，肇自然之性"、张璪"外师造化，中得心源"、再到两宋宋明理学提出"格物致知"，一直到王阳明"致良知"。论文指出各个局部"和而不同"，但终点一样，都归于内心而感悟主客两面需层层修颐。又以传播学理论分出：观物取象、仰观俯察、吾以观复、澄怀观道、循环往复、观之以理、格物致知、心物化一等重要概念，一一阐述、逻辑清晰，用字精到，可谓"致广大、尽精微"。

小岳是内蒙古人，其祖先为满族镶黄旗。大草原的成长背景，让她的性格中带有一种闯劲和不服输的劲头。她从青年外出求学，后来扎根于深圳。因其沪上的求学经历，我也曾想过让她留职于上海，虽然私下也希望她留校，但我还是支持她毕业后回到深圳，因为传媒是她最擅长的领域，深圳也是她最熟悉的地方。希望小岳能够继续努力、精进、深耕，心无旁骛。倘得如此，是深圳报业之福，也是传媒领域之幸。

李 钢

（上海交通大学设计学院教授、博导，美术学学科负责人、传统文化与当代设计研究所所长、"海派书画院"副院长、台湾艺术大学客座教授、上海美术家协会会员、上海交通大学中国连环画基地主任）

序 二

何为观·物？

书籍演变史不仅是一部媒介变革史，而且是心物化一的认知过程发展史。其发展与整体文化有着互动关系。技术的变革和文化的发展带来书籍设计形态的变化，深刻影响着人类阅读和认知行为。

中西方书籍虽然在册页形式、内文版式、装帧形式上有很多相似之处，但是它们之间仍会产生不同的阅读体验，体现在设计语言、视像结构、审美观念，以及思维方式上。中国的书籍总的来说是平和、简约、中正、标准化的，有着柔软的触觉体验，强调书卷气和雅致和谐的整体感受。两宋是中国雕版印刷的黄金时代，出版印制了大量的书籍，其整体特征，包括天头、地尾、竖排、鱼尾、板框、字体、负形等外在特征奠定了中国古代书籍形式的基础，其对比、平衡、参合并观的内在特征也反映了中国古人的文化秩序观。在本书中，这种基于内在的文化秩序观而形成外在形式特征的造物过程就是中国人观物思维方式的体现，笔者将其总结为观物设计。观·物设计是依托文脉，为建立一种文化价值体系而进行的心物合一的造物过程，是主体对客体的主观能动过程、主体与客体的认知交互过程和信息动态传播过程，是信息、美与秩序的共同表征。

尽管书籍设计的概念到现代才形成，但是书籍装帧设计的实践古已有之。本书的研究回到与现在一样经历巨大技术变革的中国雕版书籍的黄金时代——两宋（960—1279 年），以两宋书籍装帧设计为研究主体，探讨其物质属性和精神属性，分析了宋代思想和技术变革对书籍设计的影响，书籍的视觉秩序如何建构和表征当时的文化秩序，以书籍为核心的思想观念、创新过程和产品循环过程如何推动当时的社会创新，以及两宋书籍设计对现代书籍设计的启示。

笔者从中国汉字出发，在中国典籍中梳理中国人有关观物的理念，进而从本体论、认识论、方法论上提炼出观物取象、仰观俯察、吾以观复、澄怀观道、循环往复、观之以理、格物致知、心物合一这八个最重要的概念，认为其是影响中国人书籍装帧设计的背后因素。观物的思维方式在宋代得以长足发展，随着儒学的复兴，即理学的形成，也在理论体系上有了明确的发展，到明代进一步发展，成为影响中国人的重要思维理念。观·物思维对儒释道三家思想的融合和创新是中国人的人生智慧，也是社会发展的智慧所在。其中对主客体一元化的思考，不同于西方主客二分的思想，而是源自中国《易经》的思想，以其辩证统一的阴阳而生万物。

作为传统中国思想的一部分，观·物设计思想是描述并解释中国书籍装帧设计的重要引擎，两宋书籍是中国观·物思维模式下的文化产物。笔者对宋代书籍加以具体的实例研究，从文化制度、出版制度、典籍制度、装帧形式和审美范式上对观·物设计思想加以验证和阐释。从美学意义上看，宋代书籍是对宋代美学的一种反映，也是对宋代文化秩序的一种反映。

作为中国传统文化的一个高峰，宋版书（也称宋椠本）与宋画、宋瓷一起代表着宋型文化。宋版书今天因其刻印精美和存量极为稀少（现存 4 000 种左右）而具有独特的收藏价值；同时其装帧、版式、字体、材质、美学也极具风格，成为后世楷模。在形式之外，宋版书设计传达了有关整体性、秩序、对称、互补、阴阳、动静、留白、境界、参合并观等视觉理念，不仅是信息的整合，而且是技术和美的融合、美感和情感的表达，是宋代中央政府从上至下为建立文化秩序而形成的一种视觉秩序，亦集中体现了视觉秩序与文化秩序之间的体用关系。在宋代书籍装帧中，观·物（设计思想）是起点，也是终点，贯穿始终，是中国人循环往复的时空观的体现，文化环境是前提（设计环境），出版制度是保证（设计管理），雕版技术是关键（设计技术），格物致知、心物化一（设计文化）是核心。设计连接了认知循环圈和传播循环圈。通过设计，通过对文化符号与社会符号的阐释和再表征，通过符号与社会结构的整合关系，社会得以创造、维系和改造。

我们从中国古代的建筑中，也可以找到与中国书籍所对应的特征。而中国社会的特征也和中国书籍所呈现的特征有相似之处。在总体上强调秩序与和谐的空间内，中国人发挥着自己的个性和智慧，寻找弹性和变化的空间。这里面包含着对中国人个体的桎梏，也是中国人在动乱纷争和人口密集以至紧绷的社会结构中保持文化稳定的一种生命选择。当然，笔者并不是为集体对个体的桎梏而辩护（西方的个人主义确实为我们打开了一扇新的思考人的主体地位的大门），而是强调融合整体与个体的关系是应对今天世界危机的一种有效方式。

书籍秩序的背后其实是一种信息秩序，更是一种社会秩序。从这个意义上而言，思考书籍以及媒介的设计显性表达，其实也是在透过设计表象思考我们当今社会的文化秩序。就设计过程而言，观物是起点，亦是终点。观·物是连接设计和传播的桥梁，观·物是一种方法论，也是一种价值观。它能不能算作一种理论，当然还值得探讨。

对当代设计而言，从中国传统文化中提取营养，不仅仅是提取纹样、色彩、造型等物化的视觉符号，也是提取蕴含在其中的视觉经验、思维模式、价值取向，以期寻找形式与内容并存的图式、形式知觉和认知模块。宋版书中所蕴含的形式知觉和认知模块与今天中国人的心理结构有着呼应和同构的关系。

本书章节涵盖了宽广的时间跨度，但总体是在观·物设计理念的统摄下加以阐述和分析。中国文化经历了漫长的变革，特别是五四运动以后，大量的西方思想涌入国内，也让中国的书籍设计形成了新的风貌，融合了许多优秀的创新的视觉体验。然而，重拾古人的智慧，思考设计背后的力量，寻找和确认中国人的设计语言和设计思维可以让中国原创设计力量更加凸显。中国原创设计力量不仅仅是符号，是表象，还是内在的精神和认知方式。事实上，当代的哲学思维、认知理论以及设计理论都在彼此吸收、互相借鉴。中西方总是各有各的智慧，既不能妄自菲薄，也不能妄自尊大。

岳鸿雁

于上海新华苑

2022 年 2 月 22 日

目 录

第一章　我们为什么研究宋代书籍

宋代是"中国印刷术的黄金时代","宋代刊本就以纸张、墨色、书法、绘图和刻工的精美见称于世"。[1]起源于隋代、发展于唐代的雕版印刷技术到宋代成熟，形成了多层次的刻印组织、明确的规范和丰富的内容。王国维于 1907 年在《古雅之在美学上之位置》强调宋代书刻之美，讲到美的两种形式，第一种为材质（内容），第二种为表现技巧（形式），举例就包括："三代之钟鼎，秦汉之摹印，汉、魏、六朝、唐、宋之碑帖，宋元之书籍等，其美之大部，实存于第二形式"[2]。

一、缘　　起

（一）宋版书的价值

今天，宋版书（也称宋椠本），因其刻印精美和存量极为稀少，而具有独特的收藏价值；同时其装帧、版式、字体、材质也极具风格，所谓"致广大而尽精微，极高明而道中庸"，成为后世楷模。平衡典雅、横平竖直、结构均匀的宋体字就是在宋代形成雏形，以至于文字大小的选择与整个版面形成的物象和负形黑白的关系（即现代书籍设计中字号的大小，字号与版心的关系等）都在宋代形成，进而影响了后世书籍，并对现代书籍起到了直接的引导作用。宋代刻书以书

[1] 钱存训.中国纸和印刷文化史［M］.桂林:广西师范大学出版社，2004:4，143.
[2] 王国维.王国维遗书（第五册）［M］.上海:上海书店出版社，2011:25.

品讲究著称，其纸张、墨色、刻印、版式、阅读体验都被后人称道。宋版书中首次出现了版式边框、界行、鱼尾、页码、牌记等规则，规范纯粹，奠定了中国书籍的基本格式。在装帧上，宋代以前，传统书籍的装帧曾有过简策、帛书卷子装、纸书卷轴装、旋风装、纸书经折装、纸书梵夹装，在宋代则首次形成了册页装[1]，包括蝴蝶装、包背装，改变了唐代以来的卷轴装。直至今天，尽管书籍的形式有各种变化，但册页的翻书方式仍然为书籍阅读的主流形式。宋版书重视刊刻质量，三次校对（也是现代书籍出版中三审三校制度的滥觞）后才雕版印行。后世往往以宋本为底本，进行再刻印。宋本保存了中国古籍中文字内容准确的刻本，使得中国上古和中古文化得以传承。明代藏书家高濂在《雅尚斋遵生八笺》中评论宋本"宋人之书，纸坚刻软，字画如写，格用单边，间多讳字。用墨稀薄，虽着水湿，燥无湮迹，开卷一种书香，自生异味"[2]，从视觉、触觉、嗅觉方面形容了宋版书。清代藏书家孙从添在《藏书纪要》中说："若果南、北宋刻本，纸质罗纹不同，字画刻手古劲而雅，墨色香淡，纸色苍润，展卷便有惊人之处。所谓墨香纸润，秀雅古劲，宋刻之妙尽之矣。"[3]本书认为，除了刻工的精美外，纸张、墨色、书法、插图一起造就了宋版书的品质。在形式之外，宋版书装帧传达了有关整体性、秩序、对称、互补、阴阳、动静、留白、境界、参合并观等视觉理念，不仅仅是信息的整合，更是美感和情感的表达，是雕版技术和美感的融合，蕴含着中国古人"仰观俯察""观物取象""吾以观复""澄怀观道""观之以理""格物致知""心物合一"的理念，是"儒道互补、庄禅相通"的体现。它的装帧方式，含蓄而内敛，表征了中国传统观·物的模式，诠释了中国古人对人与物关系的理解。

在今天探讨设计的本质问题时，这种对人与物之间关系的关注，对设计本质的探讨具有重要的启迪意义，对现代认知与设计理论也有参考价值。中国古人讲，技以载道，道器合一，传统中国书籍设计连接了作为精神文化的书籍内容和作为物质载体的书的形式，如果从造物设计的角度看，将内容看作道，将书看作

---

［1］ 在西方，册籍形式的书籍大约出现在 3 世纪到 4 世纪，与卷轴形式的书籍形态共存了两三个世纪。见吕敬人.书艺问道：吕敬人书籍设计说［M］.上海：上海人民美术出版社，2017：113.
［2］ 高濂.遵生八笺（下册）［M］.杭州：浙江古籍出版社，2019：550.
［3］ 叶德辉.书林清话［M］.北京：华文出版社，2012：163.

器，书籍设计作为技就是道与器的连接点，承载了道，而观·物的理念就是这个连接点的起始点。

其所表征的认知方式和视觉体验是中国传统审美心理的重要部分，其形成的设计传播模式也是中国文化传播的典型经验，对当代设计和视觉传播极具启示意义。如何提炼符合中国人认知特征、哲思、文化的设计思维，推动中国原创设计的形成发展是本书的缘起所在。本书试图集中探讨三个问题：

1. 从设计角度看，什么是观·物设计思想？

2. 从传播角度看，观·物设计思想如何影响宋代书籍装帧设计？其设计思想如何推动当时的社会创新？

3. 从哲思角度看，两宋书籍所表征的传统书籍设计思想对当代设计有何借鉴意义？

（二）研究宋版书的意义

技术的变革和文化的发展带来书籍形态的变化，深刻影响着人类阅读行为。从古代书籍到当代书籍（包含纸本虚拟化的电子书），对其的阅读是传者、媒介、受者动态交互的过程，是文化符号从编码到解码的过程，更是文化传播的过程。

从设计史角度看，书籍设计发展到今天，与现代的视觉传达、交互设计、产品设计等领域多有交叉，同时也体现了当代有关信息设计、通用设计、用户体验、情感设计、可持续设计、多感官设计等新的设计理念（见图 1-1）。在过去二十年，新的设计方法、技术和软件都不断改变着视觉传播的意义，参与式设计、用户设计和人因设计将设计师的注意力从单纯的产品和信息设计中转移到体验上[1]。从当代设计

图 1-1　书籍设计相关的设计领域

[1] Davis M, Hunt J. Visual communication design［M］.New York: Bloomsbury Publishing Visual Arts, 2017: 8.

理论的视角入手分析两宋书籍设计，可以发现宋版书在当时的创新是以人为尺度，以书为媒介，推动着当时社会文化的传播和交流。

从认识论角度看，书籍设计从宏观上反映了科技发展、时代背景和文化生活，也反映了人与外在世界的关系，人与内心的关系；从微观上反映了材质、技术和符号变化。两宋书籍文化的发展反映了两宋在科技和思想上的繁荣发展。两宋书籍装帧也反映了宋代人对世界的观察、对外物的观察和对人与物之间关系的观察。

从文化传播的角度看，书籍作为媒介，既有着文化传承的意义，又面临着变革的可能性。作为文化的载体，它是现实得以生产、维系、修正和改造的符号化过程。书籍的设计传播不仅是空间信息上的拓展，也是时间纬度上对社会的维系，是创造、修改和改造一个共享文化的过程[1]。

在西方，从古老的洞穴壁画到纸莎草纸、羊皮书，再到古登堡的金属活字印刷术诞生后的精装书、平装书，一直到近代的 kindle，iPad 电子书，书籍历经几千年的发展，不仅推动了文化的发展，也记载了人类文明的进程。在中世纪，从欧洲古典文明的结束到印刷术的到来之前，欧洲一直盛行的是手抄书。中世纪末期，对手抄本和知识的兴趣复苏，加速了人文主义的发展[2]。羊皮纸作为常用书写载体被广泛使用；书籍的装订主要使用册页形式；对宗教书籍的推崇，促成了修道院中缮写室的建立；大学的出现（1088 年始于博洛尼亚，1150 年出现于巴黎，1167 年出现于牛津）增加了人们对书籍的需求。西方传播学者施拉姆认为古登堡发明金属活字印刷术的 1456 年可以看作大众传播的开始[3]。另一位传播学者麦克卢汉认为，任何媒介都不外乎是人的感觉和感官的扩展或延伸，古登堡的活字印刷是人的视觉能力的延伸，其模块化、重复性、连续性、统一性的特征推动了机械化时代的到来，推动了工业革命、大众市场、教育普及化以及国家主义的诞生[4]。

在中国，从岩洞壁画、结绳记事到竹简、帛书、手抄书、雕版印刷书、活

［1］凯瑞.作为文化的传播［M］.丁未，译.北京：中国人民大学出版社，2019.4：23，40.

［2］凯夫，阿亚德.极简图书史［M］.北京：电子工业出版社，2016：58-59.

［3］Schramm W, Porter W E. Men, women, messages and media: understanding human communication［M］. New York: Pearson Education, Inc, 1982.

［4］McLuhan M. Understanding media: the extension of man［M］. London and New York: Routledge, 2001: 188.

字印刷书，书籍历史源远流长。中国书籍设计是中国人崇通尚悟的应对方式、接受心理、视觉经验和群体记忆的呈现。社会意识形态、科学技术发展、社会思潮、文化心理的影响，融会在一起，形成书籍在历代传承而又有变化的风格。日本书籍设计大师杉浦康平认为应当重新触及东方思维和东方的感受力，学习以中国文明和印度文明为中心的独具匠心的书的素材，书的印制技术和书的文化[1]。设计师吕敬人提出"书籍设计不仅仅完成信息传达的平面阶段，而是要学会像导演那样把握阅读的时间、空间、节奏……游走于层层叠叠的纸业中的构成语言，学会引导读者进入书之五感阅读途径的语法"，进而提出"书筑"概念，将图书设计比喻为建筑设计的过程[2]。书籍营造的空间就是文化和记忆的空间。

我们对任何设计的理解都是基于语境的。尽管对于人类体验来说存在一些共通的认知原则，但即使是抽象的图形，也有其基于语境的不同含义。比如我们都认同书籍设计包括封面、内文版式、装帧形式这些要素，也包括平面、色彩、立体三大构成，但不同语境下对平面图形和文字、色彩以及立体含义的理解既有共同性，也有差异性，受到文化背景的影响。又比如一本宋版书，在宋代可能是一本物美价廉的科举用书，但在今天的博物馆中就变成了一件珍贵的展品，我们观看它的方式因为语境的不同而有了不同的意义。美国设计研究者艾伦·拉普敦在其著作《设计是讲故事》（ *Design is Storytelling* ）中说，无论是通过一个互动产品，还是一个信息丰富的出版物，设计师都在邀请人们进入一个场景去探索——触摸、漫游、移动和表演[3]。本书通过对宋版书籍的研究邀请读者进入一个具有东方语境的场景，开始探索之旅。

中国传统设计注重内在神韵，轻视外在的形[4]。只有深入设计文化的深层，寻找观念、思维等艺术文化内核，才能对设计做出系统的理解和有效的现代化转化。在设计领域，比如隈研吾、原研哉、陈幼坚、靳埭强等都是在吸收传统文化的基础上形成了自身鲜明的设计风格。在书籍设计领域，黄永松、吕敬人、宁成

---

［1］ 杉浦康平 . 造型的诞生：图像宇宙论［M］. 李建华，杨晶，译 . 北京：中国人民大学出版社，2013：146.
［2］ 吕敬人 . 当代阅读语境下中国书籍设计的传承与发展［J］. 编辑学刊，2014（3）：6-12.
［3］ Lupton E. Design is storytelling［M］. London: Thames & Hudson, 2017: 11.
［4］ 胡飞 . 中国传统设计思维方式探索［M］. 北京：中国建筑工业出版社，2007：8.

春、刘晓翔、朱赢椿、赵清、韩湛宁、潘焰荣、孙晓曦等书籍设计师以其个性鲜明、传统结合现代的设计实践引领了书籍设计的潮流。

在西方科学主义和实证主义的研究范式进入中国后，如何借助新的理论视角对中国传统的思想文化进行理解，一直是当代学者努力探讨的问题。特别是在文艺审美领域，一直存在两种态度，一种认为以西方的概念重构中国传统思想文化具有积极意义，一种认为西方的理论体系会割裂中国传统的知识谱系，具有消极作用[1]。我们认为仅仅对传统中国思想和话语体系进行注疏式的研究，是无法面对科技发展和社会发展所带来的复杂变化的，也无法引起思想的创新。相反，借助西方的概念，重新挖掘中国传统文化中的语义，吸收中国传统哲学中动态、整体的思维方式，尝试用实证主义的方法论证，对东西方的学术研究都将有积极的开拓作用。在经济全球化、文化多元化发展的今天，传统文化的现代性转型是世界各国都在面临的问题。余英时先生在《文史传统与文化重建》中写道："在我看来，所谓'现代'即是'传统'的现代化；离开了'传统'这一主体，'现代化'根本无法附丽[2]。"周昌忠从中国传统文化中寻找和西方哲学对接的原则和观念[3]。美国卡内基梅隆大学的特里·欧文教授在设计领域提出了转型设计的理念以聚焦"世界性地方主义"的需求，其理念也包括尊重自然和保持个人与他人的平衡[4]，这与中国传统的哲学智慧——道法自然，也有相通之处。

尽管今天技术的变革极大地改变了设计的对象和过程，使其形式更为复杂，工艺、材料、制作更先进，但是其本质不变，且基于时空背景下的思考，对人的关注、对技术的利用、对信息的整合、对美感的追求也不变。以两宋书画、器物以及书籍为代表的宋型文化是中国传统文化的高峰。宋版书有着鲜明的设计特征，是技术与美的平衡。宋版书是中国设计史和书籍史的重要组成部分，其表征的认知理念受中国文化发展的影响，是中国文化语境下知觉经验的典型代表。其发展一是受到历史各时期社会意识形态的影响，二是受到当时社会环境的影响。

[1] 王怀义.近现代时期"观物取象"内涵之转折 [J].文学评论，2018（4）：179-187.
[2] 余英时.文史传统与文化重建 [M].北京：生活·读书·新知三联书店，2004：8.
[3] 周昌忠.中国传统文化的现代性转型 [M].上海，上海三联书店，2002：5.
[4] Irwin T. Transition design: a proposal for a new area of design practice, study and research [J]. In Design and Culture Journal, 2015, 7(2): 229-246.

笔者试图为宋代书籍设计研究提供历史解读的背景，从其社会、技术和文化传播角度探讨书籍中蕴含的设计思想。宋版书在两宋文化、思想和价值生成中扮演了积极角色，不仅仅是历史和社会发展的反映，更推动了文化的传播与保存，科学技术的变革与发展，形成了从思想知识到创新理念到产品工艺再到思想观念的迭代循环过程。

归纳而言，本书基于两个理论目的：一是思考传统文脉的现代化转型；二是突破设计学现有的本体论的研究路径，从认识论角度，以设计创新推动文化传播。研究脉络有三个原则：

第一，试图以当代设计理论视野来描述与分析宋代书籍设计；

第二，追本溯源，突出宋代书籍文化中的美学理想、设计思维和传播过程，做到历史与现实结合，理论与实践结合；

第三，从民族文化、认知心理结构的角度把握书籍设计，以期实现理论创新。本书对中国设计语言的形成有启示意义，有助于形成中国语境下的设计范式。

二、宋版书装帧和当代书籍设计之间的关系

本书的文献综述主要从四个方面展开：一是国内外有关宋版书收藏的研究，二是国内外关于宋代书籍的研究，三是国内外有关书籍设计的研究，四是跨学科视角下的书籍设计，以求在史实、理论和实践方面融会贯通，寻找研究的突破之处。同时本书对设计、认知、传播、美学、阅读、符号相关理论基础也做了认真归纳与思考，以期做到有的放矢，兼收并蓄。

（一）国内外有关宋版书收藏的研究

关于宋版书的收藏部分，本书主要通过文献溯源，对相关宋版书展览的实地探访和图录阅读三个方法找到宋版书。

早在宋代，晁公武的《郡斋读书志》，陈振孙的《直斋书录解题》就从藏书家的视角对宋代书籍有所介绍。此后历代藏书家都以宋版书为书中至宝，如明代赵用贤、赵琦美、钱谦益、毛晋，清代黄丕烈、汪士钟、陆心源，民

国傅增湘等。

据《宋本》一书统计，国内所藏宋本集中于中国国家图书馆、上海图书馆、北京大学图书馆等数家大型图书馆。国图的宋版书和元版书总量为 1 600 余种，如宋蜀刻本《李太白文集》，廖莹中世彩堂所刻的韩、柳文集等珍品。上海图书馆宋版书和元版书约有 800 部[1]，如南宋乾道五年建宁府黄三八郎书铺刻本《钜宋广韵》、宋浙刻本《艺文类聚》、宋吴坚福建漕治刻本《邵子观物篇》《渔樵问对》等珍罕者。北京大学图书馆宋版书和元版书约有 400 种，如楼氏家刻本《攻媿先生文集》等传世孤本。此外，辽宁图书馆藏有临安府荣六郎家书铺刻本《抱朴子内篇》，南京图书馆藏有宋刻本《蟠室老人文集》等。台湾方面，台北"国家图书馆"和台北故宫博物院都藏有宋版书，约 500 种，如陈解元宅书籍铺刊本《南宋群贤小集》、宋广都裴氏刻本《六家文选》等。在国外，日本所藏宋刻本总数为 597（或 599）种，主要存于静嘉堂文库（122）、金泽文库（45）、宫内厅书陵部（75）、内阁文库（29）、京都大学人文科学研究所（53）、天理大学附属天理图书馆（39）。据《静嘉堂文库宋元版图录》，静嘉堂所藏宋版书有 122 部，包括宋代四大部书之一《册府元龟》，有 466 卷；根据钱存训《欧美各国所藏中国古籍简介》以及《美国图书馆藏宋元版汉籍研究》，美国藏宋版书 65 本，哈佛燕京图书馆藏宋版书 16 种，美国国会图书馆藏 16 种，柏克莱加州大学东亚图书馆藏 23 本，哥伦比亚大学藏 2 种，普林斯顿大学藏 3 种，耶鲁大学藏 5 种；俄罗斯科学院东方学研究所圣彼得堡分所也藏有一批珍贵的在中国西夏王朝黑水古城遗址发现的宋刻本[2]。现存宋版书数量以及所在地如图 1-2 所示。

近些年，在拍卖市场，也不断有宋版书进入公众视野，如曾在宋代因刊刻前不曾申报朝廷而被列入禁书的巾箱本《方舆胜览》出现在香港；2018 年以 1.104 亿成交的宋刻孤本巾箱本《石壁精舍音注唐书详节》（见图 1-3），选用黄麻纸、折装的南宋刻本《摩诃僧祇律》（卷 35），南宋麻沙镇南刘仕隆宅刻本《钜宋广韵》（共五卷）等出现在北京（见图 1-4）。

[1] 沈津.上海图书馆的古籍与文献收藏[J].中国文哲研究通讯，1999，9（4）：127-140.
[2] 张丽娟，程有庆.宋本[M].南京：江苏古籍出版社，2002：104.

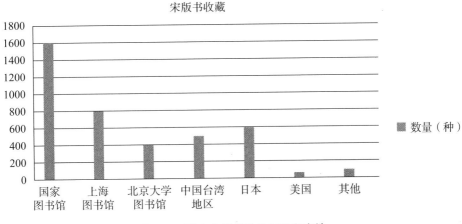

图 1-2　现存宋版书数量以及所在地

据不完全统计，中国藏宋版书近 3 500 种（大陆约 3 000 种，台湾地区约 500 种），日本约 600 种，欧美地区 65 种，总计 4 000 多种（宋元版）[1]。

笔者先后前往国家图书馆、上海图书馆、南京图书馆、深圳图书馆、宁波天一阁、常熟铁琴铜剑楼、扬州中国雕版印刷博物馆以及相关拍卖行查访宋版书。此外，上述收藏宋版书的机构都出版了相关的宋版书图录。这些书籍从视觉文献的角度给本书提供了大量文献，同时从图像学的角度看，上述文献不仅仅辑录了宋版书的图形，书中的宋代部分还均提供了珍贵的宋版书籍书影及叙录、说明文字，同时对其作者及流传背景有翔实的介绍，为

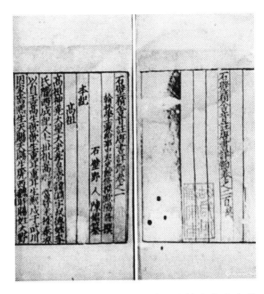

图 1-3　拍卖市场出现的《石壁精舍音注唐书详节》(宋) 陈鉴 辑注

注：宋刻本，半叶九行，每行十八字，线黑口，左右双边。

[1]　卢伟.美国图书馆藏宋元版汉籍研究 [M].北京：北京大学出版社，2013：3.

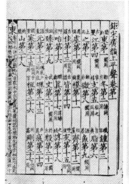

图 1-4　拍卖市场出现的《钜宋广韵》(隋) 陆法言 编纂

注：南宋麻沙镇南刘仕隆宅刻本（约 1169 年）。书 21 cm×15 cm，板框 20.7 cm×14.8 cm，宋代竹纸，书共五卷，附书匣。书每半叶十三行，每行二十一字，小字双行每行三十四字。白口，左右双边。牌记上下加花鱼尾，校勘精良。经过递修，由包背装改为蝴蝶装。

本书提供了图像学分析的基础，这些都给予了本书极大的启发。这里将能查到的相关书目列于下文（见表 1-1）。

表 1-1　相关宋版书书目图录

时间	出　版　方	书　　目	宋版书数量
1991	上海书店出版社	《古籍版本题记索引》	102
1998	广陵书社	《宋元书影》	41
1999	北京大学出版社	《北京大学图书馆藏古籍善本书目》	
2000	学苑出版社	《宋元版刻图释》[1]	
2001	北京图书馆出版社	《涉园所见宋版书影》	40
2002	国家图书馆出版社	《中华再造善本》[2]	
2003	北京图书馆出版社	《宋元版书目题跋辑刊》	30

[1]　陈坚，马文大.宋元版刻图释［M］.北京：学苑出版社，2008.
[2]　由中华再造善本工程编纂出版委员会编纂，2002 年开始出版。

续　表

时间	出 版 方	书　　目	宋版书数量
2003	线装书局	《日本宫内厅书陵部藏宋元版汉籍影印丛书》的第一、二辑	55
2004	线装书局	《宋集珍本丛刊》	405
2007	中华书局	《日藏汉籍善本书录》[1]	
2008	北京学苑出版社	《宋元版刻图释》	660
2008	国家图书馆出版社	《第一批国家珍贵古籍名录图录》[2]	
2013	上海古籍出版社	《日本宫内厅书陵部藏宋元版汉籍选刊》	66
2013	国家图书馆出版社	《中国版刻图录》[3]	
1958	台北中华书业委员会	《"国立中央图书馆"宋本图录》	
1977	台北故宫博物院	《"国立故宫博物院"宋本图录》	
2015	台北故宫博物院	《大观：宋版书特展图录》	
1933	日本书志学会	《宋本书影》	
1936	日本书志学会	《图书寮宋本书影》	
1992	日本静嘉堂	《静嘉堂文库宋元版图录》	253
	日本学者北村高	龙古大学大宫图书馆藏《宋元版佛典》	
	天理大学出版部	《宋版》	

（二）国内外关于宋代书籍的研究

从书籍史角度看，清代到 1949 年以前，考据学、版本学主要向印刷史转型。宋代晁公武的《郡斋读书志》，陈振孙的《直斋书录解题》，清代藏书家黄丕烈的

---

[1] 严绍璗.日藏汉籍善本书录［M］.北京：中华书局，2007.
[2] 中国国家图书馆，中国国家古籍保护中心.第一批国家珍贵古籍名录图录［M］.北京：国家图书馆出版社，2008.
[3] 北京图书馆.中国版刻图录［M］.北京：文物出版社，1960.

《百宋一廛书录》《宋版书考录》，近代藏书家叶德辉的《书林清话》《书林余话》，孙毓修的《中国雕板源流考》对宋代书籍历史均有涉猎，也谈及宋版书特点。叶德辉评价宋版书："书籍自唐时镂版以来，至天水一朝，号为极盛。而其间分三类：曰官刻本，曰私宅本，曰坊行本。[1]"《书林清话》以笔记体的形式对历代图书进行了考证，成为中国书史研究中不可忽略的作品，尤其还细致爬梳了宋代地方刻书、私宅刻书、书坊刻书、兼论及版式、牌记、巾箱本、纸墨等。王国维的《五代两宋监本考》考证出北宋国子监出书118种，南宋69种，共187种[2]。陈彬龢、查猛济的《中国书史》论及宋代刻书的题识、特征、缺点，以及藏书家的历史，特别是宋代刻书发达的原因[3]。《古书的装帧：中国书册制度考》[4]则收录了研究书册制度的五篇历代经典文章，对中国历代的书籍制度，也就是其特定的物质形式做了总结和归纳，古书的装帧与现代意义上的书籍装帧并非完全对等。

美国学者卡特的《中国印刷术的发明和它的西传》着眼于印刷术的起源和西传，谈及中国雕版印刷术的鼎盛时代，即宋朝及元初，彼时的书籍出版业，强调宋版书之精美，世间无与伦比者，认为有宋一代学术思想之突飞猛进，诚印刷术之助长使然。[5]

1949年到1978年间，书籍发展较为缓慢，主要是知识的普及、史料的整理等。《可爱的中国书》《中国书的故事》（刘国钧），《中国印刷术的发明及其影响》（张秀民），《中国书史》（郑如斯）都是其中的重要代表作，对宋代书均有涉猎，但较为简单。

1978年以来，关于宋版书书籍史的研究更加多元化。刘国钧的《中国书史简编》、张秀民的《中国印刷史》、姚福申的《中国编辑史》、曹之的《中国古籍编撰史》和《中国古籍版本学》、韩仲民的《中国书籍编纂史稿》、魏隐儒的《中国古籍印刷史》、来新夏等著的《中国古代图书事业史》、肖东发的《中国编辑出

[1] 叶德辉.书林清话［M］.北京：华文出版社，2012：3.
[2] 王国维.王国维遗书 第七册［M］.上海书店出版社，2011：211-350.
[3] 陈彬龢，查猛济.中国书史［M］.上海：上海古籍出版社，2008：18-85.
[4] 该书收录了研究书册制度的五篇经典文章，包括清人金鹗的《汉唐以来书籍制度考》、日本学者岛田翰《书册装潢考》、马衡《中国书籍制度变迁之研究》、余嘉锡《书册制度补考》以及李耀南的《中国书装考》。
[5] 卡特.中国印刷术的发明和它的西传［M］.胡志伟，译.北京：商务印书馆，1957.

版史》、宿白的《唐宋时期的雕版印刷》、郑士德的《中国图书发行史》、潘吉星的《中国科学技术史：造纸与印刷卷》、钱存训的《中国纸和印刷文化史》、李致忠的《中国出版通史4·宋辽西夏金元卷》等通史类著作都对宋版书专门做了介绍，其中曹之特别介绍了宋代34位著名的图书编辑家，包括欧阳修、王安石、沈括、吕祖谦等。钱存训将中国传统书籍的研究，总结为三个方面：一是技术和程序，归于印刷史范畴；二是形制和考订，归于版本学范畴；三是流传和存藏，归于目录学和图书馆学范畴[1]。他还从中西文化比较的角度解读了印刷术对中西方文化影响的异同。

此外，李致忠的《宋版书叙录》《历代刻书考述》、赵万里《中国版刻图录》、周宝荣的《宋代出版史研究》、林平之的《宋代禁书研究》、祝尚书的《宋人别集叙录》《宋人总集叙录》、李国玲的《宋僧著述考》、王肇文的《古籍宋元刊工姓名索引》、张围东的《宋代类书之研究》则作为宋版书研究专著各有侧重。上述图书主要从历史的角度切入，分别从书籍、人物、类型、发展过程等不同角度对宋版书进行了研究。

此阶段，也有学者从微观角度对宋版书做了更细致的考察，比如王肇文的《古籍宋元刊工姓名索引》对宋代刻工做了细致的数据整理，日本学者金子和正著有《天理图书馆藏宋刊本刻工名表》。此外，日本学者长泽规矩也所著的《宋元版本的研究》，是对宋元版图书做了非常深入的考据整理。

林申清著有《宋元书刻牌记图录》[2]，对牌记有专门著述。张丽娟、程有庆著有《宋本》一书，纳入"中国版本文化丛书"，对宋版书从出版制度、版刻特征、刻书家、宋本个案等做了细致入微的考察[3]。该书图文并茂，史料丰富。上述作品涵盖了宋代书籍的历史、政治、技术、藏书、刻书机构、版本、影响、禁书以及版权、流通等多个方面。

宏观上，西方学者从技术与文本互动的角度，肯定了宋代书籍文化的意义。《哈佛亚洲研究学报》在1994年刊有 *Book Culture and Textual Transmission in Sung China*，介绍了宋代书籍的传播过程，特别是文本在传播过程中发生的变

---

[1] 钱存训.中国纸和印刷文化史［M］.桂林：广西师范大学出版社，2004：20.
[2] 林申清.宋元书刻牌记图录［M］.北京：北京图书馆出版社，1999.
[3] 张丽娟，程有庆.宋本［M］.南京：江苏古籍出版社，2002.

化，强调了政治秩序与文本秩序之间的关联，以及雕版印刷技术在满足古代经书稳定化、标准化、权威化需求等方面起到的作用。随着雕版技术和宋人疑经风气的发展，文本内容开始发生变化。正是宋代书籍的大量印刷和价格平民化让宋代的知识和学术复兴有了可能[1]。贾晋珠和魏希德编辑出版了 *Knowledge and Text Production in an Age of Print: China, 900—1400*，收录关于宋元期间书籍文化的论文，从不同角度论述了书籍和社会文化、政治之间的关系，特别是强调了书籍对写作方式、知识生产的影响[2]。

美国学者包弼德所著的《宋代研究工具书刊指南》[3]，芝加哥大学的潘铭燊所著的 *Books and Printing in Sung China, 960—1279*[4]，涵盖了宋代现存及已佚的书目。贾晋珠所著的 *Printing for Profit: The Commercial Publishers of Jianyang, Fujian (11th—17th Centuries)*，涵盖了宋代建本现存及已佚的书籍目录。普林斯顿大学的艾思仁著有《杭州南宋印刷史》，含有杭州及其附近地区的南宋刻本目录，以及两浙（浙东、浙西的合称）及其邻近地区的南宋刻本目录。但上述两篇文章，本书没有搜索到具体内容。

近年来，田建平也从媒介史意义和书籍传播意义上肯定了"宋代出版业既是宋代文化的重要部分，也是宋代文化兴盛的重要原因，是宋代文化的主要生产者之一。宋代出版业是中国雕版印刷的经典时期，代表了中国古代社会雕版印刷业的'黄金时代'。[5]"书籍在宋代成为寻常商品，也因此在传播文化功能之外，有了商品属性的需求，有了"牌记"等品牌设计的需求。至南宋，杭州、成都、建阳（福建）成为全国三大刻书中心和书籍交易中心。

《宋史・艺文志》根据不完全的资料所著录的宋代藏书，共计 9 819 部，119 972 卷，约为唐代国家藏书的两倍[6]。根据《全宋文》，宋人著作流传至

[1] Cherniack S. Book culture and textual transmission in Sung China [J]. Harvard Journal of Asiatic Studies, 1994, 54(1): 5-125.
[2] Chia L, De Weerdt H. Knowledge and text production in an age of print: China, 900—1400 [J]. East Asian Publishing & Society, 2011, 1(2): 182-186.
[3] 包弼德. 宋代研究工具书刊指南（修订版）[M]. 桂林：广西师范大学出版社，2008：204-212.
[4] Pan M S. Books and printing in Sung China, 960—1279 [D]. Chicago: University of Chicago, 1979.
[5] 田建平. 宋代书籍出版史研究 [M]. 北京：人民出版社，2018：27.
[6] 四川大学古籍整理研究所，四川大学宋代文化研究中心. 宋代文化研究 第 17 辑 [M]. 成都：四川大学出版社，2009.

今尚有 5 000 余部[1]。正如《宋史·艺文志》序所说:"大而朝廷,微而草野,其所制作、讲说、纪述、赋咏,动成卷帙,累而数之,有非前代之所及也。"北宋诗人苏轼曾说:"近岁市人转相摹刻诸子百家之书,日传万纸。学者之于书,多且易致如此,其文词学术,当倍蓰于昔人。[2]"由此可见宋代书籍之盛。

具体到宋代书籍装帧设计方面,李致忠强调宋版书"开本铺陈,行格疏朗,字体端庄,刀法剔透,印纸莹洁,墨色青纯。且版面设计精细,前期刻书,白口,四周单边者多;中期白口,左右双边者多;后期出现细黑口,仍是左右双边者多。版心出现单鱼尾或双鱼尾,上鱼尾上方出现象鼻,象鼻处镌印本版大小字数。版心下端镌印刊工姓名。鱼尾之间镌印书名简称、卷第、页码。栏外多有耳题,后期刻书还出现句读与圈发"[3]。田建平在对宋代出版做全面系统的研究时指出,宋代确立了雕版印刷术普遍采用后中国书籍的基本形制。宋代雕版书籍确立了书籍史上最早的平装典范,包括简单经典的设计理念、朴实直观的基本形制、规范丰富的版面语言、精美细腻的书籍插图、神韵至上的美学特征。宋刻书籍,采用不同字体、不同字号以及特殊的标识符号区分或标示不同的编辑语言,使版面上的编辑语言及其功能十分明确。这种编辑语言及其书籍体例奠定了中国古代雕版书籍版面编辑语言的基本格局,为之后中国雕版书籍一直沿用[4]。他还强调了宋代书籍之美在于其体现了宋代文化精神之美。

此外,万剑、漆小平[5]有谈到宋代书籍出版范式及美学价值,指出宋代书籍具有结构实用化、开本地域化、版面纯粹化、插图象征化的特点,有着设计简约之美、技术之美、纸色墨香材料之美,为后世元明清及现代书籍提供了一种典范模式。

董春林[6]对宋代刻本书籍版式设计进行研究,指出宋代刻本集实用与审美为

[1] 曾枣庄,刘琳.全宋文[M].上海:上海辞书出版社,2006:1.
[2] 苏轼.苏轼文集(第2册)[M].孔凡礼,点校.北京:中华书局,1986:359.
[3] 李致忠.宋版书叙录[M].北京:北京图书馆出版社,1994:3.
[4] 田建平.宋代书籍出版史研究[M].北京:人民出版社,2018:216-230.
[5] 万剑,漆小平.宋代书籍出版范式及美学价值[J].中国出版,2018(15):67-71.
[6] 董春林.论宋代刻本书籍版式设计[J].中国出版,2013(20):47-49.

一体；赵璐[1]分析了宋代印本书版式及其设计思想；周鑫[2]以《杨洛书木版年画籍》为例，探讨了"龙鳞装"书籍装帧艺术设计研究；陈艺文[3]分析了宋代书籍设计版式；耿海燕[4]论述了宋代书刻的发展；黄夏[5]研究了宋代书籍木刻插图价值。上述研究主要从设计元素角度进行微观层面的分析。此外，出版人、历史学者、设计师都对宋版书进行了评价（见表1-2）。

　　基于上述对相关文献的梳理，可见对于两宋书籍装帧设计的研究，从出版史角度来看已经取得了显著成就，在出版史、版本学、印刷史、书籍史、宋善本收藏方面都有深入探讨，也确立了宋代书籍的地位和研究价值，其中关于印刷史的研究突出，但是从设计学理论和设计史角度对其的细致分析还有待拓展。

表1-2　当代作家、历史学家、出版人对宋版书的评价

名字	身份	印象	动因	价值	判断标准	借鉴
何辉	《大宋王朝》《宋代消费史》作者	纸坚刻软，字画如写，就是美	了解发展历史、价值以及它们的文化意义	文献价值、审美价值和文物价值，宋代风骨	文献价值、审美价值和文物价值	对刻书、印书和书本身有敬畏之心，形式与内容融为一体
徐峙立	山东画报出版社副社长	版本价值，校勘精良，刻工精美，纸白墨匀；传世稀少，寸纸寸金，一纸难求	在学习过程中了解其金贵	传世少，校勘精	版本价值，校勘精良，流传广，被目录学家认可的书目	装帧形式，雕工精美，字体

[1] 赵璐．宋代印本书版式及其设计思想研究［D］．太原：山西大学，2017.
[2] 周鑫．"龙鳞装"书籍装帧艺术设计研究：以《杨洛书木版年画籍》为例［D］．西安：西安理工大学，2017.
[3] 陈艺文．宋代书籍版式设计研究［D］．北京：北京服装学院，2017.
[4] 耿海燕．宋代书刻述论［D］．郑州：郑州大学，2013.
[5] 黄夏．宋代书籍木刻插图价值研究［D］．重庆：西南大学，2010.

续 表

名字	身份	印象	动因	价值	判断标准	借鉴
陈志俊	传古楼策划人	软体字，稀缺	出版工作	物以稀为贵	稀缺性，学术价值	艺术性，美学价值
程兴	永福堂古籍修复师	洁白厚实，帘纹宽；字墨如漆，字画如写	学习修复	字体、刀工、纸张、墨色、版式、印制都是典范；文献价值与艺术价值		与书的情感，设计的人性化，亲近大自然
沈津	哈佛大学燕京图书馆善本室主任	刊印精美，装潢考究，宋人工书法，也影响到出版事业			品相完好和稀缺	
张晓东	中国书店总经理			历史文物性、学术资料性和艺术代表性	版刻好，纸张好，题跋好，收藏印章好，装潢好	

注：根据《知中·了不起的宋版书》[1]整理。

（三）国内外有关书籍设计的研究

中国在古代就有对书籍装帧艺术的审美标准。书有装潢之名，最早见于《齐民要术》染潢及治书法，再见于《唐六典》装潢匠[2]。《隋书·经籍志》中记载，隋代秘阁之书分为三品，上品红琉璃轴，中品绀琉璃轴，下品漆轴[3]。隋朝的书籍，其卷轴装潢已经有了差别。清代金鹗考《唐书·经籍志》云："藏书分为四库，经库书，绿牙轴，朱带，白牙签；史库书，青牙轴，缥带，绿牙签；子库书，雕紫檀轴，紫带，碧牙签；集库书，绿牙轴，朱带，红牙签。[4]"此时已

[1] 罗威尔.知中·了不起的宋版书［M］.北京：中信出版社，2017：3-11.
[2] 马衡，等.古书的装帧：中国书册制度考［M］.杭州：浙江人民美术出版社，2019：93.
[3] 长孙无忌.隋书经籍志［M］.上海：商务印书馆，1936：5.
[4] 马衡，等.古书的装帧：中国书册制度考［M］.杭州：浙江人民美术出版社，2019：4.

经有了根据分类不同而材质、色彩不同的装帧形式。这种通过色彩来区分类别的方法直到今天仍被广泛使用，比如商务印书馆推出的"汉译世界学术名著丛书"120 年纪念版就是分为橙色、绿色、蓝色、黄色和赭石色五类，对应收录哲学、政治·法律·社会学、经济、历史·地理和语言学等学科。清初藏书家孙从添在《藏书纪要》中论述了装订艺术："装订书籍，不在华美饰观，而应护帙有道，款式古雅，厚薄得宜，精致端正，方为第一。[1]"这种观点不仅谈到了材质的使用，也强调了图书装帧设计应具有整体性，内容与形式的统一等等。

中国现代书籍装帧艺术随着五四新文化运动的兴起而兴起，鲁迅、陶元庆、丰子恺、钱君匋等人在装帧艺术界具有很大影响力，其中鲁迅先生倡导"洋为中用"，又使书籍不失民族特色，可谓现代装帧艺术的开拓者；此外很多出版家如张元济、王云五、叶圣陶等从整体上为现代书籍装帧和出版寻找中国之路。

在理论界，从 20 世纪 80 年代以来，反映书籍设计实践和理论的书籍层出不穷，如中国现代书籍装帧艺术史论的开拓者邱陵先生撰写了 1949 年以来中国第一本系统的书籍装帧史论专著《书籍装帧艺术简史》，书籍设计师吕敬人的《书籍设计基础》《敬人书语》《书艺问道》从理论和实践层面对书籍设计做了归纳整理，他在 1996 年第一次提出了书籍设计的概念，并将其纳入整体设计的范畴。余炳南的《书籍装帧设计》、邱承德的《书籍装帧设计》、宋新娟等人的《书籍装帧设计》都对书籍设计进行了概念和方法的梳理。从 2003 年伊始的由上海市新闻出版局主办的"最美的书"[2]评选活动每年评选优秀图书，并参评在莱比锡举办的"世界最美的书"书籍设计大赛[3]，已成为中国书籍设计界的知名名牌，并为中国书籍走向世界搭建了有力平台。

从设计史角度看，夏燕靖的《中国设计史》[4]提到雕版印刷术发明于唐朝，在宋代日臻成熟，有四个主要特征，包括版式、字体、用纸和插图。傅克辉的

---

[1] 孙从添.藏书纪要[M].北京：中华书局，1991：2-3，8.
[2] "最美的书"（原"中国最美的书"）是由上海市新闻出版局从 2003 年开始主办的中国书籍设计年度评选活动，每年选出经由国家新闻出版主管部门批准设立的出版社正式出版的优秀图书 25 种，授予当年度"最美的书"的称号，并送往德国莱比锡参加"世界最美的书"书籍设计大赛，截至 2020 年已经举办 17 届，评选出 371 种图书，其中 21 种获得"世界最美的书"称号。
[3] "世界最美的书"书籍设计大赛于 1963 年创办于德国莱比锡。
[4] 夏燕靖.中国设计史[M].上海：上海人民美术出版社，2009：126-127.

《中国设计艺术史》[1]《中国古代设计图典》[2]谈及宋代出现的铜版雕刻和活字印刷术，指出宋代书籍端庄大方、严谨古朴的风格特征。赵农的《中国艺术设计史》[3]对宋代书籍的造纸、活字印刷、宋体字、装帧形式、插图都做了点评。上述设计史对书籍的介绍非常简略，但也说明书籍设计在设计史中不可或缺的地位。邵琦等人的《中国古代设计思想史略》[4]则从设计思想的角度对邵雍、朱熹、沈括等人的思想进行了介绍，拓宽了本书视野。

杨永德的《中国古代书籍装帧》[5]对书籍做了深入的分析，除了从具体的装帧形式、笔墨纸和雕版方面做历史阐述外，其中所阐述的"书籍内容与装帧的文化同一性、书卷气、古籍里的美学思想"都具有一定的理论意义，还对宋代插图版画进行了介绍，具有一定的参考价值。陈亚建的《中国书籍艺术史》[6]侧重从生产材料和生产方法发展的角度出发，考察中国书籍的外观形态及版面细节等范式层面的变迁，以及其中体现出的书籍功能的变化和人们审美习惯的转移。郑军的《历代书籍形态之美》则从形态角度谈到宋代书籍设计的特点，如中国传统的书籍版式就是在宋代的蝴蝶装书中形成的，包括版口、版框、界行、天头、地脚、鱼尾等[7]。

在西方，从手抄本到羊皮书，到古登堡的金属活字印刷术，书籍设计经历了漫长的形态变化。英国19世纪"艺术与手工艺运动"的领袖威廉·莫里斯最早对书籍设计进行了深入的研究和实践，其提出的复古风、书籍设计整体观以及对字体的重视，影响了19世纪末20世纪初其他国家的书籍设计风格，在现代书籍设计中具有承上启下的作用[8]。

当代西方学术界则主要从书籍设计在推进文化认同，提升纸质书的阅读体验和推动电子书的设计等方面对书籍设计理论进行延展。例如理查德·道布尔迪分析了企鹅出版社在扬·齐休的带领下对经典书籍的复苏。"企鹅构图规则"暗含

[1] 傅克辉.中国设计艺术史［M］.重庆：重庆大学出版社，2008：192-193.
[2] 傅克辉，周成.中国古代设计图典［M］.北京：文物出版社，2011：268-270.
[3] 赵农.中国艺术设计史［M］.北京：高等教育出版社，2009：211-220.
[4] 邵琦，李良瑾，陆玮，等.中国古代设计思想史略［M］.上海：上海书店出版社，2009：95-114.
[5] 杨永德.中国古代书籍装帧［M］.北京：人民美术出版社，2006：137-146.
[6] 陈亚建.中国书籍艺术史［M］.南京：江苏凤凰文艺出版社，2018：137-186.
[7] 郑军.历代书籍形态之美［M］.济南：山东画报出版社，2017：122.
[8] 滕晓铂.论威廉·莫里斯的书籍设计及其影响［J］.创意设计源，2017（1）：4-11.

的是一整套网格系统的实施，包括"所有企鹅系列每本书的宽与高、封面的视觉大小、封面与书脊的字体区域、书脊标签的位置与风格以及标签上的字体"[1]。斯托特强调通过摄影、插图、纸张、印刷等共同创造"书籍体验"，突出书作为物的美和活力以及对读者的有效信息传达[2]。安德鲁从书籍设计过程中的相关角色、书籍构成等多方面进行分析，并提出文献法、分析法、表现主义手法、概念法等设计方法，特别是提出了网格的运用，具有极强的操作性[3]。约翰通过回顾印刷术的历史，强调书籍设计在数字时代的作用，电子媒介设计者也应同书籍设计者一样尊重读者或用户的需求，让读者忽视界限而专注顺畅的阅读[4]。除考察设计元素的功能性之外，也有学者强调设计元素如何被社会和文化价值所塑造，如何反映了社会、文化和政治意识形态。如有学者分析了北宋两部医学著作的视觉修辞，认为其呈现了北宋当时的审美特征和实用主义倾向[5]。艾伦·拉普敦强调，设计蕴含价值观，它让人高兴、让人惊叹，也敦促我们采取行动[6]。贾森·默克斯基则在《焚毁书籍：电子书革命和阅读的未来》中探索了电子阅读的前世今生，并预言，创新的、交互式的电子内容将改变我们的生活。[7]。

"设计史需要范围更加广泛的调研，可能会涉及包括商业结构、专业化工业组织、经济与政治政策、社会影响与冲击等在内的新领域，这些都将有助于扩大并促进我们对于设计过程与设计产物的理解力。[8]"设计史学家谢尔提·法兰引用约翰·赫斯科特的这段话让笔者认为对书籍设计的研究不能仅局限于版式，也应探讨其背后的经济与政治政策、社会影响，也就是将设计作为一种社会历史现象进行分析阐述，视设计为文化现象。

[1] 理查德·道布尔迪.扬·齐休的企鹅岁月：经典书籍设计的复苏 [C] // 方晓风.设计研究新范式 2：《装饰》海外论文精选.上海：上海人民美术出版社，2019：25-39.

[2] Stout D J. The role of book design in the changing book [J]. Collection Management, 2006, 31: 1-2, 169-181.

[3] 哈斯拉姆.书籍设计 [M].王思楠，译.上海人民美术出版社，2020：101-170.

[4] Bath J. Tradition and transparency: why book design still matters in the digital age [J]. New Knowledge Environments, 2010, 1(1): 1-8.

[5] Zhang Y J. Illustrating beauty and utility: visual rhetoric in two medical texts written in China's Northern Song Dynasty, 960—1127 [J]. Journal of Technical Writing and Communication, 2016, 46(2): 172-205.

[6] Lupton E. Design is storytelling [M]. London: Thames & Hudson, 2017: 11.

[7] Merkoski J. Burning the page: the ebook revolution and the future of reading [M]. Illinois: Source-books, 2013.

[8] 法兰.设计史：理解理论与方法 [M].张黎，译.南京：江苏凤凰美术出版社，2016：33.

我们认为前人研究多集中在对具体的书籍版式、材质、装订方式、插图进行技术分析，而对其外在文化艺术特征和内在设计语言之间的联系缺少分析，对于设计传播、设计思想缺少进一步探讨，还缺少揭示设计规律的系统分析。研究对象、理论和方法也有待突破。本书则基于当前设计学发展的学术背景，试图在设计的技术、形式之外从观念以及认知行为上进行突破，试图在更宏大的历史框架中思考设计的动因和价值所在，为设计学的理论发展做出贡献。

此外，本书借鉴国外学术界基于读者体验的书籍设计方面的理论，对宋代书籍装帧设计传承及其当代价值应用进行探讨，强调文化背景和文化心理在书籍设计中的重要性。本书主要在以下几个方面加以突破：

（1）宏观研究和微观研究相结合。以设计学为中心，基于多元学术视角，对宋代书籍设计围绕设计思维、组织制度和物质表象三方面展开研究，将书籍出版与阅读结合起来，特别是与文化结合起来，探讨文化秩序背后的视觉秩序，揭示一个时代的设计文化心理。

（2）历时性研究和共时性研究相结合。既研究历史的线性发展线索（见表1-3），又对复杂、多样的书籍设计特征，对跨越时代的文化艺术特征和设计本质展开个案、比较分析。

表 1-3　历代书籍装帧形态及媒介形态

时间（中国）	书册制度	材料	装帧形式	媒介形态	西方形态对照
4 世纪以前（上古至东晋）	简策	竹木	韦编、丝编	写、刻（界行）	
公元前 4 世纪至公元 5 世纪（春秋末到六朝）	卷轴	缣帛/纸	卷轴	抄写	纸莎草
2 世纪至 10 世纪（东汉至宋初）		缣帛/纸	卷、轴、缥、带	写、刻	羊皮书（莎草纸卷在 4 到 5 世纪被放弃）
9 世纪至 10 世纪（晚唐）	卷轴册页	纸	卷轴装、梵策装、旋风装（龙鳞装）	抄写、雕版（封面）	手抄本

续　表

时间（中国）	书册制度	材料	装帧形式	媒介形态	西方形态对照
10 世纪到 12 世纪（五代、宋至元）	册页	纸	蝴蝶装 / 经折装	雕版（欧、颜、柳，宋体字）封面、版式 / 活字	造纸术传入西班牙、法国[1]
12 世纪到 15 世纪（南宋至明中叶）		纸	包背装	雕版（赵、欧）/ 活字	雕版印刷
14 世纪至今（明至今）		纸	线装	雕版 / 活字	古登堡活字印刷[2]
19 世纪至今	册页	纸	平装、精装	活字 / 照相排字	机器印刷
21 世纪初至今	电子书	电子屏	Kindle/iPad/手机	移动互联网	西方发明

（3）寻找传统与现代的桥梁。设计学本身的历史并不长，而且其显著特征是创新。如何在传统文脉中，为当代设计找到可借鉴的中国设计语言是本书的难点。我们结合实证研究，突破传统的对历史进行叙述，对艺术设计进行感性描述的方式，寻找逻辑的、思辨的论证与阐释。

（四）跨学科视角下的书籍设计

本书从自身理论框架出发，阐释了设计、书籍设计等基本概念。

书籍："书，箸也。从聿，者声。"（《说文解字》，"聿"为人持笔的造型[3]）

"著于竹帛谓之书。书者，如也。"（清代段玉裁，《说文解字注》）

"作书。上古以刀录于竹若木，中古以漆画于帛，后世以墨写于纸。"（清代

---

[1] 纸在 10 世纪中叶开始传入欧洲，自 12 世纪欧洲开始造纸，欧洲用纸印书开始于 15 世纪中叶。参见钱存训《中国纸和印刷文化史》，转引自亨特，*Papermaking: the History and Technique of an Ancient Craft.*

[2] 1454 年，由德国美因茨地区的古登堡利用研制的金属活字印刷术，印制出的每页四十二行的《圣经》，成为活字印刷的里程碑，深刻改变了西方思想传播的历史。本书在第二章比较了东方雕版印刷和西方活字印刷对社会文化的影响。

[3] 许慎 . 说文解字 [M]. 汤可敬，译注 . 北京：中华书局，2018：422.

朱骏声,《说文通训定声》)

"过去中国学者对书籍的印制,一般通称为刻书、刊书、刻版、雕版或刊刻,而印成的书籍则通称为刻本、刊本或印本。至于'印刷'这一个名词,大概是清末民初西洋印刷术传入中国之后才开始使用的。[1]"

"广义上,书籍指凡是记录在一定物质载体之上并传播于社会之信息内容的物理形态。如中国之甲骨书、金石书、简帛书,以及古埃及之莎草书、古两河流域之泥版书、古帕加马王国之羊皮书、古印度之贝多罗树叶书等。[2]"

本书中的书籍取田建平给的定义,即"凡是记录在一定物质载体之上并传播于社会之信息内容的物理形态",在有关宋刻本的叙述中,特别指雕版印刷的书籍。但同时本书又从书籍制度角度对书籍设计进行分析,即包括文字图像与信号、知识信息、物质载体、生产工艺。

书籍设计,也称书籍装帧,指的是对书籍的装潢设计,指设计者根据书籍的内容,结合自己的设计构思与计划,通过对装帧材料、装订形式和印刷方法的选择,并运用文字、点、线、面、色彩、开本等造型元素和结构平面的规律,对书籍的各个组成进行整体设计[3]。此外,《中国文化大百科全书·综合卷》对"书籍制度"有如下解释:"图书具有的一定物质形式,它是由四个基本要素构成的:文字图像与信号、知识信息、物质载体、生产工艺,它们互相结合起来构成图书。构成图书的四个要素在不同的历史时期和社会条件下,都有其独特的变化和发展历史,它们相互交织、互相影响而形成各具时代特色的图书。所以,图书在一定历史时期所具有的特定的物质形式就被称为书籍制度。[4]"

出版是指"有关专门机构、专业人士对已有的原始作品(可以是文字、图像、声音等)进行创意、选择、加工达到优化之后,通过印刷或非印刷的方式,大量复制在一定的物质载体上,向公众广泛传播的社会活动"[5]。笔者在研究宋代书籍出版的组织制度设计管理方面,借鉴出版各流程和要素进行分析。

《关键概念:传播与文化研究辞典》一书对传播的定义有两种,一是将传播

[1] 钱存训.中国古代书籍纸墨及印刷术[M].2版.北京:北京图书馆出版社,2002:142.
[2] 田建平.宋代书籍出版史研究[M].北京:人民出版社,2018:24.
[3] 陈亚建.中国书籍艺术史[M].南京:江苏凤凰文艺出版社,2018:1.
[4] 马衡,等.古书的装帧:中国书册制度考[M].杭州:浙江人民美术出版社,2019:1.
[5] 易图强.出版学概论[M].长沙:湖南师范大学出版社,2008:6.

视为一个过程，通过这个过程，A 送给 B 一个讯息，并对其产生一定的效果；
二是将传播看作一种意义的协商与交换的过程，通过这个过程，讯息、文化、人
以及"真实"之间发生互动，从而使意义得以形成或使理解得以完成[1]。中国传
播学者张国良在分析传播的历史和辞源，以及比较众多传播定义后，从广义和狭
义两个方面理解传播，广义上的传播指系统（自身及相互之间）传受信息的行
为；狭义指人（自身及相互之间）传受信息的行为（即人类传播）[2]。

　　美国传播学者凯瑞将传播定义为"一种现实得以生产、维系、修正和改造的
符号过程"[3]。该定义关注传播的文化取向，倡导传统、延续与联结。本书将书籍
设计纳入狭义的人类传播过程中考察，且强调其间传播过程中意义的协商与交换，
强调其文化取向和纵向的历史传承，强调对文化的阐释以及文化、科技、社会、
政治、经济之间的互构，并在方法论上借鉴内容分析以及文本与文化之间的互动。

　　阅读是指"大脑接受外界，包括文字、图表、公式等各种信息，并通过大脑
进行吸收、加工以理解符号所代表的意思的过程"[4]。本书从阅读的概念出发研究
书籍设计，将读者的认知引入研究框架，同时也将书籍不仅仅定义为纸本阅读。
研究宋代书籍设计，不仅仅是研究其物质形式，更是研究其意义形成的过程和其
表征的设计理念。

　　维基百科对认知的定义是"认知或'认识'（cognition）在心理学中是指通
过形成概念、知觉、判断或想象等心理活动来获取知识的过程，即个体思维进行
信息处理（information processing）的心理功能"。"认知，是指人们获得知识或
应用知识的过程，或信息加工的过程，是人的最基本的心理过程，包括感觉、知
觉、记忆、思维、想象和语言。[5]"书籍设计从本质上需要符合人类的认知规律，
帮助读者更好地完成对信息与美的认知过程。本书也从认知的角度分析中国传统
的观・物思想对书籍设计的影响。

　　"美学"这个概念是德国哲学家鲍姆加通于 1750 年首次提出来的。他认为美
学的对象和范围是比"审美"广泛得多的"感性认识"。Aesthetics（自由艺术的

---

[1] 费斯克.关键概念：传播与文化研究辞典［M］.李彬，译注.北京：新华出版社，2004：45.
[2] 张国良.传播学原理［M］.上海：复旦大学出版社，1995：7.
[3] 凯瑞.作为文化的传播［M］.丁未，译.北京：中国人民大学出版社，2019：21.
[4] 王余光，徐雁.中国阅读大辞典［M］.南京：南京大学出版社，2016：421.
[5] 彭聃龄.普通心理学［M］.4 版.北京：北京师范大学出版社，2012：2.

理论、低级认识的学说、用美的方式去思维的艺术、类理性的艺术）是感性认识的科学[1]。他把美学的意义列为三项：一是研究美的艺术的理论；二是研究较低或感性知识的学问；三是研究完满地运用感性认识的学问，而感性认识达到完满状态的对象即美的对象，因此它也是以研究美为目的的学问[2]。当代研究美学史的著名学者塔塔科维奇就认为，从柏拉图开始，西方就从哲学思辨的高度讨论美学，到康德，虽没有使用美学概念，但讨论的是美学问题，后者将其称为"判断力批判"[3]。在传统哲学领域的美感思辨之外，认知美学综合运用哲学美学方法和认知心理学，探究美感的认知神经机制。在心理学视域，美感是一种包含认知和情感多重因素的复合心理过程。"美感是情感性的联觉系统，是大脑中认知与情感'混合运算'的结果，是人类生存实践的最优算法[4]。"从费希纳的实验美学到弗洛伊德的精神分析美学，到格式塔心理学美学，再到认知神经美学，都对心理学领域的美感研究从不同角度进行了分析。

而在中国，老子、庄子、孔子，魏晋南北朝、唐宋的儒释道以及宋代理学，都有涉及美的思想，也为书籍设计的审美带来了不同的视角。从原始造物之美，到先秦《考工记》的成器之道，到宋代《梦溪笔谈》《营造法式》的技艺之美，再到明代《天工开物》《长物志》《园冶》的科技之美、器物之美、园林之美，都体现了中国传统的设计美学。

宗白华的《美学散步》、李泽厚的《美的历程》、叶朗的《中国美学史大纲》、朱良志的《中国美学十五讲》都为本书的中国审美意识打开思路。中国传统文脉中的象征、隐喻以及内涵丰富的审美，可以调动读者内心对传统文化的审美记忆。宗白华先生在《美学散步》中曾指出中国美学中的虚实结合之美、易经的贲卦和离卦之美、气韵生动和迁想妙得之美、意境之美、禅境之美以及道、舞、空白之美[5]。宗白华这种"主观的生命情调与客观的自然景象交融互渗，成就一个鸢飞鱼跃、活泼玲珑、渊然而深的灵境"[6]。这正是中国思维方式中天人合一，外

[1] 叶朗.美学原理［M］.北京：北京大学出版社，2009：1.
[2] 苏畅.宋代绘画美学研究［M］.北京：人民美术出版社，2017：3-4.
[3] 叶朗.美学原理［M］.北京：北京大学出版社，2009：2.
[4] 孟凡君.认知神经美学视域下的美感问题研究［D］.长春：吉林大学，2018：1.
[5] 宗白华.美学散步［M］.上海：上海人民出版社，1981.
[6] 宗白华.艺境［M］.北京：北京大学出版社，1987：151.

师造化、中得心源的有力阐释，也是中国设计可期待的美学理想。而宋代更是中国美学思想的集中体现时期，邹其昌在《宋元美学与设计思想》中就提出了雅俗融合、追求精致的士人美学形态，强调内游、清空、逸品、理趣、圆融、中和等[1]。本书对宋代书籍的分析也强调中国美学思想对书籍设计的影响。

卡西尔认为，人是符号的动物，文化则是符号的形式，人类活动本质上是一种符号化的活动。语言、神话、宗教、艺术、历史、科学都是符号活动的一部分，代表了人类的各种经验，并都指向同一个目标——塑造"文化的人"[2]。斯图尔特·亚当认为，人类创造符号用来架构、传播思想与意图，用这样的符号来设计实践、事物与组织机构。换言之，他们利用符号以建构一个可以共同生活的文化[3]。

书籍设计者建构精神符号和物质符号，通过出版、传播过程实现读者对书籍的阅读、认知和产生美感，是主客体统一的过程。本书认为书籍既是一种文化符号，人类通过书籍这个文化符号，围绕对它的实践、事物和组织机构的设计，架构、传播思想和意图；也建构了可以共同生活的文化。在系统分析了两宋书籍的环境、组织以及物质层面后，借助符号学的方法，本书进一步从四个角度对书籍设计的视觉符号进行分析。对当代设计而言，设计师也是通过再现和丰富书籍这个文化符号的内涵和外延，与认知图式进行匹配，以实现书籍设计的过程。

三、研 究 方 法

本书主要吸收了传播学、认知学、符号学、图像学、美学的研究方法，并集中在设计历史学的研究方法的应用上。

（一）概念分析：文献研究法

该方法包括对相关视觉和文字文献的举证，对历史文献的回顾，并加以类

---

[1] 邹其昌.宋元美学与设计思想[M].北京：人民出版社，2015：22-72.
[2] 卡西尔.人论[M].李琛，译.北京：光明日报出版社，2009：28-69.
[3] 凯瑞.作为文化的传播[M].丁未，译.北京：中国人民大学出版社，2019：6.

比、综合和梳理。正如梁漱溟在《中国文化要义》中指出的罗列、关联、归并、选取、来由、前后印证、阐述、再关联等，这是研究中国文化的方法，我们也取之对宋代书籍设计进行研究。具体在研究中，笔者还使用了计量史学的方法，对中西印刷技术的特点、影响进行比较，对宋代不同出版方的书籍进行比较分析。本书还以列表的方式对宋代书籍的版本特征、字数、栏数、大小、字数、纸张、装帧、现藏等信息都进行了细致的整理，并计划在今后的研究中形成开放的网络数据系统。

（二）过程描述：文本分析法

叶舒宪的四重证据法也给本书诸多启示，本书根据传世文献、出土文献和文字、人类学的口传与非物质文化遗产、考古图像和实物等相关参照材料，形成对研究对象分析的多重证据。本书以图文并茂的方式，对相关宋代书籍设计风格，以及影响风格的内在因素进行综合研究。笔者先后前往扬州、常熟、宁波等曾经收藏宋版书的藏书楼、书院和上海图书馆、上海博物馆、中国国家图书馆、南京博物院、苏州博物馆、深圳博物馆、日本东京国立博物馆、静嘉堂书库、拍卖预展现场等进行考察，并对手工造纸的过程进行亲身体验和了解。本书还通过对典型的宋代书籍进行分析，如《尔雅》《结莲社集》《开宝藏》《梅花喜神谱》《友林乙稿》《新定三礼图》《昌黎先生集》等，探讨其版式、特点、美学特征和设计传播过程等，并对明版书《三才图会》以及现代书籍设计师设计的"中国最美的书"等获奖作品也做了具体细致的分析。

同时借鉴中国传统美学的研究思维，以体验为基底，将感性与理性相结合，借助观察、体悟以及人生的体验，形成对书籍设计在认识论和本体论意义上的理解。

四、设计文化的三层理论

从宏观视野和历史纬度看，书籍设计不仅仅是静态的图片和产品设计，而是融入了更多读者体验和传播的过程，受到社会文化的影响，也参与到社会文化的动态传播以及文化的传承中。

钱穆在《文化学大义》中将文化分为三层文化结构，即"物质的"、"社会的"和"精神的"，同时又把文化分为经济、政治、科学、宗教、道德、文学、艺术七要素，分列为文化的三阶层中，彼此之间相互作用、互相影响[1]。胡飞在《中国传统设计思维方式探索》中将设计文化分为三层，即物质层（产品的设计、生产、流通、交换等物质载体以及用户使用行为）、组织制度层（协调设计系统各要素之间的关系、规范设计行为、检校设计结果的组织制度）、观念层（政治、经济、历史、文学、艺术、道德、宗教、哲学、风俗、语言价值观念、情感系统、思维方式构成）。他进而将设计思维方式划分为设计认知结构模式、设计思维方法模式和设计价值结构模式三方面[2]。本书参考钱穆和胡飞的模式，从观念层、组织制度层、物质层对宋代书籍设计做出分析（见图1-5），并凝练出观·物的设计理念以作为描述和解释中国书籍设计的重要引擎。

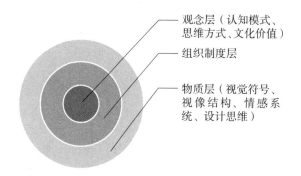

观念层（认知模式、思维方式、文化价值）

组织制度层

物质层（视觉符号、视像结构、情感系统、设计思维）

图 1-5 设计文化的三层理论

五、本 章 小 结

以上从宋版书的价值、研究意义以及宋版书和当代书籍之间的联系总结了为什么要研究宋版书。在接下来的篇章中，本书提出了设计传播循环圈的理论（第二章），从社会文化背景的角度，认为宋代书籍吸收了宋代理学的理念，借助宋

[1] 钱穆.文化学大义［M］.北京：九州出版社，2012：8-57.
[2] 胡飞.中国传统设计思维方式探索［M］.北京：中国建筑工业出版社，2007：8.

代雕版技术的发展，形成了稳定的书籍产品，并通过从上至下的全国流通体系，从不同层面满足了社会上不同人群对书籍的需求，进一步推动了社会科技和文化的发展。宋代书籍建构和表征了宋学的意义世界，形成了新的话语体系。宋书的设计传播形成了从思想认识到创新理念到产品工艺再回到思想观念的迭代循环过程，推动了当时的社会创新。宋代"右文"传统、科举制度确定了价值取向，教育机构形成了书籍使用场景，知识阶层从观念、美学、易用性等方面明确了书籍的使用需求，形成了书籍设计传播的过程。在对雕版印刷技术和活字印刷技术的比较上，本书也采用了比较分析的方法。

本书从认识论的角度提炼了以观·物为起点的中国传统设计理念（第三章），认为它是理解宋代书籍装帧设计和中国原创设计的引擎。本书梳理了历代关于观·物思想的表达，从易经、孔子、老子、庄子到宋代理学，分别分析了观·物思想的发展演变，并结合现代认知理论，将观·物理念放入认知和思维框架内，提出认知循环圈的观点，揭示书籍设计的内在逻辑。这种积淀在文化记忆中的认知图式也将继续影响中国人。

在宋代书籍出版系统（第四章）中，在前人对国子监、地方政府、寺院、私家、书坊刻书的分析上，笔者进一步从设计学的角度分析其创新发展，以视觉文献和文字文献结合的方式论证传播者对书籍装帧设计的影响，如提出宗教传播过程中书籍如何作为媒介沟通了儒学和佛学，如利用个案分析方法分析了杭州、福建等地区不同书坊主人的特点，又如分析了北宋和南宋士大夫刻书的不同特点。

宋代书籍符合中国传统设计思想——"天有时，地有气，材有美，工有巧，合此四者，然后可以为良"的理念（第五章）。本书使用计量史学方法对宋代书籍的用纸进行整理归纳。宋代书籍用纸精良、用墨细致、刻板工序严格、形制简朴大方。

宋代书籍的视觉秩序是宋代统治者和士大夫阶层建立文化秩序的物质化呈现（第六章）。本书分析了400多本宋版书，提出了以四级编码为框架的视觉分析法。在设计符号上，宋代书籍出现了鱼尾、象鼻、牌记、边框、行格等确认版式标准的部分；在视像结构上符合中国设计思维中米字格以及汉字方正的构图，形成了中正简约的版面秩序和表达文化秩序的视觉秩序和空间秩序；在图文关系上，本书分析了宋代书籍插图的形式、目的和价值，借鉴了中国山水画严谨而具有气韵的表达方法；在情感表达上，宋代书籍的内容和形式和谐统一，形成了内敛而典雅的气质；在观念上，宋代书籍反映了宋代理学"观之以理""心物化一"的思维理念。本书还借助宋代绘画的研究进一步分析了宋代书籍所传递的精神属性（第七章）。总体而言，宋版书籍呈现了理、和、韵、意之美。

在宋代书籍装帧设计中，观·物（设计思想）是起点，文化环境（设计环境）是前提，出版制度（设计管理）是保证，雕版技术（设计技术）是关键，循环往复、观之以理、格物致知和心物化一（设计方法）是核心。设计连接了人类的认知循环圈和传播循环圈。通过设计，通过对文化符号与社会符号的阐释和再表征，通过符号与社会结构的整合关系，社会得以创造、维系和改造。设计反映了社会的权力结构、意识形态、冲突与矛盾、文化与信仰、生产与再生产的关系。

第二章 多元互动的宋型文化

归志宁无五亩园，读书本意在元元。

灯前目力虽非昔，犹课蝇头二万言。

陆游《读书》

作为文化的典型表征，两宋书籍设计受到了政治、经济、文化和思想等方面的深刻影响。在了解两宋书籍特征前，需对相关的社会文化背景进行阐述。时代的风貌和社会背景是影响人们整体认知的重要因素。

本章首先看两宋的政治文化制度是如何影响了人们对书籍的看法。作为文化内容的载体，书籍在宋代大量印制，对比宋代之前，这个时期的书籍对宋代政权意识形态的传达与维护、知识的流通，以及知识阶层的身份确认都起到了积极的作用。书籍的内容更广泛（从佛经到经、史、子、集等），书籍流通范围更广，书籍的受众也更多元（从宫廷到民间），其设计形式相应也有了更多变化（版面、编辑方式以及装帧方式）。通过书籍这一载体，宋代中央政府试图改变五代混乱的政治局面，建立一种以儒家价值观为主导的稳定的文化秩序。"宋代书籍出版构建了完整的宋代文明之意义世界。[1]"

一、宋初文化秩序的设计

《宋史》说："遂使三代而降，考论声明文物之治，道德仁义之风，宋于汉、

---

[1] 田建平.宋代书籍出版史研究［M］.北京：人民出版社，2018：276.

唐，盖无让焉。[1]" 近代著名历史学家陈寅恪评价宋代是"吾中华文化，历数千载之演进，造极于赵宋之世。[2]" 清代著名藏书家叶德辉评曰："观此知有宋一代文化之盛，物力之丰，与其工艺之精，断非元以后所能得其仿佛。[3]" 在中国历史上，两宋文化以其丰富的内涵独树一帜。雕版印刷书籍在宋代的繁盛发展，成为唐与五代作为中世和宋作为近代的重要区别之一。宋代书籍的大量出版，推动了知识生产、写作方式的改变和思想的繁荣发展。唐宋时期的社会变迁，让中国文化在唐宋之际也经历了巨大的变化，从唐代相对外放、雍容、绚丽的唐文化转向相对理性、严谨、内敛和淡雅的宋文化。这种文化特征也体现在宋代书籍中，并通过书籍的大量印刷生产将这种文化特点内化到宋人的思维方式中，进而影响了后世中国的文化。

宋代从 960 年开始，到 1279 年结束，共 319 年，以靖康之变（1127 年）分为北宋和南宋。北宋与南宋在政治、经济、文化上都呈现出不一样的特征，在书籍出版上也呈现了同中有异的特点。宋代书籍出版的一个重要背景就是北宋朝廷对文治的重视。960 年，赵匡胤以武将身份篡夺皇位，鉴于唐末五代藩镇割据，为防止武将拥兵自重，所以他崇文抑武，推崇文治，大力起用文臣，以求国富民安。宋朝设中书、三司、枢密院分管政、财、军三大务，最后由宋朝皇帝一人裁定；军事上消减或罢免藩镇与禁军武将的军权，由中央政府统一指挥。自宋太宗起，政策上加强中央集权，实行文官政治，重视科举，组织整理编撰图书典籍，思想上崇儒又容释道。崇尚文治的政策虽然导致了宋代军事力量的积弱，但强化了宋朝内部对文化的重视。宋代有良好的读书氛围，从宋太祖、宋太宗开始就重视整理、编纂、印制图书，并且身体力行地认真读书，以改变宋代统治集团的文化知识结构。

虽然宋代疆域没有唐代广阔，其军事上积弱，北宋被金人打败，南宋偏安一隅，最后被元人所灭，但其制度、思想、科学技术、文化发展迅速，博大深邃，影响深远。当然必须说明的是，宋朝文治并不是一味地宽松管理，而是有其严格的限制。在意识到书籍是承载和传播文化思想的重要工具后，宋代官府也对其严

---

[1] 脱脱，等.宋史 [M].北京：中华书局，2011：51.
[2] 陈寅恪.陈寅恪集 金明馆丛稿二编 [M].北京：生活·读书·新知三联书店，2015：277-278.
[3] 叶德辉.书林清话 [M].北京：华文出版社，2012：163.

加控制。例如在北宋初年发生的对兵书与天文图书的禁止，在宋仁宗时制定的禁书目录，在北宋中期发生的乌台诗案以及对苏轼、黄庭坚等人的文集的禁毁，在南宋发生的朝廷对《江湖集》的禁止，并因此让出版人陈起牵连入狱等等。在宋孝宗淳熙七年（1180 年），朝廷发布敕令，禁止书坊擅自刻印书籍[1]，这在一定程度上限制了文化的传播。

环顾宋代当时的地理政治环境，在整个东亚世界，宋相对于辽、金、元、西夏，都处于劣势，面对高丽、日本和大理也不再像唐朝一样处于天朝上国的地位。但其文化传播在战争的冲突、贸易的发展和文化的交流中不断融合发展，对周边国家和民族多有影响。《宋史》卷四百九十一就记载，日僧奝然云："国中有《五经》书及佛经、《白居易集》七十卷，并得自中国""又求印本《大藏经》，诏亦给之[2]"。田建平就曾记述宋代书籍除在宋朝国内发行外，还传至辽、金、夏、日本、高丽、交趾（今越南），包括书籍制度、书籍生产、书籍装帧、书籍文化以及文本意义都传播到了上述地区[3]。

在行政上，宋代地方行政机构的最大单位为路，次级为州、军，更次一级为县，与今天中国的行政等级设置是相似的。同一级的官员，不是仅有一个首长，而是各有职守（如漕运、提刑、管军的使职），或者有副贰相参（如同知、通判等）。考察宋代出版史可以发现，宋代各级政府都有参与到印制书籍的活动中，也就是从上到下都参与到了以书籍为媒介的文化创新和传播中，书籍既是各级政府传播中央政府思想的重要媒介，也是其发展经济的重要手段。

在经济上，作为一个高度中央集权的封建专制王朝，中央政府掌握财源，将财政支出作为控制地方的杠杆，居中调度支配。宋代政府借经济发展，保证了各地资源的顺畅流通。大量农村居民、地主阶层迁往城市，也带来大量资本，繁荣了城市经济，促进了商业和消费的发展。现代的中国城市，很多是继承宋代留下的地点，比如南京、广州、泉州、杭州、宁波等是在宋代的基础上发展为今日的规模。从《清明上河图》的描绘以及《东京梦华录》的记载中，都可以看到当时宋代都市的繁华景象。宋代曾先后在广州、杭州、泉州、苏州和嘉兴（秀州）

［1］陈正宏，谈蓓芳 . 中国禁书简史［M］. 上海 : 学林出版社，2004 : 64-112.

［2］脱脱，等 . 宋史［M］. 北京 : 中华书局，2011 : 14131，14135.

［3］田建平 . 宋代书籍出版史研究［M］. 北京 : 人民出版社，2018 : 185.

上海镇（今上海市区）等地设立市舶司管理海外贸易。城市的发展催生了大量市民阶层，扩大了书籍的内容范围和受众范围。

中国学者钱穆认为"唐末五代至宋为又一大变，唐末五代结束了中世，宋开创了近代"[1]。日本历史学家内藤湖南在19世纪末最早提出"唐宋变革论"，认为宋代是中国近世的开始[2]。另一位日本学者宫崎市定则认为宋代是中国的近世：中国宋代实现了"社会经济的快速发展，都市的发达，知识的普及，等等……尤其是在中国文艺复兴的初期阶段，我们可以看到独特的印刷术的发达"。宋代是十足的"中国的文艺复兴时代"[3]。余英时先生也将宋代新儒家的发展与德国社会学家马克斯·韦伯所说的"新教伦理"运动相比较，接受了佛教入世思想的影响。通过北宋的政治改革与南宋的书院和社会讲学，新儒家的经世思想和伦理逐渐深入中国人的日常生活中，并发挥了潜移默化的作用[4]。美国学者黄仁宇曾说："公元960年，宋代兴起，中国好像进入了现代，一种物质文化由此展开。货币之流通，较前普及。火药之发明，火焰器之使用，航海用之指南针，天文时钟，鼓风炉，水力纺织机，船只使用不漏水舱壁等，都于宋代出现。在11、12世纪内，中国大城市里的生活程度可以与世界上任何其他城市比较而无逊色。[5]"中国历史研究者吴钧指出，商业化、市场化、货币化、城市化、工业化、契约化、流动化、平民化、平等化、功利化、福利化、扩张化（国家经济职能的扩张）、集权化、文官化（理性化）、法治化，一个社会从中世纪进入近代的趋势和特征都一一出现在宋代[6]。

物质和社会的发展推动了精神层面的需求。宋代科学技术发展、城市生活繁荣、文化艺术昌盛，在这样的社会背景下，无论是两宋的思想观念、文学作品，还是诗文歌曲、庭院园林、绘画书法、青瓷器皿都对后世产生了深远影响。宋代教育的平民化，自由迁徙的便利，使得纵向的社会阶级和横向的地域的流动性都

[1] 钱穆.宋明理学概述[M].北京：九州出版社，2010：1.
[2] 内藤湖南.概括的唐宋时代观[C]//刘俊文.日本学者研究中国史论著选译 第1卷 通论[M].黄约瑟，译.北京：中华书局，1992：10-18.
[3] 宫崎市定.东洋的近世[M].张学锋，译.上海：上海古籍出版社，2018：85.
[4] 余英时.士与中国文化[M].上海：上海人民出版社，2003：395-513.
[5] 黄仁宇.中国大历史[M].北京：九州出版社，2015：113.
[6] 吴钧.宋：现代的拂晓时辰[M].桂林：广西师范大学出版社，2015：4-6.

日益显著。这些政治、经济、文化方面积聚的能量为宋代书籍的出版奠定了物质条件和精神需求。

二、科举、教育与出版的设计传播循环体系

宋代知识阶层的人口，并无确切数字可作为依据，但许倬云认为，宋代识字人口应当超过任何前代，而其原因就是宋代右文的传统、科举取士制度的改革、教育机构的普及与书籍印刷业的发达[1]。

宋代改革了科举制度，取消了门第限制，施行复试和殿试，扩大了"别试"的范围，使考试内容趋向多样化。这些举措都使得宋人有了更多读书取仕的机会[2]。钱存训引用美国学者查菲的考证，认为两宋的进士达到 4 万人以上。并且根据方志的记载，宋代进士有姓名可考的，有约 2.9 万人，其中两浙、福建、成都、江南西（今江西）、江南东（今安徽）各路占到 2.4 万人，而上述地区也是宋代主要的书籍印刷中心，印书总数达到 1 200 种，占总数的 84%（宋代印书就记载所知大约有 1 500 种）[3]。由此可见书籍印刷与教育普及和科举考试制度之间的密切关系。德国学者迪特·库恩在《儒家统治的时代：宋的转型》中记录了宋朝进士的人数。根据方志的记载，整个宋朝的进士总人数大约是 28 933 人，北宋占三分之一，南宋占三分之二。但其他权威资料显示，在 960 年到 1223 年之间，约有 4 万名进士……算上同进士出身者和其他科的进士在内，从 960 年到 1229 年，总的进士人数约达到 7 万人。获得进士功名并出任官职的人数，从 11 世纪初的每年 5 000 人发展到 1 万人。1046 年，进士出身的高素质官员仅占了当时官员职位总数的三分之一[4]。迪特·库恩指出这一比例大大超过了唐朝。

在科举制度的推动下，士大夫阶层很快成为宋代政治社会的中坚力量。美国学者包弼德指出："士作为宋朝的国家精英，不是一个从法律上界定的群体，

[1]　许倬云.万古江河：中国历史文化的转折与开展［M］.湖南：湖南人民出版社，2017：284.
[2]　何忠礼.科举制度与宋代文化［J］.历史研究，1990（5）：119-135.
[3]　钱存训.中国纸和印刷文化史［M］.桂林：广西师范大学出版社，2004：357.
[4]　库恩.儒家统治的时代：宋的转型［M］.北京：中信出版社，2016：121.

而是一个从社会角度界定的群体……在北宋末年，士人在判断一个人是不是士的时候，并不过多地依据家族背景，而是依据他的教育状况。"唐宋转型，"在社会史方面，并不是平民的兴起，而是'士'即地方精英的壮大和延续"[1]。依靠才学出身的"平民"通过科举获得进士身份，取代了依靠出身和门第获得晋升的"门阀士族"。科举制度的严密性，保证了考试制度的开放性和公平性，推动了社会阶层的流动，也因此诞生了很多寒俊，即出生寒门的文人士大夫。宋人有诗云，"唯有糊名公道在，孤寒宜向此中求"，即是形容宋代科举的公平性。

宋代名臣，如宋祁、范仲淹、王安石、司马光、苏轼、文天祥等都没有显赫的家世，但都通过科举成功跨入士大夫阶层，他们既具有卓越的文采，又有志于经世之学，在士大夫中负有盛名，并多有参与过图书的编辑出版工作。北宋大儒，如胡瑗、孙复、徐积、石介、欧阳修、周敦颐等虽出身穷苦，但都潜心学问，苦学多年，而后或开坛讲学，传道解惑，或经世济民、经邦治国。科举考试内容的多样化，使得经史子集、诗赋、策论、科技各有发展。

科举考试也带动了百姓对书籍的大量需求。这首先源于宋代帝王对读书和文治的重视。宋太宗说："夫教化之本，治乱之源，苟无书籍，何以取法？[2]"太宗在淳化三年（992年）"诏以新印《儒行》篇，赐中书枢密两制三馆及新进士各一轴"（《玉海》），用以实施文治，统一思想。真宗在"祥符元年十一月丙辰，复以《儒行》篇赐亲民釐务文臣，其幕职、州县官使臣赐敕。令崇文院摹印给之。"（《玉海》）可见太宗通过书籍，将自己的思想传达到各级官员。宋代帝王一方面通过科举选拔人才，另一方面也通过科举考试确定了思想和文化发展的方向，再通过书籍出版传播思想，以教化天下。

对科举应试者来说，大量的雕版印刷可以使他们获得文学和历史学典籍的复制本，他们凭借这些书籍可以为考试做准备。在此期间，国家取得了对知识增长的控制权。通过选定什么书可以出版和什么书不能出版，以及以什么方式出版，使书籍出版水准得到了提升。士大夫们帮助国家界定人们需要怎样的知识以及需要接受怎样的教育[3]。王安石就奉宋神宗之命主持修撰了《三经新义》，

[1] 包弼德.唐宋转型的反思：以思想的变化为主[J].中国学术，2000（3）：63-87.
[2] 李焘.续资治通鉴长编[M].北京：中华书局，1992：571.
[3] 库恩.儒家统治的时代：宋的转型[M].北京：中信出版社，2016：40.

即《诗义》《书义》《周礼义》，由国子监刻板刊行，赐给宗室、太学以及诸州府学。王安石所著《字说》和《三经新义》一起成为科举考试内容，得到学者的广泛传播[1]。

读书取仕的机会促进读书人的增加，使得宋代诗文、书画繁盛，文人的文化修养提高。宋人著述丰富，作家和作品数量众多，为前代所不及。据《宋史·艺文志》著录，宋人著述在5 500种以上，加上后人补考，达到6 300余种[2]。"中国在10世纪晚期进入雕版印刷时代，雕版印刷书籍的大量出现不仅改变了个体读者对文章的消费方式，而且改变了知识分子写作和编撰的方式。[3]"唐宋八大家中，有六人出现在宋代。宋代也产生了更多的史学、文学作品。大量知识分子以官员或私人的身份撰写史书、记录历史、表达观点。苏勇强就认为，唐宋两代都有古文运动，但是北宋的古文运动相比于唐代更为成功，其中一个原因就和雕版印刷在北宋的兴盛推广有关。宋人获取书籍的渠道更广，阅读范围更广，同时书籍的大量印行也带来了更广范围的读者群，即平民阅读和创作群体都比唐代更为广泛[4]。韩愈、柳宗元的作品都是在宋代被大量地印行，苏东坡的作品在其在世时已经通过书籍形式被广泛传播。

宋人崇尚读书，宋真宗《劝学文》中的"书中自有黄金屋"至今流传。北宋王禹偁在《清明》中有诗，"昨日邻家乞新火，晓窗分与读书灯"。宋人对书籍的需求日渐增加，设馆求学，蔚然成风。中央官学、地方官学、各地书院、私塾多有发展，带动了教育的普及。书院在晚唐五代时已有，在宋代则到达全盛期。宋代《都城纪胜》记载"都城内外，自有文武两学，宗学、京学、县学之外，其余乡校、家塾、舍馆、书会，每一里巷须一二所，弦诵之声，往往相间。[5]"

宋初有三次规模较大的兴学运动，分别是范仲淹在仁宗庆历四年发起的"庆历兴学"，提倡州、县设立学校，科举考试先考策、论，次考诗、赋，不考贴经、墨义，而科考者必须接受学校教育，做经世致用的学问；王安石在熙宁

[1] 田建平.宋代书籍出版史研究［M］.北京：人民出版社，2018：122.
[2] 巩本栋.宋集传播考论［M］.北京：中华书局，2009：3.
[3] Lin H. Printing, publishing, and book culture in premodern china［J］. Monumenta Serica, 2015, 63(1)：150-171.
[4] 苏勇强.北宋书籍刊刻与古文运动［M］.杭州：浙江大学出版社，2010：273.
[5] 吴钩.宋：现代的拂晓时辰［M］.桂林：广西师范大学出版社，2015：206.

和元丰年间发起的"熙宁、元丰兴学"，提倡增加太学生名额，改考议论文，注重实用内容的学习，创办和恢复专科学校，重视医学、律学和算学；蔡京在徽宗崇宁元年发起"崇宁兴学"，学生人数多达二十余万人[1]。两宋非常重视地方官学的建设，而地方官学也多有参与刻书，官学刻书包括州学、府学、军学、郡学、郡庠、县学、县庠、学宫、学舍等，特别是州府一级官学拥有官田收入，因此也有余力刻书。各地官学在推动教育发展的同时，不仅增加了对书籍的需求，自身也参与到刻书活动中。比如现存宋版书《新定三礼图》就是淳熙二年（1175 年）由镇江府学刊刻的，《离骚草木疏》是由罗田县庠于庆元六年（1200年）印刻的。

民间教育的基本形态是私塾，包括家族读书的学堂以及社区的学校，而书院则是更高一级的学府。比如宋初胡瑗就在吴中讲学，后又至苏州、湖州教授，其开创的"苏湖教法"，开创了分科教育的先河，分别设立"经义"和"治事"两科，各有侧重。北宋兴建的岳麓书院、南宋朱熹重建的白鹿洞书院、陆九渊讲学的象山书院至今负有盛名。北宋书院有 71 所，南宋书院总数有 500 所以上[2]。书院也积极参与刻书活动，刊刻之书以儒家经典和宋人著作为主，如衡州石鼓书院在淳熙年间刻有《石鼓论语问答》，梅隐书院在嘉定年间刻有《书集传》，白鹭洲书院刻有《汉书集注》《后汉书》，龙山书院刻有《纂图互注春秋经传集解》等。

教育机构的课程也分门别类，包括儒家经典、数学、历学、绘画、医药等，佛、道也均有自己的寺院、道观传授经义。中国古代著名的童蒙作品《三字经》《百家姓》就是在宋代编著的，应和了当时民间教育的需求。

教育的普及进一步推动了民间对书籍的需求，提升了宋人的素质；教育机构的多种类型和教育内容的多科发展也为书籍内容的增加提供了源泉；教育改革所产生的新思想和理学精神进一步推动了科学技术的发展和社会文化的繁荣。从宏观的书籍设计传播过程来看，科举制度是价值取向和坐标，教育制度是使用需求和传播途径，出版制度是执行，三者相辅相成，形成良性循环；而书籍就是媒介

---

[1] 许倬云. 万古江河：中国历史文化的转折与开展［M］. 长沙：湖南人民出版社，2017：280.
[2] 白新良. 中国古代书院发展史［M］. 天津：天津大学出版社，1995：4，10.

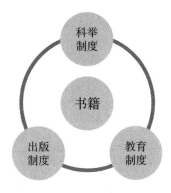

图 2-1 宋代书籍出版与教育、科举考试的关系图

（见图 2-1）。从具体而微的书籍设计实践上，科举考试的具体要求以及教育的不同场所都对书籍形式形成了制约。比如为了适应科举的要求，福建的书坊就大量刊印排版密集的科考用书，也设计了不少注音释义的经史子集，还有了巾箱本的刊印。

三、士人阶层对书籍装帧设计观念的影响

科举取士和教育的发展使宋代产生了比前代更多的知识阶层，而北宋前期相对平和的社会发展也使得知识阶层有更多的时间投入人文活动中，包括教书育人活动、生活环境改善活动、艺术活动、工艺制作的精益求精活动等。

唐末宋初，社会秩序和价值观都遇到了挑战。知识阶层经历了五代的动荡，邻国异族的环伺，一方面尽心图治，以求改变，另一方面重新思考传统文化的价值和生命的价值，试图找到立身之本、立国之道。南北朝至隋唐时期佛教的全盛、禅宗的兴起以及道教的发展，也为新思想的发展奠定了包容的态势。陈植锷《北宋文化史述论》将宋学的基本特征概括为议论精神、疑古精神、创造和开拓精神、经世致用精神、内求反省精神和兼容并蓄精神[1]。宋学在儒学的基础上，吸收佛教道教精华，更具思辨性和哲理性。而这种思想上的创造力也推

---

[1] 陈植锷.北宋文化史述论［M］.北京：中国社会科学出版社，1992：287-232；方健.范仲淹评传［M］.南京：南京大学出版社，2001：294-297.

动了整个社会的创新精神、科学技术的革新，并体现在日用产品的制造上，当然也包括书籍。

在美国学者包弼德看来，宋代的文化与唐代相比发生了思想的转型。"斯文"在唐代以前，指典籍传统。初唐时期，"斯文"本身是价值观的基础和来源。北宋时期，价值观转向了伦理原则，士人阶层一方面要坚持对价值观做独立探讨，另一方面要思考"斯文"的权威意义，以期获得统一的价值标准和思考模式。"首先，从唐代基于历史的文化观转向宋代基于心念的文化观（关于宋代的文化观，我们主要把它和道学、新儒学联系在一起）。第二，从相信皇帝和朝廷应该对社会和文化拥有最终的权威，转向相信个人一定要学会自己做主。在我看来，宋代的文人对了解何者为正确的普遍方式感兴趣，而不是去复活一套被假定存在的普遍的古代典范。第三，在文学和哲学中，人们越来越有兴趣去理解万事万物如何成为一个彼此协调和统一的体制的一部分。[1]"他从社会史、经济史、文化史、政治史四个方面分析，认为宋代是中国现代性的开端。这样的思想转型也直接影响到设计理念中，特别是书籍设计中版面秩序的规划也体现了文化秩序的确认。在后文中将做进一步分析。

导致北宋灭亡的靖康之难极大地影响了宋人的心理，让宋人心态怀旧和悲观。另一位美国学者刘子健认为11世纪是文化在精英中传播的时代。在12世纪，精英文化将注意力转向巩固自身地位和在整个社会中扩大其影响。它变得前所未有地容易怀旧和内省，态度温和，语气审慎，有时甚至是悲观的。一句话，北宋的特征是外向的，而南宋却在本质上趋于内敛。新的文化模式经过沉淀和自我充实后，转而趋向稳定、内向甚至是沉滞僵化，并在实际上渗透到整个国家，其影响一直持续到20世纪初期[2]。宋代理学本来是开放包容的，到了明清则变成思想发展的桎梏。考察两宋书籍的出版，也可以发现，北宋有力量大量编辑出版儒家经典，而南宋的出版势力则不断下沉，一方面以广泛参与的方式重新出版儒家经典，另一方面有更多的士人参与到书籍出版中，以此方式巩固自身地位和扩大其影响。

---

[1] 包弼德.唐宋转型的反思：以思想的变化为主［J］.中国学术，2000（3）：63-87.
[2] 刘子健.中国转向内在：两宋之际的文化转向［M］.赵冬梅，译.南京：江苏人民出版社，2012：10.

书籍的出版和传播在推动理学话语体系的形成过程中发挥了重要作用。宋学中最有影响力的理学强调"理"高于一切，在社会生活中倡导理学思想，使得宋代成为富有理性精神的时代，由此也形成了宋代人追求事物本真，删繁就简的社会思想风气和审美范式。宋代文人士大夫坚持理想人格与平和雅致的审美态度，推崇"尚俭戒奢"的价值观念。作为新儒学运动，宋代理学讲究自然事理与人性世态结合，影响了社会意识的发展。北宋五子的哲学被南宋士大夫广泛接受。南宋时，理学家朱熹更提出了"简易""致用"的思想，例如其在《朱子语类》卷八十九中就提出，"某尝谓，衣冠本以便身，古人亦未必一一有义。又是逐时增添，名物愈繁。若要可行，须是酌古之制，去其重复，使之简易，然后可"。

吴功正在《宋代美学史》中认为，宋人的文化-审美精神主要表现为怀旧意识、淑世精神、实证性品格、求异思维，并以学问为基础。此外他还强调宋代在审美上崇尚和追求韵味。诗、词、歌、赋、书、画、琴、棋、茶、文玩构合为宋人的生活内容，诗情、词心、书韵、琴趣、禅意便构合为宋人的心态——在本体意义上是情调型、情韵型的宋人心态[1]。宋人在诗中常将宋版书与琴并谈，营造了一种古朴优雅的读书环境，如周邦彦的"左右琴书自乐，松菊相依"，谢逸的"琴书倦，鹧鸪唤起南窗睡"。可见在宋代，书籍已经不仅仅有其获得知识功用的目的，也有其审美怡情的价值。后人对宋版书的美学评价也常常强调其精良和神韵，如傅增湘评价《嘉泰普灯录》"韵味雅秀"。刘方在《宋型文化与宋代美学精神》[2]中谈道，唐代文化缺少这一鲜明的精神内核，体现为驳杂而非宋代的融会贯通、精纯。与唐人相比，宋代在哲学思考上更进一步，在对宇宙和人生的认识上更深入。在比较唐宋诗歌的审美特征时，钱钟书先生在《谈艺录》中曾说："唐诗多以丰神情韵擅长，宋诗多以筋骨思想见胜。"同样描写庐山，唐代诗人李白的"飞流直下三千尺，疑是银河落九天"和宋代诗人苏轼的"不识庐山真面目，只缘身在此山中"的区别就很有代表性，从不同的诗歌意象中可以看出他们的思维特点的区别，前者充满对自然山水的澎湃情感，后者充满了对人生哲理的深入思考。

在两宋书籍的传播过程中，以识字阶层为基础的知识阶层既是传者，也是受

---

[1] 吴功正.宋代美学史［M］.南京：江苏教育出版社，2007：5-18.
[2] 刘方.宋型文化与宋代美学精神［M］.成都：巴蜀书社，2004：38.

者。文人士大夫社会地位不断提高，他们的思想观念、社会意识和审美心理都对社会发展产生了重要的影响，既体现在各种文化艺术形态中，也体现在书籍印制上，包括书籍风格、视觉呈现等。宋代书籍在知识的系统化分类上有了极大的拓展，包括书籍出版类型分类和内容分类，这都与宋代文人对知识和意识的深入思考有关。宋版书中所使用的颜体、欧体和柳体等字体也表达着文人士大夫的精神诉求。如果说宋代科举和教育的发展为宋代书籍出版奠定了沃土，那么文人士大夫就成为宋代书籍出版的风尚引领者、标准制定者和重要的读者群体。

四、市井文化的设计传播偏向

宋代的经济繁荣程度是前朝无法比拟的，其经济、科技的发展水平甚至连明清也难以逾越。农业的发展带动了手工业的发展，商业贸易的更新推动了市民阶层的扩大和消费的兴盛。宋代，在文人士大夫的雅文化之外，反映庶民文化生活的市井文化也有发展。科举取士让更多平民阶层有机会进入士人阶层，也使得市井文化和雅文化有了不同程度的交融。

创作于南宋 1127 年，追忆北宋开封府繁华景象的《东京梦华录》反映了北宋市井文化的丰富多彩。比如"相国寺内万姓交易"一节，"相国寺每月五次开放万姓交易……殿后资圣门前，皆书籍、玩好、图画及诸路罢任官员土物香药之类"[1]，呈现了丰富的商品交易情况，再比如"京瓦伎艺"一节，记载了小唱、舞旋、杂剧、讲史、手技、影戏、诸宫调等多种文艺活动。北宋风俗画《清明上河图》同样从图像上给我们展示了这种世俗化的市民景象，茶坊、酒肆、书坊、商号、食店、绫罗绸缎店、珠宝店等商业形态应有尽有。而宋词、话本、戏曲、杂剧的蓬勃发展和白话小说的出现都反映了市民文学创作的繁荣。

繁华的街市和商业贸易推动了城市经济发展，刺激了娱乐业和服务业的消费，而新兴的市民阶层也形成了自己的精神需求。南宋出版了大量反映社会民风、市民生活的书籍，比如孟元老的《东京梦华录》、耐得翁的《都城纪胜》、吴自牧的《梦粱录》、周密的《武林旧事》等。在勾栏瓦肆中，宋代还诞生了中

---

[1] 孟元老，等.东京梦华录（外四种）[M].北京：文化艺术出版社，1998：20.

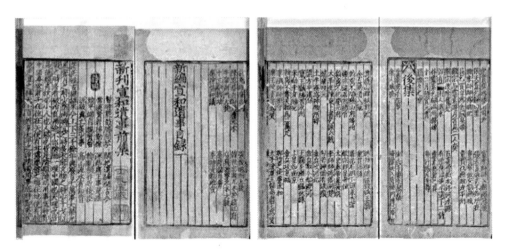

图 2-2 《新编宣和遗事》，现藏台北"国家图书馆"

国小说中的话本形式。以刻于南宋 1225 年到 1279 年间的《新编宣和遗事》（见图 2-2）为例，它以话本形式写成，讲述了众多历史人物的故事，特别是历史英雄人物的爱情故事，满足了街头和市井娱乐的需求。该书为福建建阳刻本，刻印不精，文字密集，但以诗歌和故事方式讲述，引人入胜。在内文形式上，卷本都以"诗曰"开始，然后才进入正文讲述，这一形式在中国后世的平话小说中一直得到沿用。诗歌既是当时流行的文体形式，也在版式上起到间隔和留白的作用。

在书籍印制上，民间刻书活动非常活跃，特别是书坊刻书和家塾刻书。他们以售卖获利为目标，在内容上满足广大市民阶层的需求，包括日常实用书籍[1]以及诗文集等需求量大的书籍，在形式上也花样翻新，包括注音本、插图本、互注本，甚至还有广告词等。

---

[1] 比如南宋印行的《新编婚礼备用月老新书》是一本月老操办婚礼的指南。"'月老'一词是指在中间促成婚姻双方姻缘的所有人和事，在中国传统婚礼中是非常重要的角色。全书共 24 卷，分为两集，每集 12 卷，刊印于南宋末年（约 1225—1279 年）的建阳。第一集中，卷一为婚姻礼法门，卷二至卷六为姓氏源流门，卷七至卷九为故事备要门，卷十为事实摘要门，卷十一、卷十二为事实摘奇门；第二集中，卷一为启状诸式门，卷二为婚书警联门，卷三为媒妁求亲门，卷四为纳币聘定门，卷五为官儒聘定门，卷六为士庶聘定门，卷七、卷八为亲眷聘定门，卷九为农工聘定门，卷十亦为纳币聘定门（再娶、再嫁、纳宠），卷十一为聘定请期门，卷十二为亲迎合欢门。"参见世界数字图书馆，2020-9-1 获取相关信息。

五、雕版印刷技术对书籍装帧设计的影响

宋代，中国的科学技术水平到达极盛。北宋科学家沈括著有《梦溪笔谈》，集前代科学成就之大成，具有里程碑意义。宋代还产生了一大批科学著作，如《开宝本草》（973 年）、《太平圣惠方》（992 年）、《铜人腧穴针灸图经》（1026 年）、《伤寒论》（1065 年）、《脉经》（1068 年）、《梦溪笔谈》（1086—1093 年）、《营造法式》（1103 年）、《数书九章》（1247 年）。此外，在纺织、冶铁、陶瓷、火药、印刷等方面都有新技术新发明。其中和本书最相关的是宋代雕版印刷术的成熟和活字印刷术的诞生。

"印刷术是以反体文字或图画制成版面，然后着墨（或其他色料），就纸（或其他表面），加以压力以取得正文的一种方法……因此，印刷品和由正体而取得正文的石刻拓本不同，也和现代不用印刷而取得复本的油印、直接影印法或静电复印法不一样。这一类复制品一般都称为复本，而不是印刷品。"[1] 钱存训认为，"浮雕反文印章和在薄纸上拓印的两种技术结合，导致了雕版印刷方法的产生"，此外，社会或文化因素，例如"汉字作为表意文字的书写复杂性造成对机械复制的需求""科举和宗教对大量文本的需求"，也是影响印刷术发展的重要因素之一。据现存早期书籍考察，雕版印刷书籍的出现最早是因为佛教典籍的宣传需要。到了宋代，《大藏经》等佛经大量印制，其完备的印制管理流程，精良的书籍都显示了雕版印刷技术的日趋完善。

印刷术大约在 7 世纪中出现在中国。1966 年，在韩国庆州佛国寺发现了汉译本的《无垢净光大陀罗尼经》，据考，其刊刻年代在 8 世纪初（704—751 年间）。早期的印刷品大抵与佛教有关，如现存最早最完整的雕版印刷品《金刚般若波罗蜜经》（现藏于大英图书馆）于 868 年刊印，为卷轴形式，全长十七尺半，由 7 张白纸粘接而成，每纸长二尺半，高十寸半[2]（见图 2-3），前有十分精美的扉页图画，为释迦牟尼佛坐莲花座上向长老须菩提等僧众说法的

[1] 钱存训. 中国纸和印刷文化史［M］. 桂林：广西师范大学出版社，2004：11，19.
[2] 钱存训. 中国纸和印刷文化史［M］. 桂林：广西师范大学出版社，2004：135.

图 2-3 《金刚般若波罗蜜经》

注：发现于敦煌千佛洞，现藏大英图书馆[1]。

景象。经文字体端庄凝重，墨色均匀而厚重，印制也很精良，后面有刻印年代和施印者姓名。除佛经外，唐代还雕印有历书、字书、韵书、文集、道书和阴阳书等。

到 10 世纪初期，儒家典籍开始刊行，印刷术也被广泛应用于各种产品的生产中，其技术日益发展。五代时期（907—960 年），印刷的内容已经非常丰富，涉及佛经、历书、道家经典、儒家经典、文选以及百科全书等，还有了个人诗文集的印行（《禅月集》）。五代不仅有国子监刻本（《九经》），也有私家刻本（《文选》《初学记》《白氏六帖》）。刻印中心也广泛分布在各地。洛阳与开封是当时的印刻中心。此外，四川、南京、杭州也有很多书籍刊行。唐朝和五代日益发展的雕版印刷技术为宋代雕版印刷事业的发展奠定了坚实的基础，由此开启了雕版印刷的黄金时代。

活字印刷技术也是在北宋登上了历史舞台，只是没有得到大规模的使用。据沈括记载，毕昇在宋仁宗庆历年间（1041—1048 年），用胶泥制成活字，发明了活字印刷法。"其法，用胶泥刻字，薄如钱唇，每字为一印，火烧令坚。先设一铁板，其上以松脂、腊和纸灰之类冒之，欲印则以一铁范置铁板上，乃密布字印。满铁范为一板，持就火炀之，药稍溶，则以一平板按其面，则字平如砥。若

---

[1] 见大英博物馆 https://www.bl.uk/collection-items/the-diamond-sutra，2020-4-15.

止印三二本，未为简易；若印数十百千本，则极为神速。常作二铁板，一板印刷，一板已自布字，此印者才毕，则第二板已具，更互用之，瞬息可就。[1]"现存最早的活字本是约 1103 年前后印制的《佛说观无量寿佛经》残页，距毕昇制作活字仅 60 年左右，于 1965 年发现于浙江温州白象塔内。

此后，13 世纪也有发明木刻活字，15 世纪晚期到 16 世纪又发明铜活字等，但活字印刷始终是中国印刷史上的插曲，到明代才稍微盛行，如明代倪灿在万历元年印《太平御览》一千卷，清代乾隆年间刊刻有《武英殿聚珍版丛书》，在大量印刷体量较大的书籍时，活字印刷具有的便利性和灵活性才会凸显。而且一般只有朝廷具有足够的财力、物力和人力先做好大量字模的准备。

雕版印刷一直是中国古代印刷史上的主流，主要原因为中国文字是表意符号，字符数目庞大，对于单本少量的书籍而言，雕版印刷比活字印刷更经济且易于处理，而西方拉丁字母的字符数目就少很多，因此古登堡发明的活字印刷技术得以迅速推广。雕版印刷的书版方便储藏，在需要重印书时，可反复使用，避免积压存书。此外，雕版印刷在书法字体和格式上可有多种风格，具有独特的美感，也更有整体性。活字印刷由单个字模组成，虽然更模块化，但是缺少变化。

从应用层面看，利用雕版印刷技术和活字印刷技术的区别类似于今天的小众媒体和大媒体平台，前者具有个性化特征，而后者需要在前期花费大量财力、物力和人力以打造技术平台，后期才能快速形成规模化效应。技术在解决了个体用户便捷使用的问题时才能得到真正的普及。回顾两宋初期雕版印刷技术的发展，可以看出宋朝中央政府举国家之力启动了大规模的书籍刊刻印刷，为后续从上到下的雕版技术全面发展奠定了基础。

宋代经历了雕版印刷技术的快速发展期，开始尝试活字印刷，也经历了对外在和内在世界的理性思考，却没有走上西方工业化发展的道路。麦克卢汉在分析活字印刷技术对人的观念的影响时，认为活字印刷的模块化、统一性和线性排列对人的观念也造成了影响，由此启发了西方人对于运算的相关概念，以

---

[1] 沈括. 梦溪笔谈：精装珍藏本［M］.北京：中国画报出版社，2011：151-152.

及直线、平面、统一和理性的空间概念的探索[1]，并进而产生了流水线生产、工业革命和国家主义等概念。宋代雕版印刷书籍的发展同样与宋代思想观念的推进相互影响。宋人对物的观察受到其观念的影响，始终将物放在天地人的整体思维框架下来思考，在雕版技术的重复和统一特征下，追求自然和人性的平衡。钱存训也认为，印刷术在中国和西方的功能虽然相似，但是其影响并不相同。印刷术在西方激发了欧洲各民族的理智思潮，促进民族语言及文学的发展，促成民族独立国家的建立；而在中国，雕版印刷术有助于"中国文字的连续性和普遍性，更成为保持中国文化的一种重要工具"，是"中国传统社会相对稳定的重要因素之一，也是维护中国民族文化统一的坚固基础"[2]。中西的认知方式和思维能力是否受到这种文字载体形式的影响，也是值得研究的问题。表 2-1 为东方雕版印刷技术创新和西方活字印刷技术创新的形式、功能与影响对比。

表 2-1　东方雕版印刷技术创新和西方活字印刷技术创新的形式、功能与影响对比

		东方雕版印刷	西方活字印刷
发展不同	时间	7 世纪至 19 世纪	15 世纪至 19 世纪
功能相似	宗教	佛教、道教传播	基督教传播
	学术	推动理学、文学大发展 独立表达	推动文艺复兴，文学发展 独立表达
	教育	普及教育	普及教育
	思想	启发思想	启发思想
形式相同	结构	统一性、线性排列 封面、内页、封底、页码	统一性、线性排列 封面、内页、封底、页码
形式不同	符号	语言为表意符号，字符多，竖排，从右向左读，整版雕刻、边框、界行、阴阳	语言为表音符号，字符少，横排，从左向右读，单个字模，直线、平面、空间

[1] McLuhan M. Understanding media: the extension of man [M].London and New York: Routledge, 2001：126.

[2] 钱存训. 留美杂忆：六十年来美国生活的回顾 [M]. 合肥：黄山书社，2008：85.

续 表

		东方雕版印刷	西方活字印刷
影响不同	技术	保持手工业发展	启发模块化、机械化、自动化
	语言	保持文字的连续性和普遍性	促使独立民族语言和文学发展
	主体	政府机构推动	出版工业主导
	社会	保持社会相对稳定	民族国家独立，国家主义
	观念	儒家思想传播	理智思潮传播

六、本 章 小 结

综上所述，宋代社会、政治、经济政策催生了新的社会阶层，士大夫阶层和市民阶层促进了阶层的流动和文化的流动，也对两宋文化观念的发展产生了积极的影响。在宋代科举制度、教育制度的推动下，书籍作为反映宋人士人阶层和市民阶层物质需求和精神需求的媒介，受到社会文化观念的影响，也参与到社会文化的动态传播以及文化的传承中。英国学者麦克法兰认为："技术用以改变我们世界的一个方式是通过存储和扩充人们的创新观念。创新观念被植入工具里，反过来也帮助我们更好地进行思考。根据格里·马丁的观点，这是一个三角运动。[1]"。如果我们将书籍视为一种工具的话，两宋雕版印刷书籍的发展验证了这样一个三角循环过程（见图 2-4）。从技术创新角度看，观念推动了创新发展，也带动了雕版书籍印刷的发展，进而又影响了观念的进一步发展。

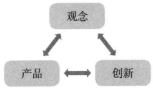

图 2-4 观念、创新和商业生产的创造过程

如果说设计文化的三层结构从本质上反映了设计的内涵和外延，那么在观念到创新再到产品的循环结构中，设计则发挥了积极的作用。在两宋，知识不仅包括对外在世界的认识，也包括对宇宙和人生的内在思考，创新的意识也体现在以雕版印刷技术为代表的科学技术的发展以及宋代学术的兴盛中。多元互动的宋

---

[1] 麦克法兰.给四月的信：我们如何知道［M］.马啸，译.北京：生活·读书·新知三联书店，2015：18.

型文化为两宋书籍的繁荣发展创造了条件。政治上的崇文抑武、经济上的物质丰裕、教育的普及化发展、士人阶层的观念影响、佛教道教的发展、市井文化的实用化倾向、技术的发展，为书籍创作和生产创造了条件，从整体上影响了两宋雕版印刷书籍的发展，使得宋代成为雕版印刷发展的黄金时代。书籍又反过来推动了文化的传播、科学技术的发展和教育的普及，形成了从上到下的新技术和新媒介的设计传播循环圈。而雕版印刷术的发展则是宋代经典研究以及营造学术和著述风尚的助推力。

下一章，笔者将围绕两宋重要的观·物设计思想探讨两宋书籍设计的根源。

第三章　观·物设计思想

问渠那得清如许？为有源头活水来。

朱熹《观书有感》

作为中国传统文化的一个高峰，宋版书与宋画、宋代器物文明一起代表着宋型文化。如前所述，两宋书籍印制的发展，根植于中国传统文化的发展，与当时社会思想与社会价值互动，宋学融合了中国传统儒释道精神，在价值原理上反映了宋人对人与物关系的思考，对观书的思考。中国古代书籍的管理、印制技术的规则、书籍形态的确认和美学风格的呈现，以及书籍的动态传播过程，都从整体上反映了宋人的观·物思想，这一观念进一步推动了创新，进而推动了书籍作为一种产品形态的大量生产和传播。

一、观·物思想溯源

观·物思想在中国传统文化中具有悠久的历史，并在宋代有深入的发展，同时体现在了设计和审美实践中。中国人很早就提出了"观"的理念（不仅是眼观，而且是心观、理观），并阐述了眼观与心观之间的互动，还将其纳入天、地、人整体的认知范畴中。"在古代中国的文化语境中，'观'既可以指主体以视觉和身体为中心的观看和体察行为，又可以指从这种行为转化而来的对精神世界的反省行为，视觉性的主体行动由此转化为精神性的思想行动。[1]"观书的过程

---

[1]　王怀义.近现代时期"观物取象"内涵之转折［J］.文学评论，2018（4）：179-187.

正是从视觉性的主体行动转化为精神性的思想行动，对书籍设计的过程，也是对观书这一过程的设计。倪梁康认为，从唯识学的角度看，"观"是看的行为，即"能识"或"见分"，"物"是所看见的对象，即"所识"或"相分"；从现象学的角度看，"观"是意识的活动，而"物"是在意识中呈现的对象。这与佛教中"观音"的"观"有相似之处[1]。当代西方哲学家对于观看之道有相应的分析，与古代观物思想不谋而合。格式塔心理学家阿恩海姆认为，观照性的思维（contemplative thought）目的在于探索事物的本质或原理，在于揭示事物的表象和行为下面隐藏的"力"。"我们对任何'物'的'观'，都已经受到我们之前的'观'的活动和所'观'的物的规定和制约，无论是以有意的还是无意的方式。"约翰·伯格在他的作品《观看之道》中指出，人的观看帮助我们确立了在周围世界的地位，看到什么也取决于你在何时何地，"我们观看事物的方式，受知识与信仰的影响"[2]。乔纳森·克拉里认为："我们有意识地聆听、观看，或是将注意力集中到某一事物的方式，具有深刻的历史性[3]。"

"观"的概念，同样蕴含着中国人的哲学思考，既有认识论方面的解释，也有方法论方面的意义。比如庄子说"以道观言，而天下之君正；以道观分，而君臣之义明；以道观能，而天下之官治；以道泛观，而万物之应备"（《庄子·天地》），对事物的认知遵循着"道"的引导。又比如陶渊明的"采菊东篱下，悠然见南山"是对环境从外在的认知到内心的观照。早在春秋时代，晋韩宣子聘鲁，"观书于太史氏，见《易象》与《鲁春秋》"，就是将读书与对《易象》与《鲁春秋》的认知联系在一起。1196 年，南宋理学家朱熹将"观"和"书"联系起来，写有著名的《观书有感》。书，既有物质属性，也有精神属性，观书是从对外在的认知达到精神的提升。

中国文字是表意文字，从文字中可以窥得中国文化的很多思想的根源所在。《新华字典》对"观"的解释有三个，一是看，二是看到的样子，三是认识和态度。看是主观的行为，而看到的样子是客体，认识和态度是主体对客体的反映。

[1] 倪梁康.观·物：唯识学与现象学的视角［C］//叶朗.观·物：哲学与艺术中的视觉问题.北京：北京大学出版社，2019：9.
[2] 伯格.观看之道［M］.戴行钺，译.桂林：广西师范大学出版社，2015：4.
[3] 克拉里.知觉的悬置：注意力、景观与现代文化［M］.沈语冰，贺玉高，译.南京：江苏凤凰美术出版社，2017：1.

《说文解字》中对"观"的解释是"谛视也。从见，雚声"。所谓谛，就是仔细，细察。清代段玉裁在《说文解字注》中引《谷梁传》曰："常事曰视，非常曰观。凡以我谛视物曰观，使人得以谛视我亦曰观。"这里强调了观是仔细地看，审慎地看，也强调了主体和客体之间的互动关系，不仅包括人与物，也包括他人与自我。

从书籍的历史来看，早期的记录包括结绳记事、契刻符号、甲骨文、青铜器铭文、石刻文字等，都为后世书籍的完善完备奠定了基础。与此相应的，观·物的思想也可以溯源到上古。考察"观"字的早期形态，可以看到它音同"雚"，雚字古同"鹳"，是一种水鸟，形似鹭。我们在雚字的字形中还可以看到两个类似眼睛的口字，也是以形表意（见图3-1、图3-2）。从原始社会的自然崇拜，到夏商周三代人类文明的渐次发展，中国人一直对天地有极深的敬畏。而鸟是可以从大地起飞遨游天空的生物，是可以来往于天地间，并和天地沟通的神灵动物，因此鸟图腾崇拜和龙图腾、蛙图腾、蛇图腾、鱼图腾崇拜都是极具代表性的。大量的神话传说和挖掘的鸟的造型的玉器都可以证明古人对鸟的崇拜。中国人对"观"的理解，一开始就模拟了鸟在空中俯瞰的姿态，其最初的含义也和天地沟通有关。

中国传统思想磅礴而深厚，观·物思想则是中国传统哲思的一个重要表征，可以上溯至夏、商、周三代，历经漫长的朝代更替，至宋代融合了儒释道精神，

图3-1 甲骨文、楚系简帛、金文中出现的观字

图3-2 秦系简牍、楷书、楷书简体中的观字

形成了"儒道互补、庄禅相通"的思想，体现了中国文化的思维模式和价值取向，不仅是一种哲学思想，也是一种设计理论。在中国传统思想中，以易经开启的宇宙观、以孔子为主的儒家思想和以老庄为代表的道家思想最能代表中国文化，而汉代佛学的传入，给上古的思想带来了冲击和影响，直到宋代，儒释道三家相融，形成了宋代理学思想，随之深刻影响后世文化。

本章旨在提炼宋代书籍装帧设计的观念之源，将其作为整个研究的理论来源，并将文献中与"观"有关的各家思想都分述于后（见表3-1）。

表3-1　古人对于"观"的理解比较

论者	出　处	文　献	对　象	含　义	目　的
	《周易·观》	观，盥而不荐，有孚颙若	以爵倾酒灌地而迎神的祭祀仪式	崇敬	
	《周易·观》	童观，小人无咎，君子吝	/	狭隘	/
	《周易·观》	窥观，利女贞	/	窥视	/
	《周易·观·象》	大观在上，顺而巽，中正以观天下	天下	中正	/
	《周易·观·象》	观民设教	民	/	设教
	《周易·贲》	观乎天文以察时变，观乎人文以化成天下	天文、人文	/	察日月星辰运行和人类自身的文明发展
	《周易·系辞上传》	仰以观于天文，俯以察于地理，是故知幽明之故	天文、地理	仰观俯察	知幽明之故
	《周易·系辞下传》	古者包羲氏之王天下也，仰则观象于天，俯则观法于地，观鸟兽之文与地之宜，近取诸身，远取诸物，于是始作八卦，以通神明之德，以类万物之情	象、法、鸟兽之文与地之宜	仰观俯察，远近取与	通神明之德，类万物之情

续　表

论者	出　处	文　献	对　象	含　义	目　的
	《周易·说卦传》	观变于阴阳而立卦，发挥于刚柔而生爻，和顺于道德而理于义，穷理尽性以至于命	变		立卦
孔子	《论语·阳货》	诗，可以兴，可以观，可以群，可以怨	诗	/	社会生活、政治风俗、诗人之志
老子	《道德经》	道可道，非常道；名可名，非常名。无，名天地之始；有，名万物之母。故常无，欲以观其妙；常有，欲以观其徼	道的深远和道的边界	/	道
庄子	《庄子·知北游》	天地有大美而不言，四时有明法而不议，万物有成理而不说。圣人者，原天地之美而达万物之理。是故至人无为，大圣不作，观于天地之谓也	天地	静观	达万物之理
庄子	《庄子·秋水》	是故大知观于远近，故小而不寡，大而不多，知量无穷	远近	/	知量无穷
庄子	《庄子·秋水》	以道观之，物无贵贱；以物观之，自贵而相贱；以俗观之，贵贱不在己。以差观之，因其所大而大之，则万物莫不大；因其所小而小之，则万物莫不小。知天地之为稊米也，知毫末之为丘山也，则差数睹矣。以功观之，因其所有而有之，则万物莫不有；因其所无而无之，则万物莫不无；知东西之相反，而不可以相无，则功分定矣。以趣观之，因其所然而然之，则万物莫不然；因其所非而非之，则万物莫不非	万物	道、物、俗、功、趣	知物之内外大小

论者	出　处	文　献	对　象	含　义	目　的
谷梁赤	《谷梁传》	常事曰视，非常曰观。常事曰视，非常曰观。凡以我谛视物曰观，使人得以谛视我亦曰观	物、我	非常	/
刘安	《淮南子・泰族训》	夫观六艺之广崇，穷道德之渊深，达乎无上，至乎无下……其所以监观，岂不大哉	六艺之广崇	/	旷然而通、昭然而明
陆机	《文赋》	观古今于须臾，抚四海于一瞬	古今	于须臾	/
刘勰	《文心雕龙・知音》	凡操千曲而后晓声，观千剑而后识器；故圆照之象，务先博观	万物	博	圆照之象
刘勰	《文心雕龙・原道》	仰观吐曜，俯察含章，高卑定位，故两仪即生矣。惟人参之，性灵所钟，是谓三才	日月星	仰观	产生天地两仪，人位于其中
王羲之	《兰亭集序》	仰观宇宙之大，俯察品类之盛，所以游目骋怀，足以极视听之娱，信可乐也	宇宙	仰观俯察	游目骋怀
邵雍	《观物篇》	夫所以谓之观物者，非以目观之也，非观之以目，而观之以心也；非观之以心，而观之理也	物	以心观、以理观	/
程颢、程颐	《二程遗书》	观物理以察己，既能烛理，则无往而不识。天下物皆可以理照，有物必有则，一物须有一理	物之理	/	察己
程颢	《秋日偶成》	万物静观皆自得，四时佳兴与人同	万物	静观	/
苏轼	《超然台记》	彼游于物之内，而不游于物之外。物非有大小也，自其内而观之，未有不高且大者也	物	自内观	/
苏轼	《苏东坡全集》	乃知观物不审者，虽画师且不能，况其大者乎？君子是以务学而好问也	物	审	

续　表

论者	出　处	文　献	对　象	含　义	目　的
苏辙	《栾城集》	始予隐乎崇山之阳，庐乎修竹之林。视听漠然，无概乎予心。朝与竹乎为游，莫与竹乎为朋，饮食乎竹间，偃息乎竹阴，观竹之变也多矣……此则竹之所以为竹也	竹之多变		画竹，悦之而不自知
黄庭坚	《豫章黄先生文集》	凡书画当观韵	书画之韵		
董逌	《广川画跋》卷三	且观天地生物，特一气运化尔，其功用秘移，与物有宜，莫知为之者，故能成于自然	天地生物	/	成于自然
陆九渊	《陆象山文集》	临川一学者初见，问曰：每日如何观书？学者曰：守规矩……乾知大始，坤作成物。乾以易知，坤以简能……道在迩而求诸远，事在易而求诸难	书	守规矩	道在迩而求诸远，事在易而求诸难
陆九渊	《陆象山文集》	鹅湖之会，论及教人，元晦之意欲令人泛观博览而后归之约，二陆之意欲先发明人之本心而后使之博览。朱以陆之教人为太简，陆以朱之教人为支离	书	先发明人之心	教人
王阳明	《王阳明全集》	观之鸢飞鱼跃，鸟鸣兽舞，草木欣欣向荣，皆同此乐	鸢飞鱼跃	/	皆同此乐
王国维	《人间词话》	诗人对宇宙人生，须入乎其内，又须出乎其外。入乎其内，故能写之。出乎其外，故能观之。入乎其内，故有生气。出乎其外，固有高致	宇宙人生	观乎其外	固有高致
王国维	《叔本华与尼采》	美术者，离充足理由之原则，而观物之道也	美术	观物	

二、观·物思想在两宋以前的演进：本体论的发生

（一）方式：仰观俯察与观物取象

观·物思想，最早可以追溯到《周易》[1]中，该书中有不少关于"观"的解释，特别是观与物之间的关系，在内容、方式和目的上都有所涉及，也和造物设计有密切关系。

首先，《周易》中提出的有关观·物的概念包含着中国人的宇宙观。最早的记载可以追溯到西周初年的《周易》，其中有专门的"观卦"，象征着观察，说明了观的对象和方法。"观，盥而不荐，有孚颙若。"其意思是说，瞻仰了祭祀开始时以爵倾酒灌地而迎神的祭祀仪式后，就不必再观看后面的献飨仪式了，因为心中已经充满了恭敬仰慕之情。"观"既包含有仪式感，也带有敬慕之情。商周时代，青铜器作为一种礼器，就体现了这种观的思想，它蕴含着丰富的宗教祭祀含义，在它的造型和纹饰上就有体现。

"彖"传里说"大观在上，顺而巽，中正以观天下"（大在上，顺从而逊让，九五居中而得正），也就是说在中正之位观天下。这种中正观物的方式贯穿了中国古代的儒家思想。《周易·观》又在后面细数了几种观的可能性，如"童观，小人无咎，君子吝"（像小孩一样看，对于小人来说不算什么，但对君子就不合适）、"窥观，利女贞"（从门缝里偷看，对女子是可以，但是对君子就不合适）、"观我生，君子无咎"（君王经常去考察民情，作为检验自己政绩的根据，这样就不会有灾祸）。《周易·观·象》曰"观民，设教"（观视民情，施以教化）等。[2]这里都指出了君子当以用心观，用敬仰之心观，用中正之心观，用谦逊之心观，而不应以狭隘和近视之心观。从一开始，中国古人就给予"观"很高的地位，也将观和祭祀仪式、政治教化联系在一起，赋予其神圣的意义。此外，除了"观"卦以外，"贲"卦中也包含着古人对于观的理解，"观乎天文以察时变，观乎天文以化成天下"。前面是对日月星辰运行变化的观察，以了解四季变化的规律，后

［1］ 朱熹.周易［M］.上海：上海古籍出版社，1987.
［2］ 叶朗.观·物：哲学与艺术中的视觉问题［M］.北京：北京大学出版社，2019：15.

面是对人类文化文明的观察，使教化成就天下万物，二者相辅相成。这种观·物的方式和后来《考工记》中的"天有时，地有气，材有美，工有巧"的思想是一脉相承的，对自然环境和人文环境的同时考察在中国传统设计思想中始终是辩证统一的，成就万物的过程从来不是独立、单一的，而是相互联系的。宋版书的精良正是这一思想的体现和表征。

其次，《周易》中还有两个重要的关于观·物的概念，即"仰观俯察"和"观物取象"，二者成为影响中国人哲学观照的两个重要概念，并不断被后世文人反复阐释。它反映了中国人对待天地与自然的态度，也是中国传统的天人合一思想的具体表现与象征。

"仰以观于天文，俯以察于地理，是故知幽明之故。"[1]（《周易·系辞上传》，仰望以观察天文，俯察以观察地理，然后了解有形和无形的事物）这里的"观"的出发点是为了知天地之道，知幽明之故，是与人对时间、空间的理解联系在一起。如果说《周易·系辞上传》中说明了观的目的，《周易·系辞下传》中则进一步说明了观的对象和方式，提出了"观物取象"的思想，《周易·系辞下传》有"古者包羲氏之王天下也，仰则观象于天，俯则观法于地，观鸟兽之文与地之宜，近取诸身，远取诸物，于是始作八卦，以通神明之德，以类万物之情"（古代的包羲氏，也就是远古的神话人物伏羲，三皇五帝之一，抬头观察天空中的天象，俯身观察大地上的种种法则，又观察飞鸟、走兽身上的纹饰如何与环境相适应，在近处则取象于自身，在远处则取象于各类事物，于是创作出八卦，以融会贯通神明的德性，以分析类归天下万物的情态），前半句给出了卦的来源，后半句给出了其目的所在。圣人对《周易》中"象"的创造，是指在认识角度的创造，不仅模拟了外界物象的外表，而且深究了万物的内在规律，并非是孤立地观察，而是多角度地仰观俯察，是在对宇宙万物观察、分析、综合后画出八种符号，代表八种物质。东汉许慎在《说文解字》的序言中就引用这段文字，以说明中国文字的诞生。在观物取象的同时，《周易》中还提出了"制器尚象"的理念，无论是观物，还是制器，都是对象的再现，不仅是其表象，也是其意象和本质。汉代王弼就曾在为《周易》作注时指出，"象生于意，故可寻象以观意"。物、

---

[1] 朱熹.周易[M].上海：上海古籍出版社，1987.

象、意之间的关系和现代符号学中皮尔斯提出的对象、再现项、解释项也有相通之处。

天文、历法、鸟兽、草木、身体、器物都是重要的设计灵感来源，对其的模仿与再现，不仅是八卦的来源、文字的来源，也是设计意象的重要来源，包括字体和图形概念。中国古代很多的造型艺术都是观物取象的结果，比如仰韶文化的人面鱼纹彩陶盆、汉代的马踏飞燕、唐代的唐三彩、唐代出现的莲花纹、宋代瓷器上的花鸟纹等。在两宋书籍中出现的鱼尾、象鼻等也是对自然物的模拟，如"蝴蝶装"装帧方式的命名也取自蝴蝶的样态。

近代的思想家对"观物取象"的概念也进行了深入分析，分别从观、物和象的角度分析其变化的过程。如宣传维新变法的杭辛斋就认为"观物取象"和"制器尚象"是当时中华民族实现伟大复兴的关键；胡朴安将"观"视作修身律己的基本前提；马一浮认为"观物"即"观心"，它是一种人生观的建构[1]。仰观俯察和观物取象是一种哲学思考，如果我们将易经的卦视作一种设计和创造，那其所阐述的这种创造方法对今天的设计也有启示意义。特别是在造物设计和书籍设计中，如何取象，如何形成具有中国审美观照的空间意识，可以从中找到线索。

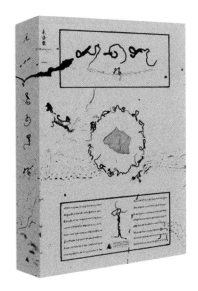

图3-3　《虫子书》，朱赢椿设计

在当代，著名书籍设计师朱赢椿的设计实践可以说是对"观物取象"思想的一种现代诠释。他以自然为对象，设计了一系列的书。他的作品《蚁呓》和《虫子书》（见图3-3）以蚂蚁和虫子的角度切入，把动物与人类的相似性呈现出来，这些作品也是基于对大自然的细致观察。这两本书分别获得了2007年和2017年"世界最美的书"称号。"世界最美的书"评委会对《虫子书》的评语是，"它是形态学领域的先驱……""半亩田地，五年时间，邀请百种昆虫，搜集千类足迹，最终，我们拥有了一本书""它呈现了生物

---

[1] 王怀义. 近现代时期"观物取象"内涵之转折 [J]. 文学评论，2018（4）：179-187.

学和语言学的双重意义……它的艺术研究成功地实现了一个哲学隐喻，世界是一本自我书写的书"[1]。

另外一位"中国最美的书"奖项得主赵清也强调，对一本书的设计是观物取象的过程，不是观察表面的文字和形式，而是要看到内在的关系。要把书籍想象成一个容器，是空灵的，当然还有节奏和整体感。书籍是由多面单页组成的连续整体，是流动的，在三维空间里产生第四维空间，也就是时间。同时我们一直追求一种象，中国传统文化中的这个象非常博大精深，它不是形式，而是有更深层次的丰富的表达。比如他设计的《嘉卉：百年中国植物

图 3-4 《嘉卉》，赵清设计

科学画》（见图 3-4）是一本关于植物科学画的书，记述了百年来中国四代植物画师笔下的创新与传承，这本书的科学性和艺术性融会贯通，形成了多元的阅读视角和多维度的阅读体验。它呈现了一种中国的草木精神，一种江南风格的表达。由此可见，观物取象的思想直到今天也依然具有生命力。

最后，如果说观物取象是一种设计方法的应用，是对自然的取舍，那么仰观俯察则蕴含着设计的审美价值，关乎人对自然的态度。仰观俯察的观物方式可以说是中国古人独特的一种审美观照方式。纵观中国古代优秀的艺术作品，仰观俯察的观照方式能够获得更大的共鸣和更久远的影响力。陆机在《文赋》中说，"观古今于须臾，抚四海于一瞬"。王羲之在《兰亭集序》中也提到，"仰观宇宙之大，俯察品类之盛，所以游目骋怀，足以极视听之娱，信可乐也"。王维的千古名句"大漠孤烟直，长河落日圆"，诗人在空间中呈现了时间的意味，就是这种观照的诗意表达。宋代诗人汪莘在《水调歌头・岁暮书怀》中也有名句"仰观俯察，多少古今宇宙情"。

---

[1] 世界最美的书官网，http://www.stiftung-buchkunst.de/en/best-book-design-from-all-over-the-world/2017/silver-medal.html。

"一个文化体的时间意识和知觉方式，是该文化体如何模塑世界和将民族与个体的生活整合为一个可靠的形式结构的基础。[1]"仰观俯察也是中国人的时间意识和知觉方式。宗白华曾经指出："俯仰往还，远近取与，是中国哲人的观照法，也是诗人的观照法。而这种观照法表现在我们的诗画中，构成我们诗画中空间意识的特质。[2]"两宋山水画创作中的三远法也是这种"俯仰往还，远近取与"的具体实践。

在书籍设计中，在平面中呈现空间意识同样重要。宋代书籍中天头地脚的开创性使用是古人对书籍空间的营造；版面中版框、界行的运用既是对简册的传承，也是对文字内容空间的确认。当代书籍设计师吕敬人就曾指出："六面体的书籍是展示信息的空间场所，更重要的是努力编织文本叙事的时间过程""建筑师是为人创造舒适的居住空间，书籍设计师则要为读者提供诗意阅读的信息传递空间"[3]。换言之，在设计中，如果能同时传递宏大的空间意识和时间意识，则能够创造更具有感染力的作品。

（二）本源：兴观群怨和吾以观复

经过夏商周的文明演进，春秋战国时代百家争鸣，产生了影响后世中国文化的儒家、道家思想。观·物的概念也从祭祀礼仪和政治教化延伸到了对社会的认知，以及对物的本源的思考。

首先，儒家文化对中国的影响泽被深远。孔子是中国儒家文化的代表人物，他以《诗》为例，讲述了"观"的对象和审美意义。"诗，可以兴，可以观，可以群，可以怨。"（《论语·阳货》，意思是学习《诗经》可以抒发志向，引发思考，认识世界，可以交流思想感情，表达不满情绪）这里的"观"是和审美的心理情感相关的，是"观风俗之盛衰"，是"考见得失"[4]。观是一种认识活动，是了解社会的一种途径，也是理解诗人之志的一种方式。观风俗也是儒家礼乐教化

［1］牛宏宝.时间意识与中国传统审美方式：与西方比较的分析［J］.北京大学学报（哲学社会科学版），2011，48（1）：32-40.
［2］宗白华.美学散步［M］.上海：上海人民出版社.1981：93.
［3］吕敬人.书艺问道：吕敬人书籍设计说［M］.上海：上海人民美术出版社，2017：3-9.
［4］刘宝楠.论语正义［M］.北京：中华书局，1986；朱熹.四书章句集注［M］.北京：中华书局，1983：178.

的预备工作。同时孔子也将观和兴（感发意志）、群（和而不流，相互交流，保持社会和谐）、怨（对社会生活或政治风俗否定性的情感）放在一起，它们是彼此联系、共同作用的。

孔子还用"质胜文则野，文胜质则史。文质彬彬，然后君子"（《论语・雍也》，质朴多于文饰则会言行粗野，文饰多于质朴则会虚饰浮华。质朴和文饰配合适当，然后能成就君子的品格）表达其对所观之人与物的内在与外在关系的看法。质是内在的思想情感，文是外在的装饰，二者相辅相成，才能文质兼备，相互融合。这种协调统一也是儒家所倡导的中庸之道。体现在设计上，是追求内容与形式的统一，是中正平和、文质彬彬之美。孔子还提出了"诗教"和"乐教"，强调美和善的统一，以"中庸之道"作为审美批评尺度，其核心是强调"中和"的艺术教育思想。孔子所强调的审美与情感相通，情感与伦理相关的观点，奠定了情感与理智、个人与社会和谐统一的中国传统美学思想。孔子以仁为本，提出的中庸儒家思想成为中国传统文化最重要的价值判断标准。

其次，道家也为观・物思想贡献了不同的哲思角度。道家学派创始人和代表人物老子强调了观的对象和要求，老子说，"道可道，非常道；名可名，非常名。无，名天地之始；有，名万物之母。故常无，欲以观其妙；常有，欲以观其徼。"（《道德经》第一章）在这里，"观"是和"道"联系在一起的，在天地之始和万物之母之间，不仅可以了解道的深远（妙），还可以了解道的边界（徼）。"致虚极，守静笃。万物并作，吾以观其复。"（《道德经》第十六章）在老子看来，观复就是观照万物循环往复的状态、本源。老子注重生命的本质，所以他主张"五色令人目盲，五音令人耳聋，五味令人口爽，驰骋畋猎，令人心发狂"。老子将观的概念进行了深度挖掘，强调事物的本质，而这也是道家思想的重要表述之一。

这种循环往复、回归本源的观念在宋人那里得到了继承，特别是佛教禅宗对道家思想的自然论、人生论、天人观等思想都有所吸收，进而影响了宋代理学的发展，成为北宋士大夫精神境界中重要的一笔。比如苏轼在《送参寥师》中说："欲令诗语妙，无厌空且静。静故了群动，空故纳万境。[1]"苏轼作为两宋美学的

[1] 苏轼.苏轼诗集［M］.王文诰，辑注.北京：中华书局，1982：906.

代表人物，其思想深受禅宗的影响，所表达的这种静动观与老子的"守静笃"也有相通之处。他还说"处静而观动，则万物之情，毕陈于前"（《朝辞赴定州论事状》），"是故幽居默处，而观万物之变"（《上曾丞相书》）[1]，是以虚静之心细致观察万象，把握动态，透过现象看本质。

两宋的书籍风格影响了之后上千年中国传统书籍的风格，其内敛温和的特征可以说是和这种静笃的思想一脉相承的。考察当今的书籍设计，有些片面追求形式美，导致过度设计，一些书甚至堆叠各种色彩和元素，这些和追求本质的思想是背道而驰的。

最后，道家的另外一位代表人物庄子将"观"与圣人联系在一起，通过"观于天地"而得天地之美，达万物之理，强调了事物的相对性和形式的多边性。"天地有大美而不言，四时有明法而不议，万物有成理而不说。圣人者，原天地之美而达万物之理。是故至人无为，大圣不作，观于天地之谓也。"（《庄子·知北游》，天地有覆载万物的美德而不言说，四季有变化的规律而不议论，万物有生长的规律而不说明，圣人推究天地之美德而通达万物生成之理。所以那些理解顺应自然规则的高明人士不妄为，不乱作，不做违逆自然大道的事）庄子又说："是故大知观于远近，故小而不寡，大而不多，知量无穷。"（《庄子·秋水》，所以大智慧的人远近都可以观照到，因而小的东西不觉得小，大的东西不觉得大，就是因为他知道万物的量是无穷无尽的）庄子认为具有大智慧的人能够由近及远观察事物，能够辩证地看问题，能够看到大小之间的相对性，能够知道数量的无穷性。

之后，庄子还借河伯之口道出了观的不同角度，"以道观之，物无贵贱；以物观之，自贵而相贱；以俗观之，贵贱不在己。以差观之，因其所大而大之，则万物莫不大；因其所小而小之，则万物莫不小。知天地之为稊米也，知毫末之为丘山也，则差数睹矣。以功观之，因其所有而有之，则万物莫不有；因其所无而无之，则万物莫不无；知东西之相反，而不可以相无，则功分定矣。以趣观之，因其所然而然之，则万物莫不然；因其所非而非之，则万物莫不非。"（《庄

---

[1] 苏轼.苏轼文集［M］.孔凡礼，点校.北京：中华书局，1986：1018，1378.转引自周燕明.苏轼"静故了群动"诗学观与禅宗止观［J］.北方论丛，2017（3）：65-70.

子・秋水》）庄子强调了分别从道、物、俗、差、功、趣（趋势）等不同角度观察事物，且辩证看待事物的方式。用今天的理论来解释，就是从事物本源、从事物自身、从世俗、从事物之间的大小差别、从事物功用和事物趋势，分别来观察事物的价值和大小，会得到不同的结果，也就是说事物的价值和大小具有相对性，不是绝对的。特别是物无贵贱的观念反映了人们对待物应该有的态度。如何站在不同角度体察事物，从事物的本质、属性、功能、区别和趋势分别考察，对于今天的设计同样有启发意义。

庄子还用著名的庖丁解牛的故事阐述了庖丁对牛的观察如何从以目视到以神遇的境界，也就是技进乎道的实践过程。"臣之所好者道也，进乎技矣。"（《庄子・养生主》）从庄子对庖丁解牛过程的描述中可以看到，技进乎道是指以技为途径，而抵达了道的境界，观的变化是这一过程的前提。没有技的不断训练，就不会有观的变化，没有观的变化，也不会有道的抵达。而观的本质是找到物本来的结构，顺应自然之理。

道家和儒家虽然有很大的不同，但又有很多相通的地方。儒家强调"仁者乐山，智者乐水"，就是将自然与人相连通，在人性中寻求和谐；道家强调"天地有大美而不言"，同样将自然与人相连通，在自然中探求生命的价值。回归自然，一直是中国传统思想的重要目标，也是中国人的心灵归属。先秦道家和儒家的观・物理念也为设计提供了一个更为本质的视角。如果说儒家的兴观群怨倡导从外在的社会环境和人自身的角度来观察事物、理解设计，那么道家的吾以观复就提倡从事物的本质思考设计中的规律，从天地万物的规律中思考物的本质，这与《周易》中仰观俯察、观物取象的思想又是一脉相通的。

（三）前提：澄怀观道和迁想妙得

魏晋南北朝时期的玄学为观・物思想向内心世界的推进做出了贡献，从设计学的角度看，它更加回归到对人内心的思考。美学家宗炳提出"澄怀观道"的说法（"惟当澄怀观道，卧以游之"《宋书・隐逸传》），这对设计如何取舍有借鉴意义。"观"是对事物本质和生命的把握，是与"虚静空明的心境"联系在一起的。"在宗炳看来，审美观照的实质乃是对于宇宙本体和生命——'道'的观照，也就是老子说的'玄鉴',庄子说的'朝彻''见独''游心于物之初'"[1],也是庄子所说的"唯道集虚,虚者,心斋也"(《人间世》)。所谓心斋,就是容纳万物的心境。而宗炳也在《画山水序》中提出:"圣人含道映物,贤者澄怀味象。"宗炳认为只有通过空明虚静的心胸才能体会道的本质,以精神的享受,感受客体,认识事物的本源,最后又回到自身的状态(卧以游之)。而"卧以游之"也是中国传统美学独特的观照方式,是以静观动,以心体味。宗炳提出了静观、卧观的方式,也指出了正确观的前提,就是澄怀。

宗炳所处的魏晋南北朝是一个美学自觉的时代,出现了刘勰、陶渊明、竹林七贤等一大批美学代表人物以及《文心雕龙》《文赋》《画山水序》等理论作品,"是精神史上极自由、极解放,最富于智慧、最浓于热情的一个时代"[2],受到魏晋玄学的影响,也带来了老、庄思想的复兴。"因深受老庄思想'五色令人色盲,五音令人耳聋……'等艺术品评与佛家'空性'论的影响,魏晋审美整体上呈现'简约玄澹,超然绝俗'的气息,这种内心的超然而对宇宙气化本质之美的执着追求,在'清淡析理'(宗白华)之间也在探求宇宙最深哲理,从而使晋人不断调整内心的观照方式。"[3]宗炳所谓游的概念,在《庄子·田子方》中也可找到溯源,"孔子曰:'请问游是。'老聃曰:'夫得是,至美至乐也。得至美而游乎至乐,谓之至人。'"(孔子问:"请问游心于万物本源的状态是怎样的?"老子说:"达到这样的境界,就领略到极致的美,畅游于极致的快乐中,达到这种人生境界的人就成为至人")所以,游的本质也是指在精神上达到至美至乐的状态。从设计美学的角度看,这种精神上至美至乐的状态也是获得设计共情的重要目标。

为了达到这种共情的状态,东晋画家顾恺之提出的方法是"迁想妙得",即把主观的想象代入客观的对象中,南朝谢赫则提出了"气韵生动""骨法用笔"的概念。无论是"澄怀味象"还是"迁想妙得""气韵生动",晋人的观照一直追求超越物的表象而到达物的本体。通过构图和线条传达气韵的表达也成为这种超越表象的重要手段和目标。也是在魏晋南北朝时期,中国书法艺术出现了第一次高峰时期,彰显了线条与气韵的力量,传达了情感和精神之美。此后在中国书籍

[1] 叶朗.中国美学史大纲[M].上海:上海人民出版社,1985:210-211.
[2] 宗白华.美学散步[M].上海:上海人民出版社,1981:208.
[3] 李钢.传统文脉与现代设计体用[M].上海:上海交通大学出版社,2019:4.

设计传统中，书法也成为重要的元素之一。而迁想妙得则不仅成为艺术的法则，也是今天设计的重要原则。借助迁想妙得的方式，激发用户或者读者的想象，拓展联想的空间为设计获得了更多情感共鸣的可能。

宋代诗人苏轼也有诗云，"归来扫一室，虚白以自怡。游于物之初，世俗安得知"（《送张安道赴南都留台》）。他在《超然台记》里又对游和物的关系做了进一步诠释，当然也提到了观的对象，"彼游于物之内，而不游于物之外。物非有大小也，自其内而观之，未有不高且大者也"。苏轼的诗歌可以说是用通俗易懂的诗歌和散文形式对老庄和宗炳精神的继承和阐释，而他对心、物和观之间关系的认知是与两宋的理学氛围相应和的。观是心与物的中介，而若想获得至美至乐的游心状态，就需要以更平和谦逊的态度，澄澈自然、空明虚静的心胸去观。当代日本设计师原研哉就致力于呈现这种空明虚静的感受，呈现了其独特的设计美学。

同属魏晋南北朝的刘勰给出的观点是需要"博观"，所谓"凡操千曲而后晓声，观千剑而后识器；故圆照之象，务先博观"（《文心雕龙·知音》）。刘勰讲的虽然是审美鉴赏的问题，但对于设计而言，同样是需要博观，需要虚静，需要玄鉴。这在北宋山水画家郭熙的《林泉高致》中也有类似表达，"欲夺其造化，则莫神于好，莫精于勤，莫大于饱游饫看"。对认知如此，对审美如此，对设计同样如此，若没有一定广度和宽度的审美心胸，是没有办法达到"夺其造化"的高度的。

此外，佛教自东汉开始传入中国，对中国原有的思想体系产生了深远的影响。佛学注重对心性的探究，强调形而上的思考，对儒家和道家思想对人心的了解都有助益。特别是隋唐以后，中国禅宗的发展与老庄思想和魏晋玄学相结合，以妙悟的方式为观·物思想带来了新的启迪。禅宗的"明心见性"，从观物到观自在，是深入内心世界寻找生命的意义，与儒家、道家思想互补，为传统哲思带来从天地空间到心理空间的超脱。今天的设计常常讲用户体验设计，而直达内心的用户体验设计才是其追求的最佳状态。

三、观·物思想在宋代的发展：认识论的推进

经过上古三代、先秦两汉和魏晋南北朝，观·物理念在唐宋有了更深入的发展。到了唐代，观的对象就更细致更精妙了，书法家孙过庭在《书谱》中说：

"观夫悬针垂露之异，奔雷坠石之奇，鸿飞兽骇之恣，鸾舞蛇惊之态，绝岸颓峰之势，临危据槁之形……同自然之妙有，非力运之能成。"他观察悬针、垂露、奔雷、坠石、飞鸿，将其与书法相比较，强调书法也应该具有自然物的生命力。这在宋代画论家董逌那里也有类似的表达，"且观天地生物，特一气运化尔，其功用秘移，与物有宜，莫知为之者，故能成于自然"（《广川画跋》卷三）。此外，唐代司空图的《二十四诗品》也是从意境角度，对自然或者宇宙本体的细致呈现。

对事物的细致观察到了宋代达到登峰造极的境界，这不仅体现在宋代理学思想上，也体现在两宋绘画、诗词、书籍以及造物设计中。宋学[1]中鞭辟入里的分析有不少启示意义，其对"心性""理""情"的思考，对"动静阴阳""观之以理""观物察己""格物致知"观念的阐述，在价值原理上体现着宋人对物与人关系的思考，对秩序的思考，也体现在两宋的书籍设计中。

在思想观念上，北宋士大夫阶层复兴儒道，其中有胡瑗、范仲淹、欧阳修、司马光、周敦颐、邵雍、张载、程颢、程颐，南宋有朱熹、陆九渊不断将儒学深入发展，融合佛教、道教和儒家学说，或将宇宙本体与人生伦理相衔接，或在本体论与认知之间建立联系，在多元的思想中不断整合，从而达到理论建设的高度。宋学，也被称为新儒学，在经、史、子、集的大量印行过程中逐渐发展，形成诸多学说，尤以理学为盛，影响深远。在这里借用法国哲学家福柯的概念，宋学是宋代的"话语构成体"，"话语从来不是由一个陈述、一个文本、一种行为或一个来源组成的。具有任一时期的思想方式或知识状况特点的同一种话语（福柯称之为知识型）会通过一系列文本，以及各种操行的形式，在社会的许多不同的机构场所出现"[2]。两宋书籍出版可以说是不断加强这种话语构成体的一系列文本和各种形式的体现，是权力与话语之间关系的体现，同时也在以书籍为媒介的文化互动传播中不断强化。此时的宋代理学有着勃勃生机，直到明清才被统治阶级作为政治统治工具，变成僵化的官方正统思想。

早在中晚唐，韩愈首倡复兴儒学，但更多的是诉诸政治力量，距离宋儒提

---

[1] 这里用宋学的概念，而不是理学的概念，参考了钱穆先生的说法，认为理学是宋学中最重要的一部分，但不是全部。见钱穆.宋明理学概述［M］.北京：九州出版社，2010：1.
[2] 霍尔.表征：文化表征与意指实践［M］.徐亮，陆兴华，译.北京：商务印书馆，2003：45.

倡的"鞭辟近里"的思想境地还较远。到北宋，以欧阳修为代表的士大夫阶层推崇韩愈、柳宗元的作品，重新对儒家文化进行思考，士大夫阶层与理学家互动，吸收佛教的思想，从心性的角度入手，试图建立一个"理"的世界。而这也体现在书籍出版的内容选择上和两宋士人的观书主题上（见第四章第四节）。随着宋人在儒学基础上融入了对佛教、道教的理解，将宏大叙事的宇宙天地和人生伦理相结合，"观 · 物"概念有了更明确的价值取向。如果说先秦、魏晋南北朝的哲学指明了观的对象、观的方式、观的目的，还有着宗教和政治的意味，那么两宋的理学家则在融合儒家学说、道家学说和佛教学说的基础上对观的本体，以及本体和客体之间的关系做了进一步分析，连接了宇宙论和人生论，突出了物我关系和心性关系。当代美学家李泽厚曾经说："自南朝到韩愈，儒学反佛多从社会效用、现实利害立论，进行外在批判。真能入室操戈，吸收改造释道哲理，进行内在批判的，则要等到宋明理学了。宋明理学的这种吸收、改造和批判主要表现在：它以释道的宇宙论、认识论成果为领域和材料，再建孔孟传统。[1]"

（一）观 · 物思想的基础：循环往复

理学中所蕴含的循环往复的宇宙本体论和动静阴阳辩证统一的万物生成观反映了人们看待事物的方式，这是宋代观 · 物思想的重要基础。在北宋理学的代表人物中，周敦颐、张载、邵雍、程颐、程颢并称为"北宋五子"。其中周敦颐将易经、儒家和老庄等思想融会贯通，提出了太极、无极、阴阳、动静等理念，对宇宙本体论进行思考，同时他又将这一理念贯穿到对人的思考中。周敦颐生活在北宋宋真宗和宋神宗年间，被后世称为理学宗师，著有《太极图》《太极图说》《通书》等。他在作品《太极图说》中称"无极而太极，太极动而生阳，动极而静，静而生阴。静极复动，一动一静，互为其根。分阴分阳，两仪立焉。阳变阴和，而生水火木金土。五气顺布，四时行焉。五行，一阴阳也；阴阳，一太极也；太极，本无极也"。周敦颐将太极作为天地万物化生的本源，并通过阴阳、静动、五行、四时又回归到太极，形成循环往复的生命体。其中既包含动静阴

---

[1] 李泽厚.中国古代思想史论［M］.北京：生活 · 读书 · 新知三联书店，2008：232.

阳、平衡对立的辩证思考，又有对规则和结构的呈现。对周敦颐美学思想做研究的袁宏认为，"太极"所蕴含的美学思想体现在将宇宙万物视为一个大的生命体的生命意识中……其所蕴含的圆融美、动静美、天地人和谐美体现了传统美学的最高追求[1]。

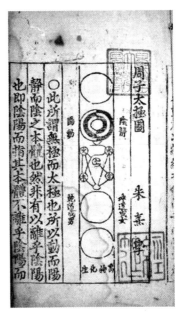

图3-5 《太极图说》

周敦颐在所附的《太极图》中形成了由五个圆组成的图式，分别为无极而太极的圆、阴阳动静的黑白三轮图、水火木金土小圆构成的大圆、乾道成男坤道成女的圆以及万物化生的圆（见图3-5）。其不仅在直观形式上突出了太极的圆之美，同时将圆的思维也内蕴在万物生化的逻辑中，强调其循环往复的勃勃生机。此外，他还阐释了动静阴阳之间互为转换、互为补充的辩证关系。周的阐述和图式分别从抽象和形象两个角度解释了太极的概念，既是形而上的哲学表述，也是可供借鉴的图形结构。

周敦颐的理念在西方哲学领域，也得到了响应。美国哲学家杜威曾在20世纪初到访中国，后来他产生了类似的想法，"秩序并非从外部强加的，而是由能量在其中相互影响的和谐的相互关系所组成的……它逐渐将多种多样的变化包容进其平衡的运动之中"[2]。宋版书中的阴刻阳刻是阴阳的对比，纸与墨是对比，字与图是对比，界行的笔直与书法的流动同样是对比，但它们又是相互融合的，在变化中有统一。对书籍设计而言，从封面到封底是以时间为轴塑造空间的过程，将文字、色彩、材料、图像共同构筑在书页舒展形成的空间内，也具有循环往复的特性。日本著名书籍设计师杉浦康平曾强调，对称的造型在亚洲是很常见的，在中国并不把阴阳的作用单纯看成将世界一分为二、相互对立的独立之物，阴和阳互为转换，形成生机盎然的生成流转，循环往复。比如中国文化中常见的龟鹤

［1］ 袁宏.周敦颐理学美学思想研究［D］.济南：山东大学，2008：47.
［2］ 杜威.艺术即经验［M］.高建平，译.北京：商务印书馆，2017：16.

造型，其中鹤是翱翔太空的，白色的，清纯明快的，而龟是地上爬行的，是黑色的，是厚重混沌的。它们常常组合在一起，构成一种对称和谐[1]。

南宋理学家朱熹是非常推崇周敦颐的，他在对《太极图说》诠释的基础上，著有《太极图说解》一书。他说"太极，形而上之道也；阴阳，形而下之器也。是以自其著者而观之，则动静不同时，阴阳不同位，而太极无不在焉。自其微者而观之，则冲漠无朕，而动静阴阳之理，已悉具于其中矣。"从表面上看事物有动静阴阳的差别，但从本质上看，不同事物是同时拥有动静、阴阳的。这也是宋人对物的本质的看法。

（二）观·物思想的原则：观之以理

以人为主体、以理为准则的认知和审美原则反映着宋人看待事物的方式，这是观·物思想的认识论原则。其中以理学家邵雍的观点[2]最为明确，他可谓观物学派的代表人物。邵著有《皇极经世》《观物内外篇》《渔樵问对》《伊川击壤集》等，对《周易》有独到的理解，提出了"以物观物""观之以理"的概念。他在《观物内外篇》中指出："道为天地之本，天地为万物之本。以天地观万物，则万物为万物；以道观天地，则天地亦为万物。"可以看到邵雍将人对于外物的认识感知提升到了一个新的高度，即主张人是与天地万物融合在一起的。这与中国最重要的哲学思想"天人合一"也是相通的。他还有著名的《观物吟》，"一气才分，两仪已备。圆者为天，方者为地。变化生成，动植类起。人在其间，最灵最贵"。

他又说："夫所以谓之观物者，非以目观之也，非观之以目而观之以心也，非观之以心而观之以理也。"（《观物内篇》）对于观物，邵雍认为不只是用外在的感官，而是要全身心地感知，其最终目的是以天理感受，以事物的本质感受。用现代视知觉的观点看，就是强调用思维的方式、理的方式来观物，不追求表象，而是追求物象的常理，追求物的本质。只有善于观物，才能掌握天地万物之本质。邵雍的"观物"是从视觉经验到内心的反省再到天地之道的过程。从

[1] 杉浦康平.造型的诞生：图像宇宙论［M］.李建华，杨晶，译.北京：中国人民大学出版社，2013：40-42.
[2] 邵雍.邵雍集［M］.北京：中华书局，2010：49.

这一观点出发，他又提出了"以物观物，性也；以我观物，情也。性公而明，情偏而暗"（《观物外篇》）。他主张观察事物应该是客观的，是从观察的客体本身入手，而不应受到主体先入为主的影响，因为从自我角度的观察会有失公正。以物观物，是回到物本身的特点、功用，而邵雍心中的物又是与天地相连的，是自然的。

历史学家侯外庐认为邵雍的观物是出自佛学的止观说，所谓"止"是指"使所观察对象住于内心"，"观"是在"止"的基础上"集中观察思维预定的对象，获得智慧"，是佛教重要的修习方法[1]。《大乘止观法门》里说："所言观者……以心性缘起，不无虚妄世用。[2]"这是用心性的缘起来观照诸法实相，获得对事物的认识。佛教中的禅宗更追求以"顿悟见性"的方式来直观对象。

另一位宋代理学家程颐也指出："观物理以察己，既能烛理，则无往而不识。天下物皆可以理照，有物必有则，一物须有一理。[3]"也就是说要用理来观物，因为世间万物都有其理，其运行的内在规律。苏轼就把这种思想应用到绘画中，提出了"常理"的概念，即"余尝论画，以为人禽、宫室、器用皆有常形，至于山石竹木、水波烟云虽无常形，而有常理。常形之失，人皆知之；常理之不当，虽晓画者有不知"。[4]艺术家要感知事物的存在方式和运行之道，才能得心应手。比如被苏轼所赞扬的文同就深入了解自然，善于观察竹子的生长方式，寻找到事物的本然之理，因而也善画竹。在宋刻本《梅花喜神谱》中可以看到宋人在表现自然物时的严谨细腻，既有一枝一蕊，呈现梅花的多种自然形态，又有诗歌呈现其寓意。而欧洲类似的寓言画册则是在 16 世纪才出现。

那么理究竟是什么呢？不同的理学家对这个问题有不同的解释。

在北宋五子的核心人物程颢看来，理存在于一草一木、万事万物当中。他说"万物静观皆自得，四时佳兴与人同"。他从窗前的茂草、小鱼中获得内心的认知，进而提出"鞭辟近里"的理论，他在《师训》中说，"学只要鞭辟近里，著己而已，故'切问而近思'，则'仁在其中矣'"。程颢把自然人格化了，将客体

[1] 方旭东.邵雍"观物"说的定位：由朱子的批评而思 [J].湖南大学学报（社会科学版），2012（6）：51-56.
[2] 周燕明.苏轼"静故了群动"诗学观与禅宗止观 [J].北方论丛，2017（3）：65-70.
[3] 程颢，程颐.二程集 [M].北京：中华书局，1981：193.
[4] 云告.宋人画评 [M].长沙：湖南美术出版社，1999：213.

的真实嵌入主观思维中，颇有庄子的游于天地间的感觉。无论是邵雍，还是二程都是把人看作万物的一分子，回归自然本体，强调人与物同。邵雍、程颐都看到认识的这种主客统一关系，并尽量秉持客观的态度，强调理的作用。当然这种观点也应该辩证分析，因为人很难做到不以我观物，很难完全驱逐感情，刘勰早就指出，"人禀七情，应物斯感，感物吟志，莫非自然"（《文心雕龙・明诗》）。人不可能无情，如果能做到"岁有其物，物有其容；情以物迁，辞以情发"（《文心雕龙・明诗》），在物我、情理之间找到一种连接和平衡，也不失为一种辩证看待这种主客关系的方式。特别是现代设计中，除了需要理性的思考外，也应融入情感的部分，将科技的理性之智慧与人文的情感之美相融合。如果说循环往复是观・物设计思想的基础，那么观之以理就为其提供了一个重要原则。这里的理，在道家思想中就是道，也是物的本源和其运行的规律。

（三）观・物思想的实践原则：格物致知

宋人强调穷究事物之理，革除物欲，以达到认知的目的，突出了"格物致知"的思想，这是观・物设计思想的重要实践原则。格物致知的概念最早从《礼记・大学》开始，"欲治其国者，先齐其家。欲齐其家者，先修其身。欲修其身者，先正其心。欲正其心者，先诚其意。欲诚其意者，先致其知。致知在格物"。早在北宋时期，程颐就将人对物的观察与人本身的心性相联系，强调修养心性至善，才是正确观物的方式。他说："涵养须用敬，进学则在致知。"又说，"随事观理，而天下之理得矣……君子之学，将以反躬而已矣。反躬在致知，致知在格物[1]"。他认为，应该在事物中观察理，才能得天下之理；君子若想躬身自省，需要获得知识，而只有实事求是地推究事物的道理，才能获得知识。

南宋朱熹将"格物致知"的概念做了进一步阐释，在朱熹看来，理存在于日常

---

[1]《礼记・大学》里最早有格物致知的提法，格物致知成为中国古代儒家思想的一个重要概念。参见钱穆.宋明理学概述［M］.北京：九州出版社，2010；参见程颢，程颐.二程集［M］.北京：中华书局，1981；关于格物致知的理解，历代学者都有不同的思考，比如东汉郑玄认为事情的发生是随着人的喜好来的。北宋司马光认为格物是抵御外物诱惑，然后懂得德行。明代王阳明认为格物致知是格物欲、致良知。本书取《现代汉语词典》对格物致知的解释，包括"推究事物的原理，从而获得知识"，以及格物欲、追求本源的状态。

生活的每一个角落，"所谓致知在格物者，言欲致吾之知，在即物而穷其理也。盖人心之灵，莫不有知，而天下之物，莫不有理。惟于理有未穷，故其知有不尽也。是以大学始教，必使学者即凡天下之物，莫不因其已知之理而益穷之，以求至乎其极。至于用力之久，而一旦豁然贯通焉，则众物之表里精粗无不到，而吾心之全体大用无不明矣。此谓物格，此谓知之至也"[1]。他有两个预设，人心有知，万物有理，二者相遇，人就会明白事物的道理。在朱熹看来，格物是体认天地万物的理，致知是印证内心的自觉意识。"如今说格物，只晨起开目时，便有四件在这里，不用外寻，仁、义、礼、智是也。"(《朱子语类》卷一五)"格物"有一个向外求理的步骤。

相较于朱熹以物为对象，主张"性即理"，向外求格物致知，南宋另一位理学家陆九渊开辟了心学一派，主张"心即理"，向内心求知，强调天理、人理和物理都在心中，所以要反观自我，"所谓格物致知者，格此物，致此知也，故能明明德于天下。《易》之穷理，穷此理也，故能尽性至命。孟子之尽心，尽此心也，故能知性知天。"(《陆九渊集》卷十九)陆九渊主张尊德性，发明本心。治学的方法就是穷此理，尽此心，存心养心。他在回答有关观书的问题时，就指出所谓守规矩的根本不是外在的知识，而是了解万事万物运行的本质规律，借用孟子的话就是"道在迩而求诸远，事在易而求诸难"，求道不必舍近求远，而要从内心的要求做起。"临川一学者初见，问曰：每日如何观书？学者曰：守规矩……乾知大始，坤作成物。乾以易知，坤以简能……道在迩而求诸远，事在易而求诸难。"(《陆九渊集》卷三十四)陆九渊不提倡对客观事物的知识穷尽，他的目的是对内在天理的追求，是以人性的自觉为途径来获得外在的格物，也是以儒家价值判断为根本的。在陆九渊看来，内心和世界的本质是相通的，也就是"宇宙便是吾心，吾心即是宇宙"。及至明代，王阳明继承和发扬了陆九渊的心学，提出"致良知"和"知行合一"的理念，进一步分析了如何获得理。上述思想是哲思角度的思考，但仔细考察，也是对造物设计的理解。设计是对物的呈现，那么如何更好地呈现物，就是要穷究事物之理，革除物欲，以达到帮助认知的目的。如果只关注物的表面，而不分析其内在的规律、分类、属性和特点，那就不能从形式和功能上清晰地呈现物。而忘掉物的表象，从人的内心寻找物与人的关系，寻找物的特性，就能更

[1]　钱穆.宋明理学概述［M］.北京：九州出版社，2010：133-154.

鲜明地表现物，也就形成了让人难忘的，能够产生情感共鸣的设计。

两宋书籍在雕版印刷技术上严谨，在内容信息的组织安排上虽然卷帙浩繁、包罗万象，却能层次分明。宋人的书籍有天头、地脚，而且在鱼尾上还标有刻工的名字，以及字数等信息，这些都是细致格物的表现。宋代类书《文苑英华》选录作家两千余人、收录作品近两万篇，按文体分三十九类，每类又按题材分若干子目，还附有别本的异文。《太平广记》分类编辑，按主题分为九十二类，下面又分一百五十多个小类，例如畜兽部下又分牛、马、骆驼、驴、犬、羊、豕等细目。另外一部《太平御览》也为类书，共有天部、时序部等五十五部，部下分类，类下又有子目，共计约五千四百七十类。这种条理清晰而又细致入微的分类方式是宋人对事物认识的细致所形成的。其信息安排的方式都体现了宋人格物致知的思维方式，也体现着宋人对世界的认识和价值判断。两宋还诞生了中国古代科技史上的里程碑作品《梦溪笔谈》和中国古代最完整的建筑技术书籍《营造法式》，前者反映了宋代科学技术发展的水平，后者反映了宋代建筑生产管理的严密性和规范性、设计的灵活性和适用性，这也正是这种格物致知精神的体现。

当代书籍设计师潘焰荣获得"世界最美的书"称号的作品《观照：栖居的哲学》是格物致知思想在当代的应用。设计师在书中没有采用一般性的图片罗列方式，而是创造性地采用分镜头分割的手法，呈现出古典家具的细节和工艺特点，同时设计师运用准确的矢量化图形对椅子进行解构剖析，用细致的分解图增加了读者对椅子结构的理解，将整体和细节的图像做了对比处理，形成了丰富且细致的视觉语言。而这种中式家具背后的思想则是中国人栖居的哲学思考，所以在书籍设计的呈现上也是简洁、禅意、空灵的。

（四）观·物思想的目标：心物化一

两宋的观照还受到了老庄和佛教禅宗的影响，形成了"万物之相与吾心体证圆融的法尔如是之禅悦表达"[1]，即心物化一的禅化境界，这是观·物思想重要的目标。如前所述，唐代已经开始了儒释道三家融合的趋势，确立了"中国化"的佛教，并将思辨的思维方式带入中国传统文化中。早在隋代，天台宗实

[1] 李钢.传统文脉与设计思维［M］.上海：上海交通大学出版社，2015：95.

际创立者智顗就融南派北派之长，提出止（禅定）、观（慧）双修的心性修为途径，并进而提出"三止三观"，以确保心性之体悟和一念之转境。在佛教的天台、唯识、华严、净土、禅宗等诸宗派中，起源于初唐的禅宗，在唐代大发展，在宋代成熟，特别是南宗禅在宋代广泛流行，对理学和文人士大夫的审美产生了很大影响。高官显贵、文人士大夫中出现了大量的居士，这时尽管禅宗的发展已趋衰落，但对社会文化，特别是艺术的影响却进一步深化。孙昌武说："禅宗为佛家心性学说与传统人性论，主要是儒家思孟派的'性善论'和道家的'逍遥'、'自在'、'齐物'精神境界相融合的产物。"[1]借助"身是菩提树，心为明镜台"的顿悟方式，禅宗为儒家的性善论和道家的逍遥论都找到了方便易得的法门。禅宗所倡导的自然-自在-超越的思想与理学追求性理和内在人格的自觉圆满有许多相通之处，在唐代已有王维的"禅悦山水"作为代表，及至宋代，则形成了显著的宋代美学风格。唐代禅宗所倡导的"平常心是道"不断融入禅僧的日常生活中，与宋代理学家们倡导的"万物静观皆自得"有相似的修为方法。禅宗为中国的士大夫提供了一种与传统的学而优则仕完全不同的人生理想和境界，即追求独立自主、自由自在的生活方式和自我理念的表达。这又与中国传统的老庄思想有了一定的应和，这种思想体现在设计上就是简约而淡泊的美感表达。

禅宗在唐代就有艺术化的倾向，在宋代对绘画、诗歌、书法都产生了深远影响，并集中、明显地表现出来。"在艺术史上形成独树一帜的素雅清冷、沉稳简素、心物化一的极简风格……体现了宋人追求平淡自然的审美观念与审美理想[2]。"南宋名僧释惠洪就曾以禅心观照来赞叹王维的雪中芭蕉，"诗者，妙观逸想之所寓也，岂可限以绳墨哉！"[3]事实上，王维的诗与画也是在宋代文人士大夫那里得到了地位的提升。深受禅宗思想影响的苏轼就盛赞王维"诗中有画""画中有诗"，其本人不仅和禅僧有广泛交往，同时创作了大量具有禅思禅情的诗词。欧阳修、王安石、黄庭坚等宋代文人都与禅僧有大量交往。宋代的董逌也深受禅学思辨的影响，认为应当去"物象"之真，而"妙解"理之真，这样能明了宇宙

[1] 李钢.传统文脉与设计思维［M］.上海：上海交通大学出版社，2015：：82.
[2] 邓雷.浅谈宋代艺术的极简风格及其审美蕴涵［J］.美与时代（上），2018（8）：17-19.
[3] 释惠洪.冷斋夜话［M］.北京：中华书局，1985.

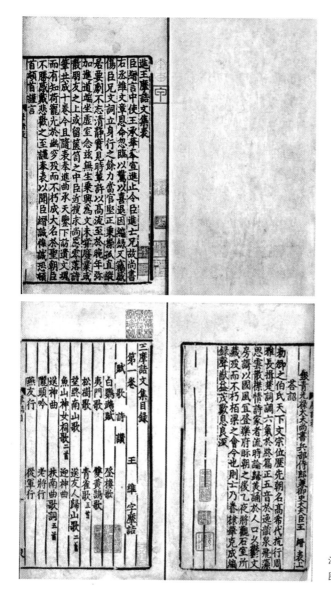

图 3-6 《王摩诘文集》

注：十一行蜀刻本，选自世界数字图书馆。

间"循环往复的深层生命意识"[1]。宗白华认为："禅是中国人接触佛教大乘义后

[1] 董逌的表述可参见李钢.传统文脉与设计思维［M］.上海：上海交通大学出版社，2015：103-105；此处又可与前述观之以理、循环往复的思想相连接，都共同呈现了宋人将宇宙观和认识论连接的思想，而人则成为其中的媒介，上接宇宙之气，下接世间万物，而目的是找到自在、本有的天性，在明心见性中物我合一，或者如庄子所言的"物我两忘"。这对当代设计而言，其实是拓宽了以人为本和可持续发展的设计理念，不是将人物化，而是将人与天地万物相连接，体现出更大的关怀与观照。

体认到自己心灵的深处而灿烂地发挥到哲学境界与艺术境界。静穆的观照和飞跃的生命构成艺术的两元，也是构成'禅'的心灵状态[1]。"

在文艺风格上，与唐代的张扬、丰润不同，宋诗词内敛、淡雅，注重日常生活中的个人内心感受和情感体验。在审美范式上，宋代艺术以崇尚"平淡"著称，不论绘画、雕刻、书法，还是瓷器、漆器、服饰等工艺美术，都与唐代不同，而是简朴而自然、笃实而严谨、温润而含蓄。

宋代皇室总的来说崇尚简朴，特别是北宋初期几代皇帝"不尚玩好，不用玉器""尚礼宽仁"。而两宋士大夫阶层对造物的评判，以及他们的人格修养、审美标准、社会意识、思维方式也对造物的制作和生产方式产生了制约和影响。比如王安石就强调物的适用，提出："所谓文者，务为有补于世而已美，所谓辞者，犹器之有刻镂绘画也，诚使巧且华，不必适用；诚使适用，亦不必巧且华。要之以适用为本，以刻镂绘画为之容而已。不适用，非所以为器也。[2]"这种追求适用，避免过度装饰的思想与朱熹的简易致用的思想是相一致的。在宋朝，形成了从上至下的书籍印制管理和书籍雕印标准，也因此形成了一个朝代的共通审美追求。

苏轼就曾强调平淡之美，"当使气象峥嵘，五色绚烂，渐老渐熟，乃造平淡"（《东坡诗话》），他还提出，"欲令诗语妙，无厌空且净。静故了群动，空故纳万境"（《送参寥师》）。他所强调的这种严谨典雅的自然美、平淡美、虚空美是经历了盛唐绚烂至极后的反思，既有着理性的反思，也有着禅意的表达，不仅体现在诗词文章中，也体现在陶器、漆器、文房四宝、家具的设计中。单纯的色彩、简朴的形式，但又有一种低调的典雅，呈现了极简主义的美学。这种美学最典型的物质反映是宋代瓷器。两宋瓷器清雅温润、造型简洁、比例完美，不仅体现着高超的技巧，也体现着宋人的审美追求。宋瓷以青瓷、白瓷、黑瓷等单色釉系著名。官、哥、汝[3]、定、钧，磁州窑、耀州窑、景德镇窑、龙泉窑、建窑、吉州窑等，在风格多变中又具有清淡优雅、朴实无华的统一性。两宋瓷器的造型普遍简练，线条流畅，形制简洁；釉色单纯晶莹（例

［1］ 宗白华. 美学散步［M］. 上海：上海人民出版社，1981：76.
［2］ 王安石. 临川先生文集 第5册［M］. 上海：复旦大学出版社，2016：1367.
［3］ 根据《我们为什么爱宋朝》音频节目中台北故宫博物院研究员廖宝秀的介绍，全世界收藏汝瓷最多的博物馆有：台北故宫博物院藏了21件，北京故宫博物院藏了14件，英国大维德基金会有12件，大英博物馆有4件。目前所知道的汝窑传世数量大约74件，也有90件左右的说法。

图 3-7 北宋/金钧窑天蓝釉 紫斑小碗

如宋代青瓷之首汝窑的"雨过天青"色、定窑的牙白色、钧窑的天蓝玫瑰紫、建窑的鹧鸪斑纹）（见图 3-7 至图 3-9），釉质细致温润；胎体极薄但细腻致密，胎骨比例恰当，胎色纯正。另外一个例证是梅花作为一种文化隐喻形象的出现，美国艺术史学者毕嘉珍认为，今天绵延不断的梅花传统是在宋代形成的，南宋文人在感情和环境两方面被梅花所吸引，其素雅、清冷的形象符合宋代文人的审美观，成为一种意象化表达[1]（见图 3-10）。

图 3-8 北宋汝窑青瓷胆瓶和青瓷纸槌瓶

注：台北故宫博物院藏。

---

[1] 毕嘉珍.墨梅［M］.陆敏珍，译.南京：江苏人民出版社，2012：31，48.

图 3-9 北宋汝窑青釉洗和天青无纹水仙盆

注：台北故宫博物院藏。

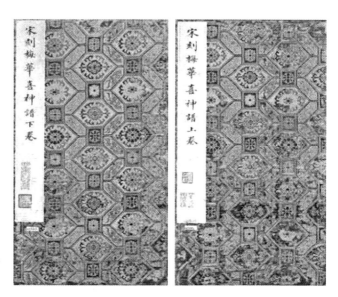

图 3-10 《宋刻梅花喜神谱》

注：现存于上海博物馆。

　　两宋的书籍并没有繁复的装饰，色彩也比较单一，简朴而不失文雅，正是两宋一种审美观的体现。考察两宋书籍的用纸发现，虽然制造精良，但配色并不绚丽，中国传统的书籍装帧始终追求简洁，崇尚清水出芙蓉之美，不尚镂金错彩。明式家具也是这种简洁、自然、宁静美学的造物呈现。《论语》说，"绘事后素"，就是强调素白之美。当代日本设计很好地继承了这种删繁就简、自然虚空之美，原研哉的作品大量运用极简的色彩和形式，用取自大自然的灵感来蕴含深刻的哲理。

宋人一方面追求简朴，另一方面又不止于简朴，而是追求细致入微的技艺和精神境界的表达，于简淡中包含无穷境界。这一点在两宋书画上表现得尤其明显，也呈现在两宋书籍中。北宋御制《宣和画谱》、郭若虚的《图画见闻志》、郭熙的《林泉高致》、邓椿的《画继》、刘道醇的《宋朝名画评》对自然的描摹观察都到了细致入微的地步，对自然景色的季节、气候、四时、地区、关系也有准确的把握和描绘。在两宋，儒家的"仁"之美、道家的"道法自然"、佛教的"顿悟"三家观点互通互补，共同作用于两宋山水画中，使宋代山水画达到中国山水画高峰。其表现了中国美学的意境之美，既反映了中国人对"林泉之心"的精神向往，又同时以强大的技法体系支撑精神的呈现。与此同时，士大夫阶层将手中之竹与胸中之竹结合，将精神与意境的追求提到了超越"再现"[1]的境界。欧阳修的"得意忘形"理念将山水画对意象之美的追求做了精辟总结。宋代文人画的兴起就是这种意象化的一种反映。而这些也都作用在两宋书籍中，如《梅花喜神谱》《新定三礼图》等。

文人士大夫推崇的清逸俊雅、简洁质朴、内敛严谨既体现在绘画、雕塑、瓷器等艺术形式上，也体现在书籍审美上。传世宋版书典雅朴实，一笔不苟，楮精墨妙，宋体字也是在南宋形成的，反映了简洁、内敛、严谨的笔法。此外，在书籍内容上，苏易简的《文房四谱》，欧阳修的《集古录》，杜绾的《云林石谱》，米芾的《砚史》《书史》《画史》，赵希鹄的《洞天清录》和徽宗御制的《艮岳记》都融入了士大夫阶层的审美趣味和价值取向[2]。

从仰观俯察、观物取象到吾以观复、澄怀观道，到循环往复、观之以理、格物致知、心物化一，再到明代的王阳明及近代的王国维，"观·物"经历了从宗教向哲学向审美转化的过程，直到近现代形成了伦理、哲学和审美三个维度的概念。"观，因此成为中国最早对具象艺术和图像进行理论化思考的若干概念之一，这种理论化思考在晚明仍然颇有生命力，法国学者贺碧来用'内省的冥想'来翻译'观'或'内观'[3]。"

---

[1] 再现，是西方哲学自古希腊以来最主要的审美议题，先哲以投影和模仿称之，后贤以错觉、幻觉、表象和表征称之。见段炼.视觉文化：从艺术史到当代艺术的符号学研究 [M].南京：江苏凤凰美术出版社，2018：11.

[2] 苏梅.宋代文人意趣与工艺美术关系 [M].北京：中国社会科学出版社，2015：3.

[3] 李承华.《三才图会》"图文"叙事及视觉结构 [J].新美术，2012（6）：36-42.

四、本 章 小 结

以上，笔者按照从中国传统的文化思想资源到宋代理学的发展这一脉络对观·物思想进行了总结，梳理观·物思想的外延与内涵。观·物思想经过上古、先秦到魏晋南北朝的发展，在两宋逐渐成熟，在认识论和方法论上都有了突破，形成了以仰观俯察、观物取象、澄怀观道为内核的本体论，以循环往复、观之以理、格物致知、心物化一为核心的设计认识论和方法论（见图3-11）。其外围则是从社会文化背景、从天地人角度思考事物的整体认知视角。中国古人提出的仰观、静观、游观、止观、心观、理观等都呈现了中国古人对人与物的关系的探讨，用西方的哲学概念来看，它始终坚持的是主客体统一。书籍作为精神与物质的中介，就是这种主客体统一的最佳表征物。

观·物思想在六个层面对两宋书籍设计实践有指导意义。

第一，从上古以来就阐述的观·物思想中的仰观俯察、观物取象概念为设计从本体论上指明了路径，而先秦吾以观复、兴观群怨等概念则进一步为设计指明了目标，魏晋时期的澄怀观道则为设计指明了前提。

第二，宋代观·物思想对儒家仁义礼智价值和尊德性的推崇，包含了价值的判断和引导，而对书籍作用的认识就是这种价值判断引导的结果。陆九渊所谓的"心"，就是觉悟、品德、思想意识、道德素质等现代用语，是对《孟子》"心

哲学	观·物			认知学
	本体论	**认识论**	**方法论**	
	仰观俯察	吾以观复	澄怀观道	
	观物取象			
	循环往复	观之以理	格物致知	
	心物化一			
	设计学			

图3-11　观·物思想的概念关联

之官则思"的传承[1]。北宋山水画家郭熙也有"林泉之心"的提法，"看山水亦有体：以林泉之心临之则价高，以骄侈之目临之则价低[2]"。

第三，宋代观・物思想倡导的精密观察和细致体认的方式使得人们对事物的认识更加深入，例如两宋的绘画，如花鸟画、山水画等都有着对自然的准确描摹。

第四，其强调的躬身自省的精神决定了人们对待事物的态度，例如两宋的书籍印制，其版式规格、纸张选择、刻印技术都体现了工匠的精神；两宋的瓷器典雅质朴，其黏土、器型和烧制的温度有着严格的把控，体现了工匠高超的技艺和严谨的态度。

第五，其对人与自然的关系的统一，继承了老庄"观于天地"的思想，也应和着中国传统文化中天人合一的思想。

第六，陆九渊的心学和禅宗思想在对认识的主客体关系上有了进一步的辩证统一，实践的根本目的是探求事物的本质规律，而其背后则是对内心的观照和反映。正如苏轼所说"故画竹必先得成竹于胸中，执笔熟视，乃见其所欲画者，急起从之，振笔直遂，以追其所见，如兔起鹘落，少纵则逝矣[3]"。只有眼中有竹，胸中有竹，才能做到手中有竹。

下一章，我们将围绕观・物的理念探讨两宋书籍的创新，回到两宋的书籍文化中，看当时的出版制度如何影响了书籍的出版和设计，即观・物者的身份和位置如何决定了观・物的视角。

---

[1] 许怀林.陆九渊的思想与生活实践[J].河北大学学报（哲学社会科学版），2018，43（4）：1-8.
[2] 潘运告.宋人画论[M].熊志庭，刘城淮，金五德，译注.长沙：湖南美术出版社，2000：6.
[3] 苏轼.苏轼文集（第2册）[M].孔凡礼，点校.北京：中华书局，1986：365.

第四章　兼容并蓄的两宋出版创新

学问勤中得，萤窗万卷书。

汪洙《神童诗》

在崇尚文治、经济发展、思想活跃的社会背景下，有了两宋雕版书籍的繁荣发展。从经史子集到佛藏道藏，从类书、丛书到诸家文集、诗词歌赋、医药兵法、历书律例、地理志书、小说杂书，宋人创作、编撰、刊印、发行了大量的书籍，宋代成为中国书籍发展史上的黄金时代。不同于大量关于宋代出版的论述，本章主要从观·物理论出发，从观者的角度分析两宋书籍的出版方，以及他们在宋代书籍制度和书籍体系的设计与确立上所起到的作用，特别是对书籍设计的创新举措。对于宋代的刻书单位，国内外学者有不少论述，主要观点是宋代的官刻、私刻、坊刻三大出版系统以及富有特色的书院刻书和寺院（道观）刻书，共同构成了多元化的传播者，满足了不同读者多元化的需求。其中官刻分为中央和地方，从中央的国子监、殿院、司局到地方的州、府、县以及各路使司、各州的军学、县斋和县学等都有刻书。

中央政府主持刻印儒学诸经、历朝正史和其他著作，佛教寺院、道教中心刻印佛经和道藏。各衙署、学校、私人以及家塾和书肆刻印书籍的范围扩大到了子部、集部，包括地方文献、家谱等，极大地推动了宋代文化的传播。出版机构的多样化反映了两宋雕版印刷事业的繁荣。这与今天互联网技术在整个国家各级机构之间的渗透和发展是类似的。在利用技术传播文化、启发思想，同时确立标准体系，进行设计管理，推动技术发展方面，宋代的出版系统对今天的文化设计传播也具有启示性。

一、官府刻书：书籍装帧设计的系统化和规模化

（一）北宋国子监刻书对装帧设计标准的确立

唐五代雕版技术的发展为两宋雕版印刷技术的兴盛奠定了基础。唐代的雕版印刷，多用于刷印佛经和与民间日用有关的阴阳占卜、小学字书和历书。《五代会要》卷八《经籍》条载，"后唐长兴三年（932）二月，中书门下奏：'请依石经文字刻《九经》印板。敕：'令国子监集博士儒徒，将西京石经本，各以所业本经句度抄写注出，仔细看读，然后雇召能雕字匠人，各部随帙刻印板，广颁天下……'"[1]。这是国子监雕刻印书的最早记录。五代时，历经四朝的宰相冯道对唐代已定的"十一经"进行刊刻，并增补《五经》《九经》，耗时二十二年，完成一百三十卷儒家典籍。

首先，宋代中央政府通过大规模刻印儒家经书确立了五代之后的文化秩序，作为使其政治和文化地位合法化的手段。宋代在利用技术继承文化传统，以及对"学"的传播（这些标准文献被传播到州和县）上，都超过了五代[2]。宋太宗积极藏书，建立崇文院，分昭文馆、史馆、集贤馆以及秘阁，珍藏图书，并在馆阁内设置修撰、直馆、直阁、校理、校勘和检讨等职，参与到藏书和编书过程中，同时他积极在民间开展征书活动，使得珍贵书籍重见天日。在收藏之外，宋太宗还将有价值的书籍进行整理、校勘。"在搜集民间藏书的同时，朝廷也很重视利用雕版印刷这一日趋成熟的技术，来统一思想，传播文化。[3]"

从 10 世纪 80 年代晚期开始，宋代朝廷就发行了唐五经的定本，在 932—953 年之间整理印刷，接着又整理和印刷了《左传》《谷梁传》《公羊传》《礼记》《仪礼》《周礼》《易经》《尚书》《诗经》《孝经》《论语》《尔雅》。后来还增印了《孟子》，形成标准版本的"十三经"，以建立儒家经典的权威性和准

---

[1] 王溥.五代会要［M］.上海：上海古籍出版社，1978：128.

[2] 包弼德.斯文：唐宋思想的转型［M］.刘宁，译.南京：江苏人民出版社，2017：159.

[3] 张丽娟，程有庆.宋本［M］.南京：江苏古籍出版社，2002：5.

确性。相比手抄本，雕版刻印的书籍被视作正确的文本而得以保存、传播和流传。从神宗朝开始，宋代朝廷不仅钦定了十三经的权威文本，同时也通过印刷文本的形式重新解释儒家经典。如前所述，北宋宰相王安石奉宋神宗之命主持修撰了《三经新义》，包括《诗义》《书义》《周礼义》，由国子监刻板刊行，颁给宗室、太学以及诸州府，供士人官员学习参考。王安石所著《字说》和《三经新义》都作为科举考试内容，得到学者的广泛传播。这也随之带动了更多的文人士大夫投入创作的过程中，并将其思想文字付诸雕版印刷以求广泛传播。时至今日，相较网络文字，印刷书籍仍然在某种意义上代表着文字和内容的权威性。

其次，围绕雕版技术，藏书、校书、编书、印书，甚至发行售卖书的整个书籍传播流程，都有宋代中央政府的参与。承袭五代传统，国子监也是宋代印书的皇家机构。"北宋国子监所刻书，旧称监本、旧京本、京师旧本等。[1]"国子监刻书的一个显著特征就是集官府力量的规模化印制。宋初，宋太宗开始发起大规模的出版工程，从《太平广记》《太平寰宇记》《太平御览》到《文苑英华》，太宗皇帝建立了一整套的出版标准和惯例，包括作者和书名、印刷用纸和用墨、书籍的格式和装订等。其中，现存《太平御览》的宋刻本有两种，一种由成都府路转运判官兼提举学事蒲叔献在庆元五年（1199年）所刻，现藏日本宫内厅书陵部和东福寺，半叶13行，行22～24字，白口，左右双边。另外一种收藏在日本静嘉堂文库。

在儒家经典、类书丛书之外，宋太宗校勘发行的书籍还有大量字书，包括《玉篇》《切韵》《说文解字》《雍熙广韵》等。宋太宗还命人将历代书法墨迹以雕版形式，拓印装订刻成《淳化阁帖》，并广泛分赐给各级官员。这些都是宋朝之初中央政府在建立文化秩序方面的努力。而这种文化秩序也反映在书籍秩序的建立上。

根据《宋史·职官志五》卷一六五，国子监中负责刻书的机构最初名为"印书钱物所"，到了淳化五年（994年），兼判国子监李至奏称这个名字有些俗气，所以建议改为"国子监书库官"，于是"始置书库监官，以京朝官充，掌印经史

---

[1] 张丽娟，程有庆.宋本［M］.南京：江苏古籍出版社，2002：21.

群书，以备朝廷宣索赐予之用，及出鬻而收其直，以上于官"[1]。由此可见国子监刻书的范围（经史群书）和其为朝廷服务的目的（用于赏赐），兼及经济获益（可以卖书）。

有文献记载："凡校勘官校毕，送复校勘官复校。勘毕送至判官馆阁官点校、详校，复于两制择官一、二人充复点校官，俟主判馆阁官点校详校，讫复加点检，皆有程课，以考其勤惰焉。[2]"校勘之后，宋太宗会命人将书送到国子监进行大规模的刻印出版，向社会公开发行，这在太宗朝以前也是从未有过的[3]。例如，太平兴国二年（977 年），宋太宗赐国子监刊本《九经》给江西白鹿洞书院，供师生研读。在分工上，监本的印制出版极为细致，分为编辑、校勘、出版等不同环节，保证了图书出版的质量。监本的写官，也由书法优秀的进士或者有资历的官员担当。因为校勘和刻板的严格，国子监的版本不仅具有权威性，在后世流传时也常作为首选底本。从淳化五年（994 年）开始，宋太宗就命人对《史记》《汉书》《后汉书》反复勘校，并于998 年第一次印制，后又命人精心加以校对，修正错误，直至1004 年，又出了修正版，可见当时书籍印刷的认真程度。

到真宗、仁宗时，国子监刻书有了更进一步的发展。《宋史》记载，宋真宗曾到国子监问邢氏有多少经版，邢氏回答，"国初不及四千，今十余万，经、传、正义兼具。臣少从师业儒时，经具有疏者百无一二，盖力不能传写。今版本大备，士庶家皆有之，斯乃儒者逢辰之幸也"[4]。真宗亦喜曰："国家虽尚儒术，然非四方无事，何以及此。[5]"于是命馆阁博览群书，精加雠校，刊刻未有印板的经史。也就是说20 年左右，刻书数量从4 000 增长到10 余万，增加了25 倍之多。在种类上，书籍也有了长足的发展，经史都有刊刻；在流通上，士人和庶人家庭都涉及。可见，宋代书籍从内容的广度到流通的范围都有了很大的变化。

宋哲宗时期还下令刊刻了不少医书，如《脉经》《千金翼方》《金匮要略方》《补注本草》《图经本草》就是在绍圣元年（1094 年）奉旨开雕的，三年刻成。

[1] 脱脱，等.宋史［M］.北京：中华书局，2011：3909,12798.
[2] 徐松.宋会要辑稿［M］.北京：中华书局，1957.转引自张易.论宋太宗对中国古代图书事业的贡献［J］.图书馆工作与研究，2009（7）：80-82.
[3] 张易.论宋太宗对中国古代图书事业的贡献［J］.图书馆工作与研究，2009（7）：80-82.
[4] 李致忠.宋版书叙录［M］.北京：北京图书馆出版社，1994：7.
[5] 脱脱，等.宋史［M］.北京：中华书局，2011：12798.

另外，国子监刻书还发挥了标准制定和监管的作用。作为书籍校勘和刻印的权威机构，国子监集教育、刻书、出版管理、人才储备等多种功能于一体，同时也有审查功能。比如《续资治通鉴长编》记载哲宗元祐五年（1090 年）时的规定：

"凡议时政得失、边事军机文字，不得写录传布；本朝《会要》《国史》《实录》不得雕印。违者徒二年，许人告，赏钱一百贯。内《国史》《实录》仍不得传写。即其他书籍欲雕印者，纳所属申转运使、开封府，牒国子监选官详定，有益于学者方许镂板。候印讫，以所印书一本，具详定官姓名，申送秘书省。如详定不当，取勘施行。诸戏亵之文，不得雕印，违者杖一百。凡不当雕印者，委州县监司、国子监觉察。"[1]

可见宋代对图书内容也有审查制度，在印刷之前需要交付官府审查，而且有相应标准，这有益于学者。

国子监不仅在内容上要求颇严格，在技术上也看重刻印技术精湛，甚至不惜远到杭州刻印。《百衲本二十四史》影印宋刻本《南齐书》的卷末就有治平二年的牒文，"崇文院嘉祐六年八月十一日敕节文，《宋书》《齐书》《梁书》《陈书》《后魏书》《北齐书》《后周书》，见今国子监并未有印本……依《唐书》例，逐旋封送杭州开板"[2]。

此外，国子监也面向士人和平民销售书籍。宋刻本《说文解字》后，有雍熙三年中书门下牒徐铉等新校定《说文解字》，牒文有"其书宜付史馆，仍令国子监雕为印版，依《九经》书例，许人纳纸墨价钱收赎"[3]。可见国子监刻的书是允许一般士民付钱来刷印的。

国子监刻书在印制上不仅考虑刻印质量，也物美价廉，面向平民发售，包括小字本医书，其目的是惠及平民，比如北宋哲宗年间的陈师道就进言"右臣伏见国子监所卖书，向用越纸而价小，今用襄纸而价高。纸既不逮，而价增于旧，甚非圣朝章明古训以教后学之意。臣愚欲乞计工纸之费以为之价，务广其传，不以求利，亦圣教之一助……今乞止计工纸，别为之价，所冀学者益广见闻，以称朝

［1］ 李焘.续资治通鉴长编［M］.北京：中华书局，2008：10722.
［2］ 上海博物馆.上海博物馆集刊 第 10 期［M］.上海：上海书画出版社，2005：50.
［3］ 许慎.说文解字［M］.汤可敬，译注.北京：中华书局，1985：532.

廷教养之意。[1]"

由此可以得出几个信息，首先是国子监印书定价因为材料的选择有了变化，其次是朝廷的宗旨为广为传播，并让学者增广见闻，所以在材料选择和定价上都有贴补。也就是说在利与义的选择上，书籍出版有其政治需要，也因此进行相应的调整。

现存的北宋监本书数量非常少，根据王国维的《五代两宋监本考》，宋代监本书约有 187 种（9 440 卷），北宋 118 种（6 826 卷），南宋 69 种（2 614 卷）。台北故宫博物院存有十一卷四册的《文选》（见图 4-1），为北宋天圣年间（1023—1031 年）国子监刊本。该书为萧统著，李善注，版框宽 37.6 cm，高 24.4 cm，半叶十行，行大十七八字，注文双行小字，每行二十二至二十六字。卷首题"文选卷第几"，为大字，次行低两格写"梁昭明太子撰"，第三行低三行小字题"文林郎守太子右内率府录事参军事崇贤馆直学士臣李善注上"，然后列了每卷子目。版心没有鱼尾，上下有横线，上横线下标有李善注文选第几，下横线上有标页数。从中可以看到宋代监本有着层次分明的版式规则，其内容包含了四个层次，也选用了不同的字号和表现方式来呈现版面秩序，其上横线和下横线的文字，在宋代称为书耳，也类似今天书籍设计中的页眉。

综上，我们可以看到，监本书主要在规模化印制、标准制定、审查管理、价值确定方面发挥作用，其发行的范围不仅在朝廷，也遍及士民，有着传播文化和统一思想的目的，其中太祖、太宗、真宗三代皇帝在北宋书籍出版初期就参与其中，发挥了重要的指导作用。

北宋监本书的雕刻为后世的书籍装帧设计和印制确立了标准，其意义不仅仅是刊印了高标准的书籍版本，而且形成了一整套完整严格的设计管理流程。这一设计管理流程是在建立文化秩序和统一思想的大政治文化背景下，由上至下严格推行，并通过清晰的人员制度、文本标准、钱物管理制度加以实施保证。宋朝开国之初几代皇帝的重视保证了书籍印制的地位，形成了全社会读书的良好氛围；各个编书、印制机构都由皇帝亲自任命具有丰富学识的文人士大夫担任，由此保证了书籍印制的质量，同时又不局限于开封一地，而是以质量为标

---

[1] 陈师道.后山居士文集［M］.上海：上海古籍出版社，1984：598-599.

准任人唯贤，对书籍的印制采取开放包容的态度，加强交流，让四川、杭州都参与到书籍雕刻的过程中，从而提高了全国的书籍印制水平。国子监的书板有承袭五代遗留下来的，也有私人呈现的。比如五代毋昭裔的后辈毋克勤就敬献了《文选》《初学记》《白氏六帖》三种书板给朝廷。《宋史》卷二六记载刘熙古（903—976）"颇精小学，作《切韵拾玉》二篇，摹刻以献，诏付国子监颁行之"[1]，也就是说他以个人之力完成了该书，并刻印献给了国子监，由国子监奉诏发行。南宋时嘉定十六年（1223年）刊刻的《增修互注礼部韵略》就是由户部尚书毛晃增注，他的儿子毛居正负责校勘，后应大司成的请求，将家藏本拿出，供国子监刊刻。

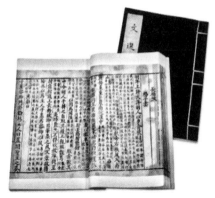
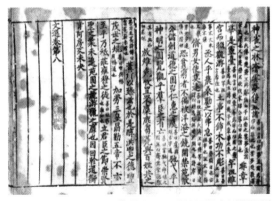

图 4-1 《文选》

注：北宋国子监刊本，图片选自《大观：宋版图书特展》。

---

[1] 脱脱，等.宋史[M].北京：中华书局，2011：9101.

　　除国子监外，崇文院（后改为秘书省）也是中央印书的重要机构，担负着制定标准和权威发布的功能。此外如秘书省及太史局、会要所、国史实录院、刑部、编敕所、为某本大书设置的临时性的编刻机构等都有参与书籍的印制。宋崇宁二年（1103 年）出版的由李诚编修的《营造法式》是北宋官方颁布的建筑规范文本，有着完整的理论体系和严格的建筑生产管理标准。

　　在有关书史、编辑史的研究中，关于监本书多有介绍，本书就不一一阐述。笔者根据《中国编辑出版史》、论文《宋代书籍刻印研究》重新整理刻印研究，以供读者了解书籍出版的时间和机构（见表 4-1）。

表 4-1　北宋梓印儒家经籍、医书及历朝正史举要

时　间	朝代	地　点	书　名	备　注
971—973	太祖	国子监	《开宝详定本草》《开宝重定本草》	医书
977	太宗	国子监	《玉篇》和《切韵》	字书、韵书
978	太宗	国子监	《太平广记》	类书
980	太宗	国子监	《太平寰宇记》	地理
980—994	太宗	国子监	《太祖实录》	史书
982—987	太宗	国子监	《文苑英华》	类书，现存南宋周必大刻印版本
983	太宗	开封国子监、益州刻板	《开宝藏》	佛经
977—983	太宗	国子监	《太平御览》	类书
986	太宗	国子监	《说文解字》	字书
987	太宗	国子监	《神医普救方》	医书
988	太宗	国子监	《五经正义》	经部，单疏本《玉海》记载
988	太宗	国子监	《大宋高僧传》	
989	太宗	国子监	《雍熙广韵》	韵书

时　间	朝代	地　点	书　名	备　注
988—996	太宗	国子监	"十二经"	经书
992	太宗	国子监	《太平圣惠方》	医学生必读书
994—996	太宗	开封国子监，杭州雕造	《史记》《汉书》《后汉书》	史书，今存北宋末南宋初版本，现存于中国国家图书馆
1000	真宗	崇文院	《吴志》	
1001	真宗	国子监	《七经正义》	经书，单疏本《玉海》记载
1002	真宗	国子监	《三国志》《晋书》	史书
1005	真宗	国子监	"十二经"	经书
1008	真宗	国子监	《广韵》	韵书
1011	真宗	国子监	"十三经"	经书
1011	真宗	崇文院	《文选》《文苑英华》	类书
994—1061	太宗、真宗、仁宗	国子监	《十七史》	史书
1013	真宗	国子监	《册府元龟》	类书，现存南宋中叶眉山坊刻本和《新刊监本册府元龟》
1023	仁宗	国子监	《铜人腧穴针灸图经》	医书
1024	仁宗	崇文院	《隋书》	史书
1026	仁宗	国子监	《南史》《北史》《隋书》	史书
1029	仁宗	崇文院	《律文》《音义》	字书
1039	仁宗	崇文院	《群经音辨》	字书
1049	仁宗	司天监	《土牛经》	集书
1050	仁宗	崇文院	《大飨明堂记》	史书

续　表

时　间	朝代	地　点	书　　名	备　　注
1054	仁宗	崇文院	《攻守图》	兵书
1060	仁宗	国子监	《唐书》	史书
1061	仁宗	国子监	《七史》	史书
1060—1062	仁宗	国子监	《嘉祐本草》	医书
1075	神宗	国子监	《三经新义》	经书
1176	神宗	左廊司局	《春秋经传集解》	经书
1088	哲宗	国子监	《资治通鉴》	史书
1119—1125	徽宗	国子监	《宣和画谱》《宣和书谱》《宣和博古图》	集书

（二）地方各级官府刻书对设计实践的推动

　　除中央政府外，各地官府也广泛参与到书籍印制中。靖康之难后，南宋中央政府的刻书已经式微，且由于北宋国子监的很多书板都在靖康之难中被金人劫掠而去，于是南宋国子监下发旧监本到各州郡刊刻。因此在现存宋版书中，很多都是南宋时期各级机构，如各州、军、府、县政府，各路使司，各地公使库，各级官学的刻书（见表 4-2）。田建平的《宋代书籍出版史研究》对此有专门研究。本书主要根据具体图书分析各级官府在书籍印制上的创新举措，以及作为承上启下的机构，如何借助书籍维护两宋的文化秩序，传播意识形态。在具体的书籍实践中，各级官府形成了完善的书籍管理和印制制度，以各级主政官员为主导，调配了大量人员参与到书籍的编辑印刷过程中，同时延伸参与到书籍的发行和传播过程中。在书籍的选题上，除了儒家经典之外，医书、地方文献和地方名人著作都成为重要的内容来源。

　　叶德辉在《书林清话》中提到的各级官府刻本就包括两浙东路茶盐司本、两浙西路茶盐司本、两浙东路安抚史本、浙东庾司本、浙右漕司本、浙西提刑司本、福建转运司本、潼州转运使本、建安漕司本、福建漕司本、淮南东路转运司

表 4-2　各级官府刻书举要

	时　间	朝代	刻印方	书　籍	备　注
路级	1148	高宗	荆湖北路安抚使司	《建康实录》	
	绍兴年间	高宗	两淮江东路转运司	《史记》《汉书》《后汉书》	
	1151	高宗	两浙西路茶盐司	《临川王先生文集》	
	绍兴年间	高宗	两浙东路茶盐司	《唐书》	
	绍兴年间	高宗	两浙东路茶盐司	《事类赋》	
	绍兴年间	高宗	两浙东路茶盐司	《外台秘要方》	
	绍兴年间	高宗	两浙东路茶盐司	《周易注疏》	经、注、疏合刻的滥觞，现藏于中国国家图书馆
	1132—1133	高宗	两浙东路提举茶盐司公使库	《资治通鉴》《资治通鉴考异》	现藏于中国国家图书馆
	绍兴年间	高宗	湖北提举茶盐司	《汉书》	史部，现藏于日本静嘉堂文库
	1182	孝宗	江西漕台	《吕氏家塾读诗记》	经部诗类
	1211	宁宗	江右计台刻	《春秋繁露》	
	1225	理宗	广东漕司	《新刊校定集注杜诗》	
	宋嘉泰年间	宁宗	淮东仓司	《注东坡先生诗》	台北"国家图书馆"，中国国家图书馆
府/州/军级	1059	仁宗	苏州公使库	《杜工部集》	
	1139	高宗	临安府	《汉官仪》	
	1139	高宗	临安府	《文粹》	
府/州/军级	1171	孝宗	姑孰郡	《伤寒要旨》	
	1176	孝宗	舒州公使库	《大易粹言》	

续　表

	时　间	朝代	刻印方	书　籍	备　注
府/州/军级	1177	孝宗	抚州公使库	《礼记》	现藏于中国国家图书馆
	1213	宁宗	章贡郡	《楚辞集注》	
	1201	宁宗	筠阳郡	《宝晋山林集拾遗》	
	1239	理宗	禾兴郡	《押韵释疑》	
县级	1207	宁宗	昆山县	《昆山杂咏》	
	1242	理宗	大庾县	《心经》	
	1252	理宗	建阳县	《晦庵先生朱文公易说》	
	1267	度宗	湘阴县	《楚辞集注》《辩证》《后语》	
	1269	度宗	伊赓崇阳县	《乖崖先生文集》	
郡学	1134	高宗	温州州学	《大唐六典》	
	1145	高宗	齐安郡学	《集古文韵》	
	1175	孝宗	严陵郡庠	《通鉴纪事本末》	
	1176	孝宗	高邮军学	《淮海集》	现藏于台北故宫博物院
县学	1142	高宗	汀州府宁化县学	《群经音辨》	
	1200	宁宗	罗田县庠	《离骚草木疏》	
	1220	宁宗	溧阳县学宫	《渭南文集》	陆子遹编，现藏于中国国家图书馆
州府官学	1175 年	孝宗	镇江府学	《新定三礼图》	公文纸印本
	1216 年	宁宗	兴国军学	《春秋经传集解》	

注：根据《宋本》等书整理。

本、荆湖北路安抚使本、湖北茶盐司本、广西漕司本、江东仓台本、江西计台
本、江西漕台本、淮南漕廨本、广东漕司本、江东漕院本、江西提刑司本、公使
库本[1]。官府刻书的范围也集中在儒家经典书籍上，对经部和史部书进行了规模
化印制。也有一些是文人士大夫在任期间刻印的自己的著作或者与地方文化有关
的书籍。官府刻书比较注重质量，校勘细致，还可以调集各地官员和官学师生以
及大量有经验的刻工共同参与到雕造事宜中。因为是官府刻书，有比较雄厚的财
力支持，不需要顾及成本，所以官刻本从形式上看，大都行格疏朗，开本宏阔，
纸墨莹洁[2]。像两淮江东转运司所刻的《汉书》（见图4-2）书中所记刻工达到72
个以上（原刻9名，补刻63名多）。转运司在宋代主要负责一路或几路的财赋收
运，以及监察地方官吏。该书半叶九行，行十六字，注双行，行二十一到二十二
字，在版式上标题、文与注层次分明，可见其精心编排。宋版书被人称道，与其
背后人力物力的投入是大有关系的。从组织到校勘再到刻工，宋版书都会有明确
的标注，一方面是方便计费，另一方面也是明确责任，便于管理。

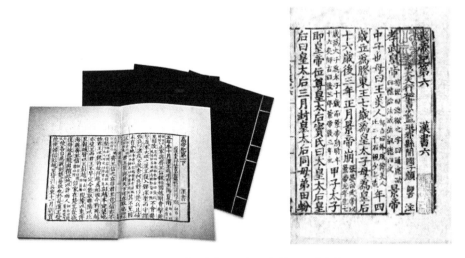

图4-2 《汉书》（两淮江东转运司所刻）

注：图片选自《大观：宋版图书特展》。

---

[1] 叶德辉.书林清话[M].北京：华文出版社，2012：1-379.

[2] 张丽娟，程有庆.宋本[M].南京：江苏古籍出版社，2002：25.

图 4-3 《周易注疏》

注：现藏于中国国家图书馆，图片选自世界数字图书馆。

此外官刻本还从内容上进行创新，比如宋两浙东路茶盐司刻本《周易注疏》[1]（见图 4-3）就是经、注、疏合刻的滥觞，据李致忠考证，《周易注疏》为南宋初年版本，由两浙东路茶盐司印制。北宋经书的刻本最初只有经文和注文，宋太宗时开始有疏文的刻本。该书板框高 21 cm，宽 15.3 cm，半叶八行，行十九字，俗称八行本。注文双行，白口，左右双边，版心上记字数，下记刊工姓名。各行皆顶格，经文字大如前，墨如点漆。经文下注文双行。注文下均有阴纹大疏字，疏字下疏文亦双行。麻纸印造，纸墨精良，行格疏朗，古朴大方。

在官刻书中，公使库刻书是比较特殊的存在。所谓公使库，是宋代在各州军县设置的机构，为了供应往来官员的住宿膳食费用，可以经营获利。很多公使库财力雄厚，也参与到刻书活动中。田建平《宋代书籍出版史研究》列有 34 本由公使库出版的书籍。刻于南宋淳熙三年（1176 年）的舒州公使库刻本《大易粹言》，由曾穜编辑，收录了七位易学大家的文章，该书有序、有跋，书的

[1] 李致忠.宋两浙东路茶盐司刻本《周易注疏》考辨［J］.文物，1986（06）：68-73.

最后还有舒州公使库雕造所的牒文，明确记录了参与校勘的人员达到 8 人之多。同时该牒文还说明了印制该书的材料、价格以及售价。该书一部二十册，根据李致忠在《宋版书叙录》的分析，刻印一部《大易粹言》，工本为用纸副 1 300 张，装背饶青纸 30 张，背青白纸 30 张，棕墨糊药印背匠工食等钱共 1 贯 500 文足，纸张人工成本不到 4 贯钱，但售价为 8 贯钱[1]。从中可以看出该书用纸已经有了三种类型，即普通纸、饶青纸和背青白纸，而且书籍印制获利颇丰。所以从某种意义上来说，公使库的书籍出版，已经具有了商业出版的模式。如苏州公使库印制的《杜工部集》在当时就成为畅销书，印制达万本以上。

官学刻书包括州学、府学、军学、郡学、郡庠、县学、县庠、学宫、学舍等。各地官学在推动教育发展的同时，不仅增加了对书籍的需求，自身也参与到刻书活动中。比如现存宋版书中，绍兴四年（1134 年）由温州州学刻印的《大唐六典》，淳熙二年（1175 年）由镇江府学刻印的《新定三礼图》，乾道九年（1173 年）由高邮军学刊刻的《淮海集》（作者秦观为高邮人，见图 4-4），庆元六年（1200 年）由罗田县庠印刻的《离骚草木疏》等。

此外，我们在第三章曾分析过教育平民化对书籍出版的影响，宋代的书院是教育体制中很重要的一部分，也参与到图书出版中。田建平在《宋代书籍出版史研究》中认为书院出版的主要书籍类别为儒家经典、书院主人著作、讲义、门生著作和其他书籍等，具有较高的学术品味，"但也不排除商业出版的意识和行为"[2]。

二、宗教团体出版：书籍装帧设计的精细化和世俗化

"印刷术最初是在佛教盛行的背景下出现的，至少佛教经典的大量需求是促使印刷术发展的重要契机。[3]"早期的印刷品大都和佛教经典有关，比如现藏于英国伦敦大英图书馆的唐代印刷的《金刚般若波罗蜜经》是现存最早的有明确刊印时间的雕版印刷品。

[1] 李致忠.宋版书叙录［M］.北京：书目文献出版社，1994：40.
[2] 田建平.宋代书籍出版史研究［M］.北京：人民出版社，2018：112.
[3] 宫崎市定.东洋的近世［M］.张学锋，译.上海：上海古籍出版社，2018：85.

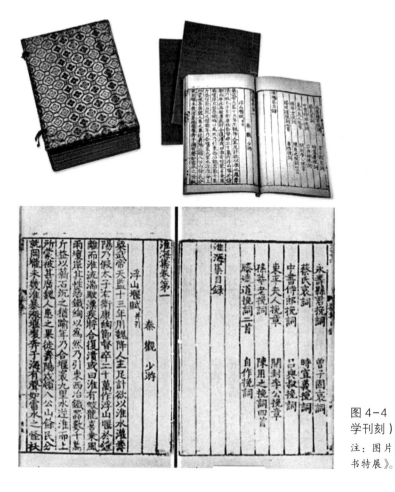

图 4-4 《淮海集》（高邮军学刊刻）

注：图片选自《大观：宋版图书特展》。

　　有宋一代，从中央到地方，从官方到民间，从寺院到私人，佛教典籍大量出版和传播，与宋代书籍的范围是一致的，在观念、组织、内容和形式上都对书籍出版有所影响。张敏敏对宋代佛教典籍出版史做了专门研究[1]，从背景、技术、出版方、编辑、设计、流通等多方面做了分析。宋初，宋朝皇帝就确定了尊崇佛教、道教的基本宗教政策，也推动了佛教和道教以及与之相关的书籍的兴盛发展。在宋朝不仅诞生了中国第一部雕版印刷的汉文大藏经《开宝藏》，而且宋徽宗政和年间在福州雕刻、在开封印刷了中国首部雕版道藏《万寿道藏》。

[1] 张敏敏.宋代佛教典籍出版史研究［D］.成都：西南交通大学，2014.

（一）世界上第一部雕版印刷的汉文大藏经：书籍设计序列的确认

宋太宗非常重视佛经的翻译出版，重新恢复了唐代后期中断的佛教翻译工程，主持翻译出版了大量佛经。太宗还于太平兴国七年（982 年）亲自设立了译经院。太祖开宝四年（971 年），敕内官张从信在益州组织雕刻大藏经版，大藏经在太宗太平兴国八年（983 年）完成，共计五千零四十八卷，十三万余版，世称《开宝藏》（见图 4-5），这是世界上第一部雕版印刷的汉文大藏经，也是宋代官府首次大规模的刻书活动成果。它的印本成为宋代寺院藏书的主要来源，也是后来中国一切官私刻藏以及高丽、日本刻藏的共同依据。983 年，宋太宗还将钦定《开宝藏》赠予了日本僧人奝然。大藏经的规模化印制意味着雕印过程中的系统化管理，书手、刻工和印工等技术熟练的工人在其中发挥了重要作用。

现存版本为卷轴式，每版二十三行，每行十四字，字体秀丽，虽没有界行，但排列非常整齐，雕刻精良，黄麻纸印制。其卷尾有牌记，写有"大宋开宝七年甲戌岁奉敕雕造"，下有印工姓名"陈宣印"。值得一提的是，《开宝藏》因为数量众多，首创了版片号，即标明版片次序的文字，包括经名卷次、版片序号、千

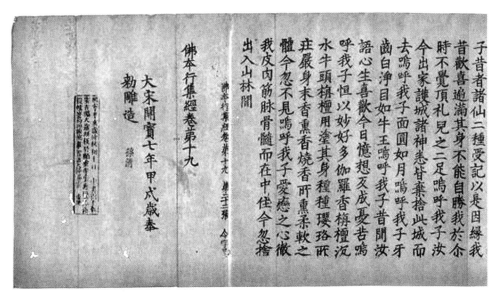

图 4-5 《开宝藏》

注：第一部雕版印刷的大藏经。

字文帙号，一方面便于管理，另一方面便于对纸张进行装潢。版片号在以后各朝代的佛经印刻中也被不断采用，其形式如下：

大宝积经第一百一十一卷 第十五张 文字号

两宋期间，共有六版《大藏经》印刷（见表4-3），分别在当时的益州、福州、湖州和平江刊印，其规模之大，卷数之多，标志着宋代雕版印刷的高超技术。此外，中央的传法院、印经院、显圣寺和地方上各级机构路、州、县，如两浙转运司、苏州公使库、永兴军都有刻印宗教典籍。可考的佛典有两浙转运司的《大方广佛华严经疏》、永兴军刻的《金刚经》等。从地方政府的参与可以看到佛教传播的世俗化影响，其形制也影响到了其他书籍的印制。佛经出版的运行机制、考核形式、目录形式、版式结构从设计管理到设计方法上都奠定了宋代大规模书籍设计出版的基础，也对后世影响深远。

表4-3　两宋期间六版《大藏经》的刊刻情况

序号	时　间	版　本	地　点	朝代更迭
1	971—983	《开宝藏》5 048 卷	益州（今成都）	从宋太祖到太宗
2	1080—1112	《崇宁藏》6 000 卷	福州东禅寺	从神宗、哲宗到徽宗
3	1112—1151	《毗卢藏》6 000 卷	福州开元寺	从徽宗到南宋高宗
4	1132	《思溪圆觉藏》1 435 部	湖州	南宋高宗
5	1239—1252	《思溪资福藏》1 459 部	湖州	从南宋理宗到元
6	1231—1322	《碛砂藏》	平江（今苏州）	从南宋理宗到元

（二）民间募捐刊印大藏经的先例：设计的全流程管理

在官府之外，寺庙是重要的佛教典籍出版者，寺庙募集资金、招募工匠，由沙门参与劝募资金、管理雕印事物、校对经文字句等，比如东禅寺、开元寺、圆觉寺、资福寺、净慈寺、天寿寺等[1]。据《汉文佛教大藏经研究》，由福州东禅寺刊刻的《崇宁藏》（见图4-6）是民间募捐刊印大藏经的先例，也被称为《东禅

---

[1]　张敏敏.宋代佛教典籍出版史研究［D］.成都：西南交通大学，2014.

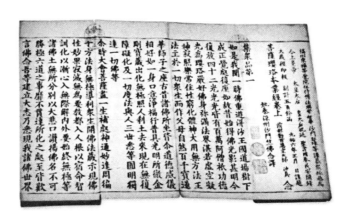

图 4-6 《菩萨璎珞本业经》

注：根据《崇宁藏》刷印，现藏于台北故宫博物院。

等觉院本》。该书发起于宋元丰三年（1080 年），由礼部员外郎陈旸倡议，由禅院住持冲真发起劝募，经几代住持完成，由"东禅经局"负责刊刻，刊经机构由请主、证会、都劝首、同劝缘、都句当藏主僧、都句当经板僧、句当僧及都句当僧、详对经人、刻工、印造工等组成[1]。可见，在组织管理、人员参与以及财力和物力的投入上，寺庙对佛教典籍出版的重视程度非常之高。该经书一改《开宝藏》的形式，采用经折装，将长卷佛经，从头至尾按一定行数或一定宽度连续左右折叠，使之成为长方形的一叠，再在前后各粘贴一张厚纸封皮[2]。

（三）儒释互动的媒介：设计传播的典型案例

韩毅认为宋代佛教完成了由印度佛教向中国佛教的转型，具有中国化、平民化、世俗化的特征，特别是宋代僧人群体的儒学化，对宋代新儒学体系的建构产生了重要影响[3]。随着民间佛教和居士佛教的发展，信仰佛教的人士遍布社会各阶层，特别是大量儒家士大夫信仰佛教。比如周敦颐、二程、苏轼等北宋理学家、文学家都深受佛学影响。此外僧人群体中有不少人自幼研读儒学，但

［1］ 李富华，何梅 . 汉文佛教大藏经研究［M］. 北京：宗教文化出版社，2003：164-166.

［2］ 李致忠 . 中国古代书籍的装帧形式与形制［J］. 文献，2008（7）：3-17.

［3］ 韩毅 . 宋代佛教的转型及其学术史意义［J］. 青海民族大学学报：社会科学版，2005，31（2）：31-37.

后因为推崇佛理，遁入空门，他们"提倡儒佛会通，三教合流"，以"儒学思想和表达方式解读佛门经义，与士大夫有广泛的联系"，并留下大量著述。

宋代禅宗兴盛，1252年，灵隐寺的禅师普济就将五部禅宗典籍汇总后出版了禅宗重要的史书《五灯会元》，其刻印数量十分可观。

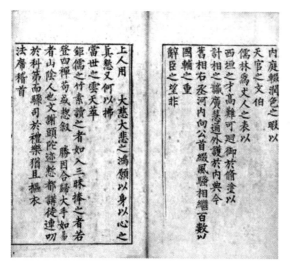

图4-7 《结莲社集》内页

注：选自《风景与书》展览图册。

在典籍出版传播之外，寺庙僧人也参与到与儒家士大夫的广泛交游中，通过出版的方式推动佛儒互动。范景中先生收藏的一部由杭州西湖昭庆寺寺僧省常刊刻的《结莲社集》（见图4-7）就是这方面的例证。范景中先生认为该书是除佛典外目前存世最早的北宋刻本，从中不仅可以看出北宋早期刻本的特征，而且可以看到两宋书籍独特的传播方式。

宋太宗淳化初（中国最早的一部汇集各家书法墨迹的法帖《淳化阁帖》就出自此时期，见图4-8），寺僧省常效仿东晋高僧慧远，创办西湖白莲社，以诗歌为媒介进行宗教结社，持续三十多年，参与者达到百余人，影响遍及朝野，期间产生了众多诗篇。当时的太常博士通判信州骑都尉钱易、中书舍人苏易简也曾加入其中。省常于宋真宗大中祥符二年（1009年）将众人所作的诗篇合编成《结莲社集》。众多士人借诗歌表达了对佛教的感悟，如"无著任虚空，有象离喧竞。白云物外浮，明日波间莹"（钱易），"灵轻穿竹径，月冷锁松阴"（张瑾），"从师励志通三学，洁行修心去十缠。秋阁静吟成雅句，夜窗高论达真诠。盘中旋摘经霜橘，池内惟开似雪莲。野鸟散来闻磬韵，白云飞尽见茶烟。看经每坐松间石，洗钵常临竹下泉"（张去华）[1]。儒

---

[1] 刘方. 从杭州西湖白莲社结社诗歌看北宋佛教新变：以《杭州西湖昭庆寺结莲社集》为核心的考察 [J]. 宗教学研究，2014（2）：103-108.

图 4-8　《淳化阁帖》

注：又名《淳化密阁法帖》，淳化三年（992 年）。

图 4-9　《白莲社图》

注：后人仿北宋李公麟作品。

释互动不仅体现在当时的僧人与文人的互动中，也体现在当时的文学作品和艺术作品中。北宋画家李公麟就绘有《白莲社图》（见图 4-9），再现东晋高僧慧远等十八人在庐山白莲池畔创建白莲社，聚集僧俗两界隐士高人共 123 人，共同参禅悟道的故事。此后这一主题反复出现在中国历代山水画作品中。

在北宋刊印的这本《结莲社集》上，可以看到白莲社的诗人将佛教感悟和审美体验结合，通过诗歌呈现了两宋时受佛学影响的美学观念。该书高29.8 cm，宽18.4 cm，半叶八行，每行十六字，其序文为柳公权《玄秘塔碑》的字体，正文为颜真卿《麻姑仙坛记》的字体，无界行，版心无鱼尾，版式疏朗，墨色清晰。

不仅各级政府、寺庙参与到佛教典籍的出版中，到了南宋，书坊与私刻版本的佛经也非常盛行。具体可参考张敏敏的《宋代佛教典籍出版史研究》，如杭州晏家（宋庆历二年《妙法莲华经》）、杭州钱家经坊（宋嘉祐五年《妙法莲华经》）、杭州睦亲坊沈八郎家（《妙法莲华经》）等，这些书坊大多以盈利为目的，选取当时广受欢迎的内容，字体较小，版面内容相对紧凑，并且图文并茂，像《妙法莲华经》单行本就有二十多个版本[1]；私宅刻书则大多校勘精良，刻印精美，以传播知识和崇尚学问为目的，比如杭州赵宗霸在北宋咸平四年（1001年）刻印了《大随求陀罗尼经咒》。书坊的佛教刻本也给两宋书籍带来很多创新，比如通过精美的图画吸引普通读者。

以南宋刻本《妙法莲华经》（见图4-10）为例，该书大约刻于11世纪中叶，现收藏于美国国会图书馆。其扉页图连续占据七页，细致描摹了释迦牟尼佛一生的教化事迹，如灵山妙会、三车出宅、不轻菩萨、分身诸佛、聚沙成塔、千佛授手等佛典故事，画面具有连续性，虽人物众多，主题纷繁，但人物上方或旁边有方框标明故事主题，使整个画面显得非常有条理。

《佛国禅师文殊指南图赞》（日本东京艺术大学、大谷大学、日本京都国立博物馆藏，见图4-11）由临安府众安桥南街东开经书铺贾官人于南宋嘉定三年（1210年）刊印，是中国现存最早的插图组画的代表作[2]。该书共有五十四幅绘图，为连环画式叙事，记载了善财童子经文殊菩萨指点，向五十三位高僧和菩萨参拜和请教的故事，最后一幅为佛国禅师指点图，形式有上图下文或者左图右文，配有七言赞诗（图赞，就是一种文体，图上配诗），版面安排规则且有条理。所配插图画面丰富完整，图画的视角多为远景和俯视，有主体人

---

[1] 在宋代，要成为僧侣的途径之一，就是要通过国家考试，合格者取得度牒，才能成为正式的僧侣，据《佛祖统纪》记载，北宋考的就是《妙法莲华经》。
[2] 刘耀.中国古代佛教传播过程中佛经插图变化[J].现代商贸工业，2016，37（12）：68-70.

图 4-10　《妙法莲华经》

注：现藏于美国国会图书馆，图片选自世界数字图书馆。

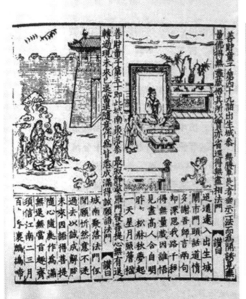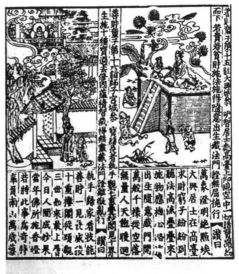

图 4-11　《佛国禅师文殊指南图赞》

注：现藏于日本京都国立博物馆，图片选自《遇见宋版书》。

物，有背景，以细腻的笔触反映了佛教思想和南宋的风俗，又含有教化功能，可谓通俗易懂。其中的童子形象变化多端，虽然并不精致，但具有写实风格。建筑、风景都具有中国画写意的风格。该书的这种插图也开启了中国古代连环画的早期形式，一个统一的主角形象连续在多个场景中出现，极具故事性和场景感。

此外宋代佛经的印制在用纸和封面上也极具用心。如宋皇佑三年（1051年）刊本《妙法莲华经》用宋代名纸金粟山藏经纸印制，以桧木做封底封面，封面中央刻有金字。

综上，佛教的世俗化、平民化和僧人的儒学化使得两宋时的佛教传播在内容、形式和观念上对两宋书籍产生了影响。

三、书坊刻书：书籍设计的商品化与个性化

"书坊刻书称为坊刻本。书坊多由书商经办。这些书商有的本身是藏书家、出版家，他们同时兼事编撰刻印，或接受委托，刻印和售卖书籍。书商刻书作为商品流通，适应社会需求，以营利为目的……书坊往往以书斋、书轩、书林、书堂、书肆、书棚、经籍铺、书籍铺和纸马铺命名。[1]"

孟元老的《东京梦华录》卷三里记载"寺东门大街，皆是幞头、腰带、书籍、冠朵铺席"，相国寺"每月五次开放，万姓交易"，"殿后资圣门前，皆书籍玩好图画"[2]。可见当时的北宋开封有不少书铺书坊。到了南宋，杭州、婺州、福州、建阳等地的书坊发展更盛。浙江地区的杭州，南宋称临安府，五代时就有发达的刻书业，既有技术熟练的刻书工人，附近也出产上好的纸张和墨。临安著名的书坊有猫儿桥河东岸开笺纸马铺钟家、荣六郎家书籍铺、贾官人经书铺、太庙前尹家书籍铺、棚北大街陈宅书籍铺等。而福建地区多山林竹木，造纸业也非常发达，因此，福州和建阳都成为刻书中心地区。建阳在宋代号称"图书之府"，麻沙、崇化书肆林立，有余仁仲的万卷堂、黄善夫家塾、蔡梦弼东塾、黄三八郎书铺、蔡琪一经堂、麻沙镇水南刘仲吉宅等。也有学者将家塾刻本归为私刻本，如黄善夫家塾所刻《史记》，后世对其刻印评价极高。表4-4为两宋期间书坊刻书举要。

---

[1] 张煜明.中国出版史［M］.武汉：武汉出版社，1994：50-51.
[2] 孟元老.东京梦华录［M］.王莹注，译.北京：中国画报出版社，2016：75-78.

表 4-4 两宋期间书坊刻书举要

书 坊	书 名	现 存
浙江杭州猫儿桥河东岸开笺纸马铺钟家	《文选》	中国国家图书馆、北京大学
浙江临安府贾官人经书铺	《妙法莲华经》	中国国家图书馆
临安府众安桥南街东开经书铺贾官人宅	《佛国禅师文殊指南图赞》	日本东京艺术大学、大谷大学
浙江临安府陈宅书籍铺	《唐女郎鱼玄机诗》	中国国家图书馆
浙江临安府太庙前尹家书籍铺	《续幽怪录》	中国国家图书馆
浙江临安府太庙前尹家书籍铺	《搜神秘览》	日本天理大学附属天理图书馆
浙江临安府荣六郎家	《抱朴子内篇》	辽宁省图书馆
江西婺州金华双桂堂	《梅花喜神谱》	上海博物馆
江西婺州义乌青口吴宅桂堂	《三苏先生文粹》	上海图书馆、中国国家图书馆
江西婺州吴宅桂堂刻、东阳胡仓王宅桂堂修补	《三苏先生文粹》	中国国家图书馆
福建东阳崇川余四十三郎宅	《新雕初学记》	日本宫内厅书陵部
福建东阳魏十三郎书铺	《新雕石林先生尚书传》	日本静冈清见寺
福建建安刘叔刚一经堂	《附释音春秋左传注疏》	中国国家图书馆、台北故宫博物院
钱塘王叔边	《后汉书》	中国国家图书馆
福建建安蔡琪一经堂	《汉书》	中国国家图书馆
福建建安蔡琪一经堂	《后汉书》	日本静嘉堂文库
福建建宁府黄三八郎书铺	《钜宋广韵》	上海图书馆、日本内阁文库
福建建安余仁仲万卷堂	《春秋公羊经传解诂》	中国国家图书馆、台北故宫博物院
福建建安余仁仲万卷堂	《新编近时十便良方》	中国国家图书馆
福建建阳崇化书坊陈八郎宅	《文选》	台北"国家图书馆"
福建建阳麻沙刘通判宅仰高堂	《纂图分门类题五臣注扬子法言》	中国国家图书馆
福建建阳麻沙刘通判宅仰高堂	《音注河上公老子道德经》	台北故宫博物院

续　表

书　坊	书　名	现　存
福建建安江仲达群玉堂	《二十先生回澜文鉴》	南京图书馆
四川眉山书隐斋	《新刊国朝二百家名贤文粹》	中国国家图书馆等
建阳黄善夫家塾	《史记》《后汉书》	中国国家图书馆

注：参考《宋书》《书林清话》。

（一）书坊刻书的鲜明特色

纵观当代中国有不少特色出版社和出版公司，它们善于把握市场需求，以某一选题见长，在内容和设计风格上都形成了自己鲜明的风格，比如以文学书见长的磨铁、以青春励志文学见长的果麦文化、以生活方式书籍见长的浦睿文化等。

有宋一代，书坊往往根据市场需要，刻印一些广受欢迎的书籍，例如民间大量出现苏轼作品的注释本和三苏文章的合刻本，至今仍存在多种民间书坊刻印的三苏文章的合刻本。士子阶层的广泛需求，催生了三苏文章的一刻再刻。此外，书坊为了在市场中赢得一席之地，除了迎合社会需要以外，还专注于某一特色，比如贾官人经书铺以刻佛经、佛画闻名，太庙前尹家书籍铺以刻印说部书为特色（《续幽怪录》《搜神秘览》《历代名医蒙求》，见图 4-12）。

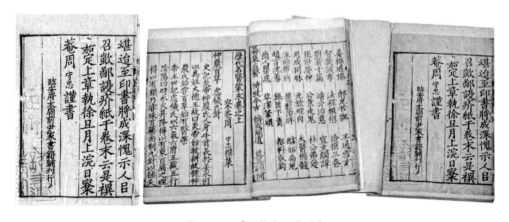

图 4-12 《历代名医蒙求》

注：临安府太庙前尹家书籍铺刊行，现藏于台北故宫博物院。

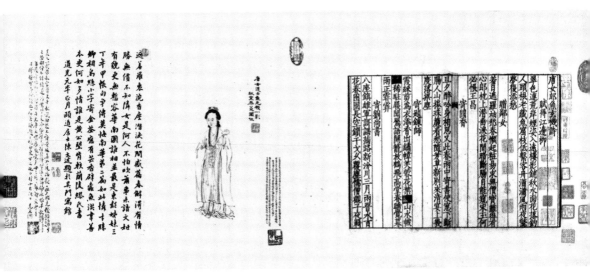

图 4-13 《唐女郎鱼玄机诗》

注：宋临安府陈宅书籍铺刻本，现藏于中国国家图书馆，图为清代藏书家黄丕烈请人所画加扉页图，图片来自《汉籍数字图书馆》。

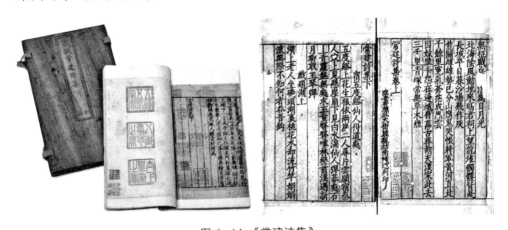

图 4-14 《常建诗集》

注：宋临安府陈宅书籍铺刻本，现藏于台北故宫博物院，图片选自《大观：宋版图书特展》。

在书坊中，临安府棚北大街睦亲坊南陈宅也是其中颇为著名的一家。印书家、诗人陈起，以"棚本"为名刊印唐宋诗集，特别是关注一些不太知名的中下阶层诗人，如高适、常建、周贺、张籍、王建、鱼玄机等。现存宋本中，比较有名的《唐女郎鱼玄机诗》（见图 4-13）、《常建诗集》（见图 4-14），它们都是陈宅书籍铺刻本。

陈宅位于临安府棚北大街，从南宋宁宗中期（1210 年左右）开始，前后两代刻书，经历大约七十年。《潜志·京城图》有记载："睦亲坊与近民坊平列，中隔御街。御街之对面即戒民坊一带，戒民坊一带之后即御河。河有棚桥，故此一带街巷皆以棚名。其街甚长，故分南棚、中棚两巷，尾至棚北大街。[1]" 根据叶德辉的考证，由于当时宗学多立，故睦邻坊俗称宗学巷，近处多书坊，而陈姓尤盛。台北故宫博物院出版的《大观：宋版图书特展》[2] 里有介绍陈起及其子陈续芸经营书铺的状况，其中陈起以唐代诗文为主，其子以宋代时人著作为主。陈起，字宗之，也称陈解元、陈道人。陈起本人饱读诗书，除开书肆之外，有藏书楼名"芸居楼"，颇有品味。

作为一个书商，他曾考取功名，具有一定的文化品位与文化理想，他与当时江湖派诗人刘克庄、许棐、叶绍翁等多有来往，并且互有赠诗。作为江湖诗派中的一员，陈起通过出版的方式出版了大量江湖诗派诗人的作品，也使得江湖诗派能以群像的方式在中国文学史上留下有力的一笔。江湖诗派出现于南宋晚期，其成员构成已经包括了江湖游士、秀才文人和社会底层的有识之士。江湖诗派作品的出版标志着两宋的书籍出版从北宋初期的皇家主宰和上层的文人士大夫的著述表达延伸到了更广泛的社会阶层。书籍作为一种媒介，具有了更广泛的影响力。陈起曾刊刻《江湖集》，被当朝宰相史弥远指称有诽谤朝臣之嫌而入狱获罪，后被赦。根据叶德辉的统计，有 17 位士人都曾写诗赠予陈起，刘克庄有诗《赠陈起》，"陈侯生长繁华地，却似芸居自沐薰"。赵师秀也有诗《赠卖书陈秀才》，"四围皆古今，永日坐中心。门对官河水，檐依柳树阴。每留名士饮，屡索老夫吟。最感春烧尽，时容借检寻"[3]。从这些诗中，可见陈起在当时江湖派诗人中的地位。从陈家书铺的发展，可以看出当时书坊所在的环境（叶绍翁"官河深水绿悠悠，门外梧桐数叶秋"，许棐"买书人散桐阴晚，卧看风行水上文"，危积"兀坐书林自切磋，阅人应似阅书多"），以及书坊是如何和士人互动的（叶绍翁称陈起为武林陈学士，有《赠陈宗之》，"十载京尘染布衣，西湖烟雨与心违。随车尚

[1] 叶德辉. 书林清话 [M]. 北京：华文出版社，2012：58.
[2] 林柏亭. 大观：宋版图书特展 [M]. 台北：故宫博物院，2015：178.
[3] 叶德辉. 书林清话 [M]. 北京：华文出版社，2012：51-52.

有书千卷，拟向君家卖却归"；许棐也有诗《陈宗之叠寄书籍小诗为谢》，"君有新刊须寄我，我逢佳处必思亲"；还有黄简的"独愧陈徵士，赊书不问金"）[1]。书坊刻书不仅仅是商品，也是士人精神的寄托（徐从善《呈芸居》，"梦抛三尺组，书敌几籝金。何以谋清隐，湖山风月林"）[2]。由此可见士人文化与书籍文化之间的互动和影响。陈起所选唐代诗人也多不是达官显贵，而是偏中下层的诗人，比如出身低微的晚唐女诗人鱼玄机、仕途不顺的中唐诗人常建等。在内容上，南宋晚期的出版也更加平民化、个性化。在装帧设计上，陈起出版的书在内容上具有特色，刻本也校勘精良，纸墨工料皆精良，刻印精美，字体为欧体，纤秀雅致，版式疏朗，体现了南宋晚期文人崇尚清逸、闲适、空灵的审美特征，被后世所称赞。

（二）书籍装帧的创新举措

书坊刻书为获利，特别注意推广，因此在书籍设计中有不少创新，包括巾箱本、图文本、牌记以及相关跋文。其中，虽然巾箱本最早在晋代葛洪时就有，但在南宋才开始将小的刻本称为巾箱本。据叶德辉介绍，"南宋书坊始以刻本之小者为巾箱本"，在嘉定年间，学官杨璘上奏"禁毁小板"，但是之后又盛行起来，用作"第挟书非备巾箱之藏也"[3]，可见当时是为了士子考试作弊而用的这一版本可以说是屡禁不止（满足类似需求的还有夹袋册，也就是口袋本）。例如前文中提到的《石壁精舍音注唐书详节》就是巾箱本。现存于台北故宫博物院的婺州本《点校重言重意互注尚书》高 10.2 cm，宽 6.7 cm，也是典型的巾箱本，主要是为科举所用的参考书。这种书可与头巾放置在巾箱内，能随身携带，对于准备考试的学子来说很是便利，可以说是书坊为迎合市场而特别推出的一种版本。该书的书名也是为了迎合市场所定，在内容上，该书有点校，即加了句读，有圈点，也经过了校对；有重言，就是有重复出现的经句；有重意，就是意同而句相似；有互注，就是引用其他经书的句子，与本书互相参照。在书籍版式上分别通过黑圈白文标出，可见宋代书坊的用心。不过该书没有撰名，

[1] 叶德辉.书林清话［M］.北京：华文出版社，2012：53-55.
[2] 叶德辉.书林清话［M］.北京：华文出版社，2012：55.
[3] 叶德辉.书林清话［M］.北京：华文出版社，2012：36.

可见作者不为留名后世，当然其校勘质量也值得推敲。类似的版本还有纂图互注本、附释音本、附音重言互注本、监本纂图重言重意互注点校本、京本点校附音重言重意互注本等。

　　所谓牌记，是一种带有广告性质的坊名商标，既表示版权，也带有宣传意味。例如福建建阳的余仁仲《春秋公羊经传解诂》（见图 4-15）在每卷都有署名，序后还附有书坊主人余仁仲刻书的跋文，卷末有"余氏万卷堂藏书记"。余氏家族世代以印书为业，从 11 世纪起在建阳经营书业，长达 500 年，明代的余氏书坊有二十来家，直至 18 世纪在建安故址仍有余氏书坊。肖东发的《建阳余

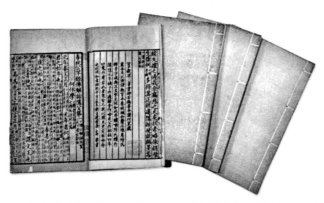

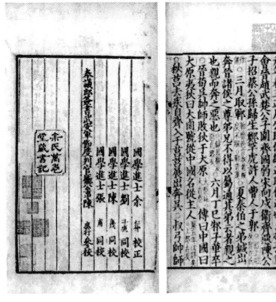

图 4-15　余氏万卷堂，《春秋公羊经传解诂》

注：现藏于中国国家图书馆和台北故宫博物院，图片选自《大观：宋版图书特展》。

氏刻书考略》[1]对建阳余氏历代刻书有全面梳理，如记载了余仁仲平生收集书籍近万卷，以"万卷堂"刻书牌记闻名，刻有《礼记》《春秋经传集解》《春秋公羊经传解诂》《春秋谷梁传》《画一元龟》《王状元集百家注分类东坡先生诗》《重修事物纪元集》（后三种还有待确认是否为余氏万卷堂所刻）等。余氏还在刊记中说明自己多方收集版本，精心加以校对，以强调其书籍品质。

除了牌记等形式的创新外，书坊在书籍印制上也有不少创新，比如在书名上强调纂图互注。万卷堂的《纂图互注重言重意周礼》，不仅有图，有注释，而且将重复出现的词和意思都标明出处，增加上下文联系，便于读者查考。这和我们今天的书籍注释和网络链接颇有相通的地方，只是互联网的链接更为丰富。万卷堂曾经把各家不同的注释汇编在一起，刻印《礼记》，每卷末标注经、注、传、音、义若干字，非常方便实用。万卷堂所刻九经三传还在经文中加句读。元初岳浚在《九经三传沿革例》中说："监蜀诸本皆无句读，惟建本始仿馆阁校书式，从旁加圈点，开卷了然，于学者为便。[2]"

南宋中叶建阳的黄善夫家塾（也有被研究者列入私刻代表）所刻《史记》，将《史记》的三家注合为一书，影响深远。傅增湘在《藏园群书经眼录》卷三中，评价该书"是书精雕初印，棱角峭厉，是建本之最精者"。此书现存于中国国家图书馆，十行十八字，小字双行二十二和二十三字，细黑口，左右双边。卷首牌记写有"建安黄善夫刊于家塾之敬室"，目录后牌记写有"建安黄氏刻梓"。

又比如嘉祐八年（1063年），建安余氏勤有堂刊刻的《列女传》一共8篇123节，共有123幅图，也属创新举措，所刻插图采用了凹版阴刻的技术，黑白对比，画面非常鲜明，屏风、几案、树石等保留墨版，以简单线条勾出纹饰，被誉为小说插图之冠（吴兴刘氏《嘉业堂善本书影》收录宋刊本书影两页）。

（三）书籍装帧设计的实用之道

为了扩大商品的销路，争取在自由竞争中获利更多，书坊一方面维持低廉的价格，另一方面改良品质，形成自己的特色。比如建本图书大多以民间日用的实

---

[1] 肖东发.建阳余氏刻书考略[J].文献，1984（3）：230-247+2.
[2] 岳珂.九经三传沿革例[M].武汉：湖北崇文书局，1877：13.经后代学者考证，《九经三传沿革例》作者应为元代岳浚.

用图书为主，如韵书、类书、史书、经书、前代诗文等。为了节省纸张，在排版上采用密行小字，由此书价也相对低廉。如建安刘日新宅三桂堂刊刻的《童溪王先生易传》于开禧元年（1205年）完成，每半叶有十四行，每行多达二十四字。"建本的特点是多用色黄而薄的竹纸，版式紧凑，字体介于颜、柳之间，笔画横轻竖重，刻印内容广泛，文字质量较差。[1]"

当时的书坊刻书还有盗版之风，包括洪迈的《容斋随笔》被婺州书坊刻为《甚斋随笔》，甚至流通到了皇宫中，而洪迈本人是被孝宗皇帝问起才知道自己的书已经被刻印。

科举取士的制度极大地增加了宋人对书籍的需求。书坊为满足学子的需求，推出了不少价廉实用的书籍。前述所说的一些创新举措其实也是为了满足市场的需要。当然这样的书往往排版密集，虽然谈不上美观，但因为成本低廉，也拥有广泛的读者群。

综上，宋代书坊刻本是两宋书籍中重要的一支，与官刻本相比，书坊为了在竞争中获利，在书籍装帧设计上进行了很多适合普通大众、物美价廉、特色鲜明的改良设计。同时书坊也是两宋书籍传播体系中重要的一环，书坊主人在与士人的互动中，其精神与审美理念也一同影响了两宋书籍。从诗词到宋画，北宋和南宋因为社会背景的不同，其风格也有各个历史时期的特点，特别是南宋的偏安一隅带来的怀旧、内敛、清雅，甚至悲愤等情感都影响了南宋的美学特征。这在书籍美学表现上虽然不明显，但是从南宋留存的书籍来看，其在形式和内容上还是统一的，比如南宋陈起、廖莹中刻印的书。今天留存的宋代书籍大多是南宋刻本，南宋书籍的选题和呈现也更具有个性化意识，比如杭州书坊主、江湖诗派诗人陈起就大量刊印了唐宋诗文集。以陈起为核心，形成了一个文化群落，聚集了一批江湖派诗人，通过人际交往和书籍出版的方式，推动了地域文化和江湖诗派的发展。而江湖诗派的士人审美方式也体现在当时的书籍出版中。书籍印制这种个性化的表达在士人私刻中更为明显。书坊以地域为标志，形成了各地鲜明的特征，有些书坊历经数代，在书籍的后世流传中发挥了重要作用。

---

[1] 张丽娟，程有庆.宋本［M］.南京：江苏古籍出版社，2002：16.

四、士人印本：书籍装帧设计的精致化

（一）反映北宋文化秩序建立的书籍出版

私刻，也称家刻，始于五代杜审知、毋昭裔。五代时后蜀宰相毋昭裔曾经私人出资刊刻过《九经》《文选》《初学记》《白氏六帖》。私刻本主要不是为了盈利，而是由士人主持刊刻，为了流传、保存自己或者亲友的著作，但也有学者认为宋代士人自己出任地方官时主持刊刻的官刻书籍和完全自己出资刊刻的书籍还存在界定不清的情况，同时部分家塾刻书和私宅刻书也有不易区别的问题。但总的来说，士人主持的刻书往往将藏书、著书、校书、刻书各个环节融合，校勘认真，雕刻讲究，用纸优良，和书坊牟利刻书有很大不同，对于宋代诗文传统的发扬，对于书籍品位的提高，都起到了积极的传播作用。例如南宋周必大刊刻的《文苑英华》校刻时间长达四年，其成果还汇集为《文苑英华辨证》，是古代的校勘代表作品。清代叶德辉曾经评价私家刻本"大抵椠刻风行，精雕细校，于官刻本外俨若附庸之国矣[1]"。

如前文所述，宋代尚文抑武，科举取士和教育的发展使得宋代知识阶层比前代大为扩展，北宋前期相对平和发展的社会也使得知识阶层有更多的时间投入人文活动中。田建平在《宋代书籍出版史研究》中指出，私家出版兴盛的原因有三个：一是文官制度，书籍出版有着文官追求名利、捞取文化资本、教育子女的功利目的；二是教育发达，大批读书人通过书籍出版维护公共价值观；三是新生文化，作为新生事物，吸引了众多士人参与[2]。可以认为，私家出版也和当时的复古运动有关，柳开、穆修、曾巩、欧阳修等推崇古风，收藏善本，多加校正，通过书籍出版表达自己的文化诉求。有志之士担心古籍湮没，希望推崇前辈功业文章，也本着精益求精的精神广集善本，精心校勘。

宋代文人有大量的著述产生，也诞生了不少藏书家，目前文献中关于北宋士人参与刻书活动的描述虽不多见，私家刻本传世也非常少见，但已可从零星的文

[1] 叶德辉.书林清话［M］.北京：华文出版社，2012：88.
[2] 田建平.宋代书籍出版史研究［M］.北京：人民出版社，2018：131.

献中推想当时的情景。北宋人魏泰在《东轩笔记》中记载："（穆修）晚年得《柳宗元集》，募工镂板，印数百帙，携入京相国寺，设肆鬻之。[1]"北宋文学家穆修，不满当时的西昆体文风，在宋初文坛发起复古运动，力主恢复韩愈、柳宗元散文传统。他曾亲自校正、刻印韩柳文集，在开封相国寺售卖。穆修在天圣元年（1032 年）所著的《唐柳先生集》后序中也曾说明自己广为收集韩愈、柳宗元文章善本，加以注释订正，使其流传后世[2]。欧阳修在《记旧本韩文后》也曾比较家蜀刻本《昌黎先生集》，说其"文字刊废刻颇精于今世俗本，而脱谬尤多。凡三十年间，闻人有善本者，必求而改正之"[3]。此后，北宋末期政和四年（1114年），校书郎沈晦也曾参照穆本、京师本、曾丞相家本、晏元献家本进行参考互证，全面勘定，经过穆修和沈晦二人两次大规模的编集、订正后，体例、文字基本成型，奠定了后世编集的基础[4]。由此可以看出，当时的士人虽然较少身体力行地参与刻书过程，但在撰写编校过程中传达了自己的价值观。同时士人刻书延续了文人士大夫认真藏书、校书的传统。在宋以前，文人以抄书为主，特别注意书籍内容的准确性，在雕版印刷盛行后，为了保证雕刻的准确度，士人往往多方比较，精心校对，选取正确的版本加以刊刻，形成善本。

在现存为数不多的北宋刻本中，现藏于中国国家图书馆的北宋刻本《范文正公文集》，据藏书家傅增湘考证，被认为是北宋钦宗以前刻本，半叶九行，行十八字，也有可能是范氏家族刻本[5]。

上述文人墨客参与刻书，将自己的价值判断和审美标准赋予在书籍出版中，比如欧阳所著的《集古录》，引领了北宋文物鉴赏风气。美国学者倪雅梅认为，宋代文人在古文运动中建立了基于儒家思想的文化标准，同时使这种观念超越了文学和哲学，进入了文人的高雅艺术实践中。颜真卿的书法地位在宋代的确立也是源于颜真卿所代表的具有人格魅力的儒家精神[6]。在两宋书籍中，颜体的大量

［1］魏泰.东轩笔记［M］.台北：台湾商务印书馆，1983：430.

［2］穆修.《唐柳先生集》后序［C］// 柳宗元.柳宗元集.北京：中华书局，1979：1444.

［3］李道英.唐宋八大家文选［M］.海口：南海出版公司，2005：289.

［4］王永波.《柳河东集》在宋代的编集与刊刻［J］.青海师范大学学报（哲学社会科学版），2016，38（2）：93-99.

［5］尾崎康.宋代雕版印刷的发展［J］.故宫学术季刊，2003，20（4）：167-190.

［6］倪雅梅.中正之笔：颜真卿书法与宋代文人政治［M］.杨简茹，译.南京：江苏人民出版社，2018：25.

使用除了有其结构方正、横轻竖重、易于刻印的特征外，其中正、准确、庄重、严峻的风格也和宋代文人士大夫的观念是一致的。

（二）南宋文化秩序在书籍出版中的传承与变化

及至南宋，士人刻书现象更为普遍。现存南宋刻本也较多，洪氏三兄弟、陆游父子、周必大、朱熹都是其中的代表人物。张秀民先生在《中国印刷史》中列举的南宋文人参与刻书的多达百余人。

洪适、洪遵、洪迈在南宋文坛号称"鄱阳三洪"，著述丰富，历任中央、地方官员，曾经主持刊刻了不少自己的著作，还刻印了亲友先贤的作品，是南宋初年士人刻书的代表，有些书是以官府出资刊刻，有些则是公私兼办。如洪迈所刻《万首唐人绝句》，就分两次刻印，第二次是在他回到鄱阳家中，"乃雇婺匠续之于容斋，旬月而毕"。洪氏三兄弟刻书主要分为四类：一是自己的著作，如洪适的《隶释》《隶续》、洪遵的《翰苑群书》、洪迈的《夷坚志》；二是父亲的著作，如《鄱阳集》《松漠纪闻》；三是和任职地方文化有关的前人文集，如《论衡》《元氏长庆集》《万首唐人绝句》等；四是实用医学类书籍，如洪遵所刻《洪氏集验方》《伤寒要旨药方》。洪氏将自己的视野见闻和审美标准都融入在所刻书籍中，从书籍设计的角度看，尽管他们所刻书籍仍然遵循了宋本的普遍版式规律（如《洪氏集验方》《药方》九行十五字或十六字，有界栏，白口，左右双边），但是从内容编排和信息设计的角度看仍有参考意义，如洪遵于1170年在姑孰郡用公文纸刻《洪氏集验方》，将167方分载于伤寒、中风、霍乱等病症中，每方还包含药物、剂量、制法、服法以及简要论述。书中有标点，有双行小注。疗效和治疗范围的叙述为十六字，炮制方法和服用方法的叙述为十五字，低一格处理，所用药物名字用大字，所需剂量用小字做注，药物之间有空格，条理清晰；书口鱼尾下刻"集验方"，然后有卷次、页次、刻工名。字体为楷体，不是宋版书常用的欧体或颜体，而是偏王羲之《黄庭经》的笔法，疏朗而典雅。

历来被藏书家称道的宋代私家刻书的代表人物是南宋政治家、文学家周必大。他为后世留下《欧阳文忠公集》《文苑英华》两部巨著，同时文献还记载他曾经采用沈括所载的活字印刷法进行刊印活动。他在孝宗时曾历任兵部侍郎、吏部侍郎、翰林学士、右丞相、左丞相等职。作为欧阳修的同乡后辈，周必大在晚年勘校《欧阳文忠公集》，从绍熙二年（1191 年）到庆元二年（1196 年），历时六年完成 153 卷的编辑整理。其特点是在体例上，将文集、笔记、杂著等多种文体汇聚在一起。而且从信息设计的角度来看，该书还创新了在目录中一一著录作品系年的方式。该书半叶十行，每行十六字，注文为双行，左右双边，现藏于日本天理大学附属天理图书馆、北京图书馆、台北"国家图书馆"、日本宫内厅书陵部。嘉泰元年至四年（1201—1204 年），周必大逝世前又以私人之力主持刊刻了皇皇巨著《文苑英华》。该书为北宋时期李昉等人奉太宗之旨编纂，于 982 年到 987 年，历时多年完成，汇集历代诗文两万余篇，选录作家达到 2 200 余人，全书一千卷。北宋年间一直未有《文苑英华》的刊刻记录，直到周必大，才有刻本传世。"此本开本宏朗，刻成后进呈内府，内府用黄绫装封，庋藏于南宋皇家藏书楼——缉熙殿。当年千卷巨帙，每十卷装为一册，共计百册。[1]"该书保留宋代蝴蝶装原有装帧形式，残本现藏于中国国家图书馆、台湾"中央研究院"历史语言研究所。从中国国家图书馆所藏书看，该书有墨戳一行："景定元年（1260）十月二十六日装褙臣王润照管讫"字款。王润是宋代内府的装背匠，为方便阅读，该书在每卷的首尾页边，分上中下部位，还粘有红色、黄色和绛色小绫片，可谓创新之举[2]。

　　与周必大同时代的另一位士大夫陆游曾经在跋《历代陵名》中批评士人刻书"近世士大夫所至，喜刻书版，而略不校雠，错本书散满天下，更误学者，不如不刻之愈也[3]"。陆游曾先后主持刊刻《陆氏续集验方》《钓台江公奏议》《世说新语》《刘宾客集》《新刊剑南诗稿》《岑嘉州诗集》《皇甫持正集》《高常侍集》《南史》《花间集》《春秋后传》等，其子陆子遹刻有著名的《渭南文集》《老学庵笔记》《徂徕集》《逍遥集》等[4]。上述书籍都是陆游父子在任地方官时期的刻书。陆子遹任溧阳令时，命溧阳学宫刊刻的《渭南文集》多达五十卷，刻工有近三十人。该书半叶十行，每行十七字。

　　在士人私刻中，理学家朱熹不仅是大思想家，也是杰出的出版家。田建平、

[1]　陈红彦.文苑英华（善本故事）[N].人民日报海外版，2005-10-14（7）.
[2]　张秀民.宋元的印工和装背工[C]//张秀民印刷史论文集.北京：印刷工业出版社，1988：113-117.
[3]　陆游.渭南文集校注（三）[M].杭州：浙江古籍出版社，2015：162.
[4]　张丽娟，程有庆.宋本[M].南京：江苏古籍出版社，2002：70-74.

曹之、方彦寿、马刘凤和张加红等当代学者对朱熹刻书的目的、举要、特点、文献学价值、刻书工场的考证以及其理学出版观都有详细分析，本文就不加以叙述。朱熹一生出版书籍达40多种，将著述、编辑、刻印、教育、发行融为一体，涉及经史子集各类。田建平认为，朱熹通过躬身实践书籍出版，完整地传播了自己的理学思想，并以实事求是、精益求精的精神践行着理学思想。他不仅精心校书，多方求证，而且打击盗版行为、抨击出版腐败、节约出版成本，成为后世出版效法的典范（见图4-16）。

也有私宅翻刻前朝士人编刻的书籍，比如南宋淳熙元年（1174年）由锦溪张监税宅刊刻的《昌黎先生集》（见图4-17），就是翻刻自绍兴九年广东潮州官本。刘昉在该书的后序中记录他的父亲曾经"集京、浙、闽、蜀所刊凡八本，及乡里前辈家藏赵德旧本，参以所见石刻订正之，疑则两存焉。又以公传志及他人诗文为公而作者，悉附其后，最为善本。郡以公庙香火钱刊行，资其赢以葺祠宇。中经兵火，遂无孑遗。今郡中访得先大夫所校旧本重刊之，属昉

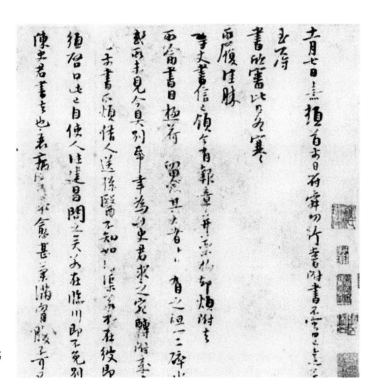

图4-16　朱熹《行书十一月七日帖》

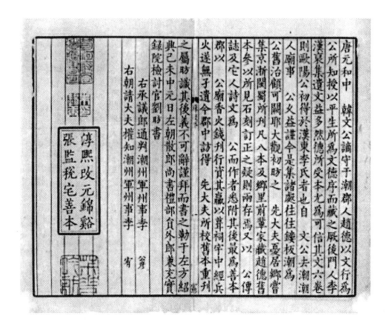

图 4-17　张监税宅刊
刻的《昌黎先生集》
注：现藏于台北故宫博
物院，图片选自《大
观：宋版图书特展》。

识其后[1]"。从这篇序文中可以看出这本文集不仅校勘认真，还增加有外集、附录，并且该书在刊刻后的获利还能资助祠宇修缮，可见韩愈文章在南宋的风行程度。该书现藏于台北故宫博物院，版宽高 17.3 cm，宽 10.3 cm，每半叶十一行，每行二十字，小注夹行，也为二十字，字体精严，古拙质朴。

南宋另外一位有名的出版家、刻书家是建阳的廖莹中，曾刊刻《五经》《韩愈文集》《柳宗元文集》，其九经刻本以校勘严谨认真、刻印精雕细琢、纸墨材质优良、装订细腻美观著称。清代丁日昌的《持静斋书目》记载："宋廖莹中世彩堂精刊本……相传其刊书时用墨皆杂泥金、麝香为之。此本为当时初印，字一律皆虞欧体，纸宝墨光，醉心悦目。[2]"廖所刊刻的《昌黎先生集》（见图 4-18），半叶九行，每行十七字，字体兼参褚遂良和柳公权楷书风格，纸墨莹洁。

此外值得一提的是，南宋绍熙年间（1190—1194 年），由四川眉山程舍人宅刊刻的《东都事略》有着中国书籍出版史上最早的版权声明，该书目录后的牌记写着"眉山程舍人宅刊行，已申上司，不许覆版"。该书一百三十卷，为纪传

[1] 曾楚楠.韩愈在潮州［M］.广州：暨南大学出版社，2015：20.
[2] 丁日昌.持静斋书目［M］.上海：上海古籍出版社，2008：412.

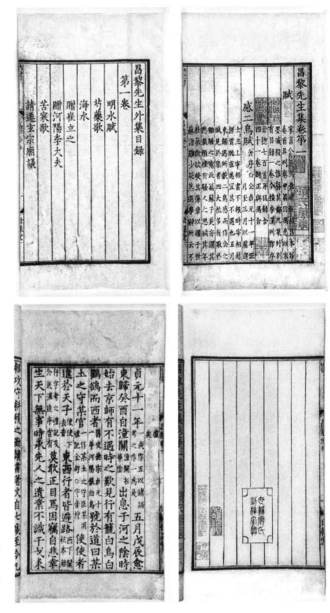

图 4-18 世彩堂,《昌黎先
生集》

注：现藏于中国国家图书馆，图
片选自世界数字图书馆。

体的北宋九朝史，由眉州人王称撰写，是著名的私修史书。该书版框高 18.9 cm，
宽 12.9 cm，半叶十二行，每行二十四字，双鱼尾，左右双栏。

朱迎平认为，南宋文人参与刻书，对于宋代文化、文学的发展具有重要意

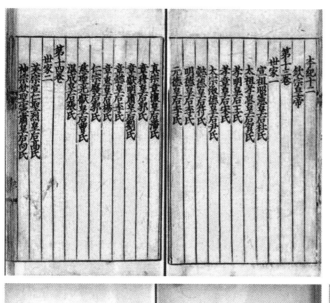

图4-19 《东都事略》

注：明代刻本，用南宋木版刻印，现藏于台北"国家图书馆"，图片选自世界数字图书馆。

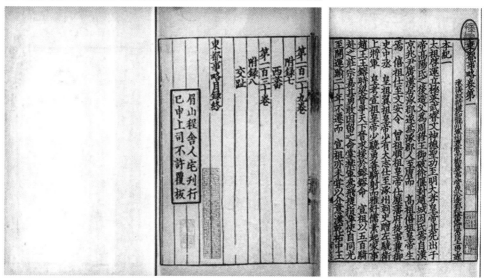

义，一是提升了整个行业的品位，二是形成了优良的刻书传统，三是促进了文学作品的广泛传播[1]。此外，观察两宋书籍的读书观和使用场景还可以发现，书籍不仅仅用于知识的获取，也是宋代文人身份地位的象征以及作为彼此之间赠送礼

[1] 朱迎平. 南宋文人参与刻书活动初探［C］// 邓乔彬. 第五届宋代文学国际研讨会论文集. 广州：暨南大学出版社，2009：16-27.

品的选择。因此，书籍的印制、使用、收藏和传播也体现了宋代文人的生活状态和氛围。表4-5为两宋期间私宅刻书举要。

表4-5　两宋期间私宅刻书举要

时　间	刻书单位	书　　名	现　藏
	廖莹中世彩堂	《九经》	中国国家图书馆
	廖莹中世彩堂	《河东先生集》	中国国家图书馆
		《昌黎先生集》	中国国家图书馆
1201—1204	周必大	《文苑英华》《欧阳文忠公集》	中国国家图书馆
	楼氏	《攻媿先生文集》	北京大学图书馆
	崔尚书宅	《北碉文集》	中国国家图书馆
	眉山程舍人宅	《东都事略》	台北"国家图书馆"、静嘉堂文库
	安仁赵谏议宅	《南华真经》	台湾"中央研究院"历史语言研究所
	王抚幹宅	《颐堂先生文集》	南京图书馆
1174	临安锦溪张监税宅	《昌黎先生集》	日本宫内厅书陵部
	祝太傅宅	《新编四六必用方舆胜览》	日本宫内厅书陵部
	鹤林于氏家塾栖云阁	《春秋经传集解》	中国国家图书馆
	饶州德兴县银山庄溪董应梦集古堂	《重广眉山三苏先生文集》	北京大学图书馆、台北"国家图书馆"
	邵武东乡朱中奉宅刊	《史记》	日本武田科学振兴财团杏雨书屋

注：根据《宋本》《书林清话》整理。

五、本 章 小 结

两宋书籍继承了唐朝和五代的雕版印刷技术和书籍形态。本章主要从观者

（传播者）和受者的角度考察了两宋书籍的出版方，从中央到各级各地政府，从寺院道观、民间书坊到私家印刻，都广泛参与到书籍出版中，不仅成为两宋政治意识形态和文化传播的实施者，也是书籍标准的制定者和推动者，以及书籍的阅读者，他们影响着书籍物质形态的内外状况。其中从国子监到各地地方政府以丰厚的财力促成了两宋官刻书籍的规模化出版，确立了书籍的标准；宗教典籍的出版则将宗教、儒家意识形态和世俗生活连接在一起，形成儒学化和世俗化的特征；民间书坊是两宋书籍实用化的重要推动者，也在创新和商业发展上起到了积极的促进作用；士人主持的刻书活动则将藏书、著书、校书、刻书融合，推动了宋代文化和文学的发展。

两宋书籍制度和标准的设立和确定是由以皇权为中心的顶层设计开始，通过中央、各级地方政府、寺院、道观、书院、书坊以及士人不断普及和下沉，最终促成了宋代雕版印刷书籍的辉煌。儒释道一体的意识形态的主导、政治资源的倾斜、经济资本的参与、社会文化氛围的孕育，共同推动了宋代书籍的出版，同时在其中也呈现出皇权、文人士大夫和平民之间话语权的引导、对抗与妥协的张力和过程。宋代创立了世界上最早的书籍审查制度，同时不断针对民间出版颁布诏令，明确禁止一些内容的出版。北宋之初更多的是以宋太祖、宋太宗和宋真宗三代皇帝为主导的文化秩序的奠定，北宋中期，文人士大夫试图通过参与政治活动，通过书籍出版获得自己的话语权；在仁宗皇帝时期，开始了书籍审查制度（事前审查与事后监察），出版者需要将准备印刷出版的书稿送到就近的审查机构进行审查，当内容、思想和表述上都没有问题时才可以开版雕印，同时宋仁宗时期还设立了样本审查制度；靖康之变后，宋室南渡，呈现出新的出版格局，也更多地激发了地方和民间书籍生产和知识生产的活力，使书籍从形式到内容都有了多元化的发展。

下一章，笔者将回到观·物中物的角度，从书籍的物质形态出发，以中国传统的设计原则"天有时，地有气，材有美，工有巧"为核心分析两宋书籍的特征，看其如何体现了传统的观·物理念。

第五章 道器合一的两宋书籍装帧设计形态

纸屏石枕竹方床，手倦抛书午梦长。

蔡确《夏日登车盖亭》

前面篇章，从观念层、组织层（文化环境到组织制度）角度分析了两宋书籍文化，本章将继续从物质层对书籍设计做具象分析。"书籍构成的物质形态包括文字、文字载体、载体材料、材料形状以及装帧形制等。[1]"中国古人讲，技以载道，技进乎道，道器合一，都是在强调技与道、器与道的辩证统一关系。书籍设计连接了作为精神文化的书籍内容和作为物质载体的书的形式。如果从造物设计的角度看，将书的内容看作道，将书的形式看作器，那么书籍装帧设计作为技就是道与器的连接点，承载了道，而观·物的理念就是这个连接点的起始点，也蕴含着道。"道可道，非常道……故常无，欲以观其妙；常有，欲以观其徼"（《道德经》第一章）。造化的微妙、自然的极限都是在观察万物的有无之间开始的，对其规律和本源的把握是设计的前提。

中国已知的第一部系统的手工业工艺技术著作《考工记》曾提到，"天有时，地有气，材有美，工有巧。合此四者，然后可以为良"[2]，这是中国古代非常重要的设计原则，它同样适用于两宋书籍设计。顺应天时、适应地气，选取好的材料，运用精巧的工艺，就可以制作良好的物事。将造物分为天、地、材、工四个

---

［1］ 李致忠.中国古代书籍［M］.北京：中国国际广播出版社，2010：6.

［2］ 徐飚.成器之道：先秦工艺造物思想研究［M］.南京：南京师范大学出版社，1999：134-136.

要素，是对天地万物仰观俯察的结果。而如何做到材有美，工有巧，则需要观之以理，格物致知。

一、天有时：顺应自然

所谓天时，一方面指自然条件的季节、时间，也就是按照季节变化来安排造物，另一方面也指时代的背景、社会的发展，是符合时代需求的造物。前文提到，易经中就有"观乎天文，以察时变"和"观乎人文，以化成天下"两个方面。宋人在书籍设计中也践行这两个原则。

第一，宋人文化对四时与二十四节气的重视是天有时的具体表现，它反映了中国各地的季节、气候、物候的变化，也代表着中国人的时间观念。二十四节气的名称首见于西汉《淮南子·天文训》，而早至战国时期，完整的二十四节气已经基本形成[1]。宋人的作品中有大量对气候的观摩、描写，如陆游的《时雨》，"时雨及芒种，四野皆插秧"；梅尧臣的《田家四时》，"昨夜春雷作，荷锄理南陂"。两宋理学家周敦颐、邵雍、二程、朱熹等都关注自然，从自然的变化中理解理的规律。如邵雍的《观物吟》，"时有代谢，物有枯荣。人有衰盛，事有废兴"；程颢的《秋日》，"万物静观皆自得，四时佳兴与人同"，都是在对自然环境的观察中体会万物的变化。宋代山水画家郭熙在《林泉高致》中也有对自然的仔细观摩，以发现其不同，包括四季的变化、烟云的变化、气候的变化、早晚的变化等。

第二，两宋书籍出版中的造纸环节、印制环节以及藏书环节都遵循着时令的规律。例如造纸所用竹子就是在夏至时截竹成段，入水漂浸，百日后，去壳去皮，入桶煮八昼夜。印书所用的墨需要贮存几年，经过伏暑去除臭味。宋费衮《梁谿漫志》谈到了宋人藏书如何利用天时，并记载了司马光的读书法，"吾每岁以上伏及重阳间，视天气晴明日，即设几案于当日所，侧群书其上，以曝其脑。所以年月虽深，终不损动[2]"。

---

[1] 艾君.二十四节气的内涵以及文化传承价值［J］.工会博览，2019（35）：40-43.
[2] 叶德辉.书林清话［M］.北京：华文出版社，2012：7.

第三，在内容上，古代书籍中对时令的内容组织、信息安排也体现着古人对天时的重视。《汉书·艺文志》中就著录有大量历书，到宋代，更有官修历书刊行，如《乾元历》《仪天历》《崇天历》《明天历》《观天历》等，其种类之丰，数量之多都超过前代。中央政府太史局所设的印历所，是中国最早设立的专门刻印历书的机构[1]，可见宋代官方对于历书的重视。在民间，也有不少私家刻印历书相关书籍。南宋陈元靓所编撰的《岁时广记》就是一部包罗岁时节日资料的民间岁时记，其内容组织方式以春夏秋冬为大的纲目，通过卷、类目、条目三级分类体系，按照时节顺序（包含宋代众多时令），记录各种风俗、起源、传说以及和节令有关的诗词歌赋、奇闻逸事等（如立春打春牛，寒食节禁火等），并且征引了大量文献[2]。这种信息组织方式体现着中国古人的时间思维观念，对今天的信息设计也有参考价值。

"对时间（也就是变化）的关注，对属地文化、地理、气候、习俗等地缘因素的关注，体现的是一种客观的科学的态度，一种对各地不同民族与文化的尊重，一种造物设计与使用者的生活关联的理念，一种在具体的时间、空间的交汇点上的人与周遭的和谐的观念。[3]"这种对天时的关注也是源于宋人在生活生产中对自然环境和气候环境的重视。此外，宋人出版了大量的史学著作，也是对当时历史和社会关注的结果。

二、地有气：因地制宜

所谓地气的内涵，不仅指地形地貌、自然资源，也包括人文资源。《淮南子·地形训》中说，"中土多圣人""衍气多仁，陵气多贪，轻土多利，重土多迟"。书籍设计是自然与社会共同作用的结果，地域性设计不仅有地理特征，也包含有人文特征。

第一，宋人的书籍印制体现在就地取材上。宋代苏易简在《文房四谱》中说，"蜀中多以麻为纸……江浙间多以嫩竹为纸；北土以桑皮为纸；剡溪以藤为

[1]　曹之.古代历书出版小考［J］.出版史料，2007（3）：83-86.
[2]　董德英.陈元靓《岁时广记》及其辑录保存特点与价值［J］.古籍整理研究学刊，2017（6）：42-46.
[3]　邵琦，李良瑾，陆玮，等.中国古代设计思想史略［M］.上海：上海书店出版社，2009：5.

纸；海人以苔为纸；浙人以麦茎稻秆为之者脆薄焉，以麦杆油藤为之者尤佳"[1]。在福建建阳，还出现一种椒纸，就是用胡椒、花椒、辣椒的汁调和染成的纸，是为了防止虫蠹，当地书坊会采用这种纸印制书籍，对书籍用纸形成保护。

在地域上，北宋的印刷业中心主要在成都、眉山、杭州、福州和开封，南宋时则在杭州，闽刻数量最高。此外四川益州和福建建阳也是繁荣的书籍印刻刊行之地。上述地区都有丰富的木材，是书籍出版所需的纸张和雕版的重要原材料产地。著名的《开宝藏》就是在四川益州刊刻的。

第二，刻书中心也受到政治文化的影响。受到政治军事因素和经济文化发展的影响，宋代的刻书中心不断南移。李致忠在《古代版印通论》中提出，从与书籍版印设计有关的坊肆来看，在唐代中叶，长安、四川等地逐渐兴起，进入宋后，汴梁、临安、崇化、麻沙等地，都很有名气，名目新，刻印快，行销广。以四川地区、中原地区、江浙地区、福建地区为核心的书籍出版以地域为中心，产生了一批书坊，并形成了一种传统，同时也以地理空间为媒介，向周边辐射。宋人祝穆在《方舆胜览》中，将雕版印刷视为建宁府土产，而麻沙、崇化有图书之府的称号。根据张秀民先生的统计，北宋刻书的地方可考的有三十余处，而南宋则有近二百处。像严州、湖州、衢州、越州、明州、婺州等处都形成了繁荣的刻书业。江西、江东、两荆、淮东等地也有多个刻书地。

第三，各地书籍也形成了不同的特点，比如蜀本开本宏朗，纸墨精良，字大悦目；江西地区刻本纸白坚韧，版式疏朗，校勘质量较好；浙刻本清秀，建刻本瘦劲，蜀刻本凝重（《宋本》）。宋代叶梦得在《石林燕语》说，"今天下印书，以杭州为上，蜀本次之，福建最下。京师比岁印板，殆不减杭州，但纸不佳；蜀与福建多以柔木刻之，取其易成而速售，故不能工。福建本几遍天下，正以其易成故也"[2]。可见当时对各地刻本已有评价，而闽刻本的流行程度也可见一斑。南宋时期闽刻建本还曾远销日本、高丽。

在字体的选择上，各个地区也有所不同，南宋杭州地区用欧体较多，福建地区用颜体较多，四川地区以颜体、柳体为主，兼有苏体和瘦金体，其字体刊刻风

[1] 钱存训.中国古代书籍纸墨及印刷术［M］.2版.北京：北京图书馆出版社，2002：77.
[2] 叶梦得.石林燕语 避暑录话［M］.上海：上海古籍出版社，1984：70.

格也各有不同。在行款上，各地也有差别，比如有蜀刻唐人集十一行本之称的《李太白文集》（见图 5-1）[1]，以及《骆宾王文集》《王摩诘文集》（现藏于中国国家图书馆）刊刻于南北宋之交，都为每半叶十一行，每行二十字，白口，左右双边。另有蜀刻唐人集十二行本之称的《孟浩然文集》《皇甫持正文集》《孟浩然诗集》（见图 5-2）等于南宋中期刊刻，均为半叶十二行，每行二十一字，白口，左右双边。在纸张的选择上，浙刻和蜀刻多用皮纸，福建多用竹纸。

"地域性造物的集群形式使中国传统造物设计如星罗棋布，造成了灿烂的造物景象。而且集群的形式并非是完全狭隘性的，商业活动、社会变动与文化交流，也为地域造物构建接纳了源源不断的活水，使各地域造物之间不断交流和沟通。[2]"例如在江浙地区，借助于徽州的墨、宣

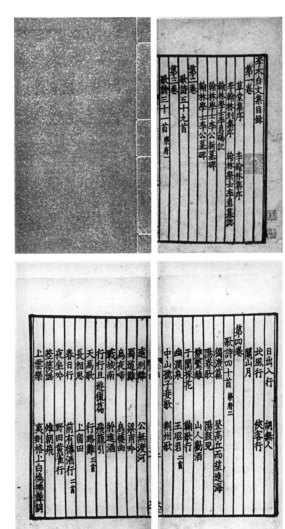

图 5-1 《李太白文集》

注：南宋蜀刻本十一行本，版框 18.4 cm × 11.0 cm，现藏于中国国家图书馆，图片选自世界数字图书馆。

[1] 根据世界数字图书馆的介绍，李白集的第一个刻本是宋元丰三年（1080 年）由苏州太守晏知止所刊，世称苏本。该本由历史学家和文学家宋敏求据王溥家藏的《李白诗集》、唐代魏万所编的《李翰林集》两卷编辑而成，共计三十卷。曾巩又据其类目，详加考订，重加编次。苏本现已无存，现存最早的版本是北宋时期翻刻苏本的蜀本。第三个刻本由缪曰芑印制于清康熙五十六年（1717 年），缪氏得昆山徐氏所藏蜀本，校正刊行，世称缪本。

[2] 李立新.中国设计艺术史论［M］.天津：天津人民出版社，2004：165.

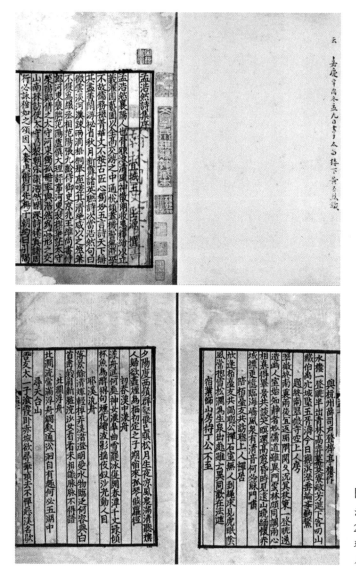

图5-2 《孟浩然诗集》
注：南宋蜀刻本，开本27.6 cm ×
20.1 cm，版框20.0 cm × 14.5 cm，
现藏于中国国家图书馆，图
片选自世界数字图书馆。

城的宣纸，杭州成为重要的书籍出版中心。而且正如我们在第三章所谈到的，书
籍出版所在地也和科举取士的主要来源地形成了对应关系，证明了书籍刻印对文
化和教育普及的作用。宋代书籍出版的这种地域特征一直延续到后朝后代，福建
建阳到明代仍然是有名的书坊积聚之地，而书籍文化直到今天仍然成为不少地方
文化发展的重要文化遗产。

三、材有美：两宋雕版印刷材料

（一）纸坚而洁

在书籍印刷所必需的三个基本条件（木板、墨和纸）中，纸的作用可谓最重要。纸的发明，根据文字记载可以追溯到公元 105 年，蔡伦想出一种方法，以树皮、麻头、破布以及鱼网造纸。《后汉书·蔡伦传》谓："自古书籍多编以竹简，其用缣帛者谓之纸。缣贵而简重，并不便于人，伦乃造意用树肤、麻头及敝布、鱼网以为纸。元兴元年奏上之，帝善其能，自是莫不从用焉，故天下咸称'蔡侯纸'。[1]"这被视为中国造纸术发明的年代，但是纸的制造应该更久远，可以追溯到蔡伦以前。[2] 历代出土实物也证明，在蔡伦以前就有了植物纤维纸，比如西安出土的西汉武帝时（前 144—前 88 年）的古纸碎片。

根据钱存训的研究，中国造纸的主要原料，包括韧皮植物、树皮、禾本科植物和种子植物。第一类有大麻、黄麻、亚麻、苎麻和藤，第二类如楮皮和桑皮等，第三类如竹、芦笋、稻和麦的茎秆禾等，第四类如棉花。楮皮自东汉时就已被采用，藤从晋代开始被采用，竹则在唐代中叶才开始，到宋代才被广泛使用，而稻麦的茎秆是从宋代才开始被使用的[3]。中国古人对纸的情感由来已久。晋代傅咸作有《纸赋》，"夫其为物，厥美可珍。廉方有则，体洁性真。含章蕴藻，实好斯文。取彼之弊，以为己新。揽之则舒，舍之则卷。可屈可伸，能幽能显"[4]。作者将纸赋予了人格化的特征，虽然将其定义为物，但是从人的角度去感受，对其形状、本质、功用、使用方法、形态变化都有阐明。对照第二章对观·物理论的探讨，中国古人对物的观察一直是放在以人为尺度的位置，蕴含着价值的判断。从今天设计学的角度看，这可以说是一篇非常完整的设计说明。

从公元 105 年纸被载入文献，到 3 世纪（晋代），纸才完全取代竹简和木牍成为中国书籍的材料。东汉时已经有了染潢技术，纸张用黄檗汁染潢，用以防

---

［1］钱存训.印刷发明前的中国书和文字记录［M］.北京：印刷工业出版社，1988：93.

［2］钱存训.纸的起源新证：试论战国秦简中的纸字［J］.文献，2002（1）：4-11.

［3］王明.隋唐时代的造纸［J］.考古学报.1956（1）：115-126.

［4］李致忠.中国古代书籍［M］.北京：中国国际广播出版社，2010：65.

蛀，这也是古代图书装潢说法的由来。这种染潢技术所形成的黄纸一直在北宋中期还被大量应用于书籍中。北魏贾思勰，北宋宋祈、罗愿、苏易简、姚宽和南宋王栐、赵希鹄都对这种经过染潢的黄纸有所讨论，对其历史、技术、用途有所研究[1]。

6世纪，纸已被大量应用于各种公文、书籍绘画、书法、名刺、礼仪、包裹以及日常用品（如扇、伞、灯笼、玩具）中。7世纪或者8世纪以后，纸帽、纸衣、纸被、纸帐和纸甲等一些纸制品也开始普及[2]。在9世纪初期，以纸印制的"飞钱"开始替代金属货币。

据钱存训介绍，宋代主要的造纸中心包括今天浙江省的会稽和剡溪，安徽省的歙县、徽州和池州，江西省的抚州以及四川省的成都和广都等地。特别是四川从唐代开始就是纸的主要产地，因此四川也成为雕版印刷书籍的中心。从五代开始，四川优秀的造纸工匠逐渐迁移到长江中下游。宋代在徽州、成都、杭州和泉州安溪都建有纸厂。宋代印刷用纸主要有竹纸和皮纸两类。用竹造纸从广东开始，到宋代传播到了江浙一带，到12世纪下半期在江浙一带盛行。竹纸色黄而薄，皮纸以桑树皮和楮树皮为原料，相对较白较厚，较为光洁。前述我们还提到福建产有一种椒纸，可以辟蠹防虫。

伴随着造纸技术的不断成熟，竹子作为原材料的大量使用以及文人士大夫对纸的研究和评鉴，促使宋代产生了大量具有特色的纸张类型。前人在评价宋版书的优点时，有说"纸坚而洁""纸质如玉""纸色苍润""纸质薄如蝉翼，而文理坚致""纸质墨光，亦极莹致"，这与宋代造纸技术的发达是分不开的。

宋代还出现了专门讨论纸的著作，如宋人苏易简所著的《文房四谱》中的《纸谱》一卷，分为叙事、制作、杂说和辞赋四部分，其中就有提到最早的着色纸——汉初"赫蹄"纸，一种染了红色的纸。此外赵希鹄著有《洞天清录集》，米芾著有《书史》《评字帖》等。米芾就批评宋代造纸者为了让纸洁白而加入很多灰粉，却不利于书写。笔者将文献所载宋代刻书用纸加以总结，列表如下（见表5-1）。特别是南唐沿用至宋的澄心堂纸，被藏家所看重。

———————

[1] 林明.中国古代纸张避蠹加工研究［J］.图书馆，2012（2）:131-134.

[2] 杨旻.谈纸衣［N］.光明日报，1962-4-17;《武备志》卷二〇五中有纸甲图及说明。

表 5-1　宋代纸张类型、产地

序号	名　称	特　　　点	时　间	地　域
1	白经笺	尺寸较小，填料加工	唐代至宋代	
2	硬黄纸	热熨斗熨烫，涂蜂蜡	唐代至宋代	
	硬黄纸	黄檗汁涂抹，防蠹，纸面光滑、坚韧、紧密	唐代至宋代	四川、长安、洛阳和安徽
3	金粟笺	质地坚固结实，内外皆加蜡，表面平滑并具有光泽，而且无水线的痕迹，印红色印章	宋治平至元祐年间，海盐广惠寺抄经专用	苏州
4	椒纸	花椒种子的汁浸染，辟蠹，薄而有光，金黄色，坚韧	南宋	福建建阳
5	草钞纸	攀藤类植物草树所制成，质白而光滑	宋代	江西抚州
6	蒲圻纸	厚度适中	宋代	湖北蒲圻
7	广都纸	楮树皮所制	宋代	四川广都
8	由拳纸	攀藤所制	宋代	浙江嘉兴
9	鸡林纸	质地光滑而厚重，正反皆能书写	宋代	高丽
10	宣纸	檀树皮和禾秆混合制成，质地精细、洁白、柔软，富吸水力，坚实而有弹性，特别适合书画，包括玉版纸、画心纸、罗纹纸	自唐代始	安徽宣城
11	澄心堂纸	楮树皮原料，经过特别方法浸漂，使其纤维纯净，还需磨光和上蜡，保持光泽且耐用	南唐始，宋代沿用	南唐李煜所制
12	水纹纸	楮皮纸所制，其中呈暗花波浪纹	唐代至宋代	
13	薛涛笺	小型深红色，由芙蓉皮和芙蓉花瓣制成	唐代	四川（苏易简）
14	桃花笺	缥绿青赤	东晋	四川（苏易简）
15	十色笺	每十幅一榻，和十色水逐榻以染	唐代	
16	云石纹纸（鱼子笺、罗笺、流沙笺）	以细布用面胶浆令劲挺，隐出其纹	宋代	四川（苏易简）

注：参照《文房四谱》《书林清话》《中国纸和印刷文化史》等书整理。

取自天然、手工制造、工序复杂，一起造就了中国古纸的"材有美"。宣纸有"纸寿千年"的美称，就是形容这种传统手工纸的坚韧性和耐久性。明代宋应星在《天工开物》中对造纸材料的准备，以及抄纸、烘干的过程都有详细的叙述和明确的配图说明，同时对造纸的工序也有详细说明，如浸沤原料，捣碎、蒸煮、漂洗、漂白为纤维糜浆，用帘模抄纸；叠纸压榨出水；最后将揭起的湿纸贴到火墙上焙干等。抄纸过程中还会加入黏性溶液以及填料，成纸后加以染潢、着色、涂布、涂蜡等工序，以防止纸被虫蠹，并保持美观。在手工造纸过程中，无论是原料，还是填料，或者后序保护工作中所用的材料，都非常讲究天然性，不含任何化学添加剂。尽管在 19 世纪中叶，随着机制纸的大量涌入，中国传统造纸业受到了极大冲击，但是手工纸亲近自然的属性以及其历经时间考验仍能保存中国文化典籍的特性还是值得我们重新思考它的价值。今天日本还存在不少手工和纸匠人，这对于传承手工造纸的技艺起到了重要作用。

（二）墨色莹洁

雕版印刷中，墨同样是决定宋版书品质的重要一环。历代藏书家、目录学家、文献学家在点评宋版书时，不少人提到"纸墨精好""纸色墨香""楮墨精好""楮精墨妙""楮墨古雅""墨气香淡""纸香墨古""墨色如漆""墨光如漆"等。墨的使用在中国也有悠久的历史，考古发现的公元前 14 世纪的文物，如陶器和石器等就有墨的成分。据钱存训的介绍，宋代以后，用动物油、植物油或矿物油燃烧取得的油烟常被用来替代松烟（松树燃烧后凝成的黑灰），制墨的成分包括色料、胶合剂与添加剂三种。其中胶合剂大多选用动物性原料，而添加剂种类丰富，约 1 100 种之多，也多天然制品[1]。相传南宋廖莹中在刊刻《昌黎先生集》时就添加了杂泥金香麝。

宋代苏易简所著的《文房四谱·墨谱》是第一部关于墨的综论性著作。他在该卷卷首指出，"今书通用墨者何？盖文章属阴，墨，阴象也，自阴显于阳也"。可见在墨与纸的关系上，也蕴藏着中国古人关于阴阳关系的理解。其中还记载了

---

[1] 钱存训.中国纸和印刷文化史［M］.桂林：广西师范大学出版社，2004：216.

梁代冀公制墨的配方，"松烟二两，丁香、麝香、干漆各少许，以胶水漫作挺，火烟上熏之，一月可使。入紫草末，色紫；入秦皮末，色碧。其色可爱[1]"。他还记载宋代的歙县、黟县造有一种白墨，颜色如银，研开后和一般黑墨汁相同，但不知其制造方法。可见宋代时期徽州已是有名的墨产地，能够制造出与众不同的墨。宋代的李孝美也著有《墨谱法式》，从图、式、法三方面详述了古法制墨。其中用八张图说明了制墨的程序，包括采松、造窑、发火、取煤、和制、入灰、出灰、磨试八道程序，体现了古法制墨的细致。

书籍用的墨因为量大，所以没有书法用的墨那么精良，一般是用烧制松烟时自烟蓬最起始一二节刮下的粗烟，混入黏合剂和酒，再贮藏备用。但墨汁还需要贮存三四年，经过伏暑，去除臭味后才能使用。而且贮存时间越久，印书效果越好。

前文在论述雕版印刷工序时已经提到，印书所用墨汁需要加水搅匀，然后过滤掉杂质颗粒后才可以上版印刷。天然的原料、繁复的工序或许可以部分解释宋代书籍墨色如漆的原因，墨的香气也成为古人感受书籍的一个重要体验。

（三）护帙有道

在中国书籍发展史上，书籍的装订形式先后出现过简策装、帛书卷子装、卷轴装、经折装、梵夹装、旋风装、蝴蝶装、包背装、线装、毛装、平装、精装等形式，其中两宋的蝴蝶装、包背装是对传统书籍的重要变革。书籍的装帧形式是与书籍材料的变化、阅读方式的需求紧密相关的。

唐代还以卷轴装居多，但已产生了经折装和旋风装，都是为了适应当时读书方式而产生的变革。及至宋代，随着雕版技术的发展，雕版印刷将书分成若干版，然后分版雕刻，这样就会产生以版为单位的单页，若想便于整理，方便阅读，就必须将其装订在一起，这样就产生了蝴蝶装。如果用现代设计语言看，宋版书蝴蝶装的产生反映了当时书籍设计的可用性和实用性原则。

印刷史和书籍史中都有不少文字介绍蝴蝶装。它是将书籍对折，在背部粘贴，版心在内，四周向外，翻书时，书页朝两面分开，似蝴蝶形状，所以称为蝴

---

[1] 钱存训.中国纸和印刷文化史［M］.桂林：广西师范大学出版社，2004：132.

蝶装。南宋张邦基在《墨庄漫录》卷四中引用北宋王洙的评价，"作书册，粘叶为上，岁久脱烂，寻其次第，足可抄录。屡得逸书，以此获全。若缝缋，岁久断绝，即难次序。初得董氏《繁露》数册，错乱颠倒，伏读岁余，寻绎缀次，方稍完复，乃缝缋之弊也。尝与宋宣献谈之，宋悉令家所录者作粘法。予尝见三馆黄本书及白本书，皆作粘叶，上下栏界出于纸叶。（此句不可解，俟再考。）后在高邮，借孙莘老家书，亦如此法。又见钱穆父所蓄，亦如此。多只用白纸作标，硬黄纸作狭签子"[1]。此外，宋人在装帧时，还考虑到防止虫蠹的方法。北宋文学家陈师道在《后山谈丛》卷二中说道，赵元考采用寒食面与腊月雪水调和粘书，据说此法可以使书不蠹。

明代李贽、张萱在《疑耀》卷五《古装书法》中说："今秘阁中所藏宋板诸书，如今制乡会进呈试录，谓之蝴蝶装。其糊经数百年不脱落，不知其糊法何似。偶阅王古心《笔录》，有老僧永光相遇，古心问僧前代藏经接逢如线，日久不脱，何也？光云：'古法用楮树叶、飞面、白芨末三物调和如糊，以之粘纸，永不脱落，坚如胶漆。宋世装书，岂即此法耶？'[2]"这里介绍了宋版书的装帧形式，特别是其装帧用的材料，如何做到不脱落，保持长久。民国时李耀南在《中国书装考》中谈道："宋时蝴蝶装，其书衣皆硬壳。书底外标名称卷数，皆直行写下。盖原书置放时，以书口以下直立，此与近来新书之硬皮嵌字、竖立直放者，大致相类。又有每卷起首，用各色小绢条，粘于书口外以别之。[3]"

蝴蝶装的优点是版心在书脊，所以便于保护版框以内的文字，即使有磨损，也便于修复。《明史·艺文志》形容宋元遗书"文渊阁书，皆宋元所遗，无不精美。书皆倒折，四周外向，此即蝴蝶装也"[4]。但是也有文献认为因文字面朝内，每翻阅两页文字后必有两页空白。同时书脊用糨糊粘连，容易脱落。因此在南宋中晚期，宋人对书籍装帧又有了改进措施，即形成了包背装。包背装是"将印好的书页正折，使两个半叶的文字相背朝外，版心则在折边朝左向外。书叶开口一

［1］马衡，等.古书的装帧：中国书册制度考［M］.杭州：浙江人民美术出版社，2019：86-88.
［2］李致忠.中国古代书籍［M］.北京：中国国际广播出版社，2010：128.
［3］李耀南.中国书装考［C］//马衡，等.古书的装帧：中国书册制度考.杭州：浙江人民美术出版社，2019：104.
［4］李耀南.中国书装考［C］//马衡，等.古书的装帧：中国书册制度考.杭州：浙江人民美术出版社，2019：104.

边向右准备戳齐后形成书脊；然后在右边框外余幅上打眼，用纸捻穿订、砸平；裁齐右边余幅的边沿，形成平齐书脊。再用一张硬厚整纸比试书脊的厚度，双痕对折，作为封皮，用糨糊粘包书的脊背，再裁齐天头地脚及封面的左边[1]"。包背装在南宋中后期形成，历经元明清，在明初到嘉靖中期最为盛行。而直到明朝中叶以后，线装书的出现，则彻底解决了仅靠糨糊装订书背的问题，让书变得更牢固。不过也有学者认为，唐末五代其实就已经有了线装书的雏形，例证是现藏于英国不列颠图书馆东方手稿部的中国敦煌遗书，大概要早到905年。在前述《墨庄漫录》中，也有提到这种缝缀方法，只是当时北宋士人认为这样也很容易脱落，因此这种方法并没有流行开来。

在装帧形式之外，古人还有为书籍配函套、函盒、木盒的传统。当代学者李致忠在《中国古代书籍》一书中对此有专文介绍，包括四合套、六合套。而木盒的用料也颇有讲究，有檀木、楠木、樟木、梓木、稠木、银杏木、苦楝木等。函套、函盒和木盒的使用，一是为了保护书籍，防止虫蛀，二是通过材质的选择彰显书籍的珍贵程度，既有实用性，又有美观性。

四、工有巧：两宋雕版印刷技术

雕版印刷技术在两宋得到了长足的发展，其雕印过程的繁复和细致体现了两宋书籍印制的巧思。雕版印刷的基本材料是木板、墨和纸。据钱存训介绍，雕版所用到的木料，主要是落叶树，包括梨木、枣木、梓木以及苹果木，也有黄杨木、银杏木、皂荚木等，这些落叶木材纹理细密、质地均匀、易于雕刻[2]。四川、福建、江浙等地树木众多，资源丰富，便于就地取材，因此成为书籍印制的主要产地。木板的规格一般为长方形，约20 cm（高）× 30 cm（宽）× 2 cm（厚），两面雕刻，可刻双页。所以一般宋版书的版框都是在20 cm × 30 cm以内，但也有例外，比如现存于台北故宫博物院的《文选》高24.4 cm，宽37.2 cm。

---

[1] 李致忠. 中国古代书籍 [M]. 北京：中国国际广播出版社，2010：130-131.
[2] 钱存训. 中国纸和印刷文化史 [M]. 桂林：广西师范大学出版社，2004：177.

　　古代文献中，对雕版印刷的过程缺少详细介绍。钱存训根据现有资料和雕版师傅的口述记录做了总结，从中也可以看出雕版印刷的工艺之复杂。雕版过程包括写样、上版、刻板、校样和印刷等步骤（见表 5-2）。与现代书籍设计用电脑排版相比，写样是雕版印刷的重要一环，有明确的参照基准线以保证版面整洁、利于阅读，同时也根据内容不同有所变化。写样纸张用红色印制行格（花格），两行之间留有一行空白，每行三线，正中为中线，作为每行的基准线，以保证文字整体美感。双行小字，书写也以中线为界。刻印的字体主要为书体或正楷，方便用刀，另外序、跋一般用行书、楷书，或由书法家为之。

　　纸样写成后，就做初校，有错字则修改，二校后才成定样。待写样纸干后，将纸背刮去，仅留一层薄膜，可以看到文字的反文。然后刻字匠就可根据文字墨迹，用刀、凿等工具按照字的笔画雕刻，使字画凸出。刻板主要是将板上有墨迹的地方保留，刻去空白部分，这样墨迹就可以形成 1 mm 凸起的阳文文字。

　　在这一过程中，刻工的技术至关重要。雕刻所用的工具有斜口刀、平口刀、平口錾、圆口錾、大弯凿、平口凿、圆口凿、小圆凿、"两头忙"小凿、单刀凿、铲、钉凿、规矩、镰刮、刨子、木槌以及扁平刷等。其工序包括发刀（在字的周围刻划一刀，放松木面）、正刻或实刻（形成字旁的内外两线）、挑刀（将伐刀周围的刻线与实刻刀痕之间的空白木面剔清）、打空（将无字之处的空白木面铲去，成一浅槽，再用平口凿及小刀剔去未清之处并加以修整）、拉线（将四周的边框以及每行的行格用刻字刀及规矩削齐），最后将版片的四周锯齐，以刨子或铲刀加以修整，再用水洗刷板上的碎片和纸样。

　　雕刻完毕后，进入印刷环节，采用的工具包括纸、墨、刷等。古代雕版书籍的印刷用墨也讲究精工细作、用料天然、历久弥新（多取烟煤，化牛皮胶加酒以水调和成稀糊状，储入缸中，经三四个伏暑以去除墨臭，才能使用，陈墨愈久愈佳。用时先以马尾筛加水调和，涤除渣滓，取其净墨刷印）[1]。木板雕好后，用圆墨刷蘸上墨汁涂在雕刻凸起的版面，再把白纸铺在板上，用软刷在纸背上刷过，然后将印好的纸张从板上揭下晾干，即印刷成功。印刷时还会以红墨印出初样，作为末次校对。如有错误或损坏，可以修补，或"钉凿"挖补，削成木块重新嵌

---

[1] 钱存训.中国古代书籍纸墨及印刷术［M］.2 版.北京：北京图书馆出版社，2002：162-163.

入，或镶嵌，将版面刨平重刻。修改之后再次校对，没有错误，才定本复印。这种严谨的做法保证了内容的准确。在今天的书籍编辑过程中，三审三校的制度也依然适用。

表 5-2　雕版印刷工艺步骤

序号	步骤	说　　明	工　具
1	写样	用书法字体在薄纸上抄写出样稿，抄写后需初校，有错误就用刀裁下来，二校定样	笔、纸、墨
2	上板	将木板打磨光滑，刷一层糨糊，待写样纸干后，将纸背刮去，仅留一层薄膜，可以看到文字的反文。样稿有字的一面向下，用平口的棕毛刷把样稿刷贴到木板上	木板、纸、糨糊、棕毛刷
3	刻板	用指尖蘸少许水，在样稿背后轻搓，将纸背的纤维搓掉，使字清晰，然后刻字匠就可根据文字墨迹，用刀、凿等工具按照字的笔画雕刻，使字画凸出。刻板主要是将板上有墨迹的地方保留，刻去空白部分，这样墨迹就可以形成 1 mm 凸起的阳文文字	木板、刻刀
4	打空	将无字之处的空白木面铲去，成一浅槽，再用平口凿及小刀剔去未清之处并加以修整	平口凿、小刀、木板
5	拉线	将四周的边框以及每行的行格用刻字刀及规矩削齐	刻刀
6	修版	对已经雕刻好的雕版，先刷印几张校样，如果有错误，就需要把错误的地方凿出凹槽，再用一块与凿出部分大小一样的木板嵌入，然后在嵌入的木板上刻出修正后的字；或将版面刨平重刻，再校对定版	雕版，刻刀
7	刷墨	先在版面上刷两遍清水，待雕版吸水湿润后再刷墨。刷墨时用鬃刷在雕版上按顺时针方向打圈，使墨汁均匀地刷在雕版上	雕版、墨
8	覆纸	两手将纸端起来平放在刷过印墨的版面上	纸、雕版
9	印刷	一手扶住纸张不动，一手在纸背刷印。刷印时用力需要均匀，这样雕版上的每个字都能清晰地印到纸上	纸、棕毛刷
10	晾干	将印纸从雕版上揭起放在一旁晾干。一块雕版印完后，再换上另外一块雕版继续重复以上步骤，直到全部雕版印刷完成	雕版、纸

注：参照《中国纸和印刷文化史》《知中：了不起的宋版书》等书整理。

据说一个熟练的印刷工人，每天能刷印 1 500 到 2 000 页。雕版所用板木可存储，随要随印，所以印数往往难以统计。书版的保存短的有几十年，长的可以达数百年。对比活字印刷的文献推测，雕版印刷平均每版印制在 100 部左右，翻刻、重刊当作另版计算。[1] 不过嘉祐四年（1059 年），姑苏郡守王琪刊刻出版的《杜工部集》（王洙编）印了一万本，由苏州公使库出钱刻板，每部为"直千钱，士人争买之"。可见雕版印刷也能够支撑大量的印刷。该书的南宋浙江翻刻本现存于上海图书馆。

另外还有所谓的重修本，就是在初次刻板基础上进行修补加工，重新刷印。还有递修本，就是对原有版片进行两次或两次以上的重新加工修补。现存善本中也有不少宋刻元修本、宋刻元明递修本。

今天，从快捷性、便利性和经济角度看，雕版印刷技术虽然已经被现代机器印刷技术所代替，但是雕版的形式、立体质感仍然作为一种艺术表现方式用于现代书籍中，甚至可以虚拟呈现在电子书和纸质书中。例如《知中：了不起的宋版书》就在封面上模拟了雕版印刷的立体呈现方式。雕版印刷还有不同的字体，格式上也具有不同效果，可以表现独特的风格和美感，同时更具整体性和书法的气韵美。作为传统工艺，雕版技艺值得传承，而雕版印刷过程中的精益求精、严谨、一丝不苟的工匠精神就更值得继承和发扬。现在江苏扬州仍有一些人在使用古法雕刻，可以感受到雕版过程中所蕴含的传统魅力。

五、本章小结

本章从两宋书籍与时空环境的关系、与材料的关系、与技术的关系角度分别分析了两宋书籍装帧设计的特征。通过精良的雕版技术、纸张和墨，宋人创造了具有审美特征的两宋书籍。宋版书体现了中国古人"天有时，地有气，材有美，工有巧"的设计思想（见图 5-3），而其背后是中国古人的整体认知观，也是宋人观·物思想的体现，更是中国古人敬惜字纸的表现。宋人印刷书籍，一方面尊重自然条件，如季节、时间，也就是按照季节变化来安排造物，另一

---

[1] 钱存训.中国古代书籍纸墨及印刷术［M］.2 版.北京：北京图书馆出版社，2002：264.

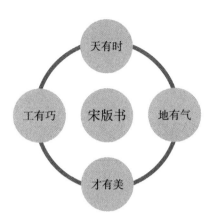

图 5-3　宋版书的考工法则

方面也是符合时代需求的造物。在地域上，北宋的印刷业中心主要在成都、眉山、杭州、福州和开封，南宋时则在杭州，闽刻数量最高。各地都形成了鲜明的书籍特色，并形成了集群性的地域文化，这种以地域为特色的书籍印刷文化在今天仍然影响深远。

正是因为工艺、材料的精工细作，才一起成就了宋版书的精致。下一章，将从宋版书的版面秩序角度探讨其中观·物思想的体现。

第六章　观之以理的两宋书籍版式设计

梅市旧书，兰亭古墨，依稀风韵生秋。

秦观《望海潮·秦峰苍翠》

宋人观·物的思想不仅体现在出版过程的严谨规范，出版分工的明确有效，推行的规模化、标准化，以及原材料和雕版工艺技术的高水平上，也体现在书籍的形式特征中。这里就具体的视觉秩序来阐述观·物理念在其中的呈现。宋代书籍的版面秩序一方面继承了竹木简牍的形式，另一方面有了更细致的发展。正如笔者在序言中所说，书籍，作为文化的载体，是"现实得以生产、维系、修正和改造的符号化过程"，它不仅是"空间信息上的拓展"，也是"时间纬度上对社会的维系"，是"创造、修改和改造一个共享文化的过程"。从第二章的观·物理论梳理和总结中可以看到，从两宋以前的仰观俯察、观物取象、吾以观复、澄怀观道，到宋代的循环往复、观之以理、格物致知和心物化一，中国人对人与物的关系形成了独特的认识论和方法论。对物如何观，是宋代书籍设计的最基础问题。对物如何观的问题呈现在宋代书籍上，就形成了以这种观·物理念为基点的知觉经验或认知模式，而这种认知模式构成了中国传统审美心理的重要部分。

书籍本身的元素包括材料、版面、插图、色彩以及装订形式等。从认知学的角度看，宋版书的设计形成了一种认知图式，它是由视觉符号、视像结构（秩序）、风格特征和精神内涵共同构成的整体，一同创造、修改和改造一个共享的文化。这个图式在两宋随时间而变化，不同时期略有不同，也因为传播者和接受者的不同，以及内容的不同，而具有不同的形式特征，同时这种图式特征是和宋代文化互相建构的。类似的图式还包括两宋的山水画和瓷器。它们都展现了各自与环境的关系、与材料和技术的关系，同时也具有鲜明的符号、结构、风格和精神内涵。此外，如明代的家具、园林都是具有各自特征的图式。在西方，则有羊皮书、精装书、威廉·莫里斯的工艺美术风格的设计、后现代的孟菲斯风格等。从审美认知的角度看，这些属于一定时代和空间的图式作为形式知觉依然保留在当代人的认知记忆里。

从符号学的观点来看，英国文化学者霍尔在《表征》一书中指出了表征的三种途径，即反映论途径、意向性途径和构成主义途径，同时他引用了现代符号学创始人之一索绪尔提出的所指与能指的概念来阐释表征的一种过程，即"有一个形式（实际的词、形象、相片等），在你头脑中还有一个与形式相连的观念或概念"，前者为能指，后者为所指[1]。美国符号学者皮尔斯基于认知和解释的符号学提出了符号的三元关系理论，这一理论成为当代符号学的基础。皮尔斯提出"三符三项"的秩序，包括相似符（作用于知觉的相似之处形成的符号）、指示符（符号与对象之间有因果、邻接或者部分与整体的关系）、规约符（社会约定符号与意义）与再现项（符号呈现的形式）、解释项（符号指涉过程中生产的意义）、对象项（符号指涉的对象）[2]。前面"三符"解释了符号形成的不同形式，后面"三项"则解释了符号之间的逻辑关系。两宋山水画本身是对自然山水的模拟，即一种相似符；此外大雁的意象可视为一种指示符，代表秋天；而山水画中出现的鹤、舟、渡口等就具有规约符的特征，有其象征的文化意义。还有一位法国文化符号学者罗兰·巴特在其《显义与晦义》一书中指出，艺术品是一种讯息，包括两方面，"一种是外延的，即相似物本身，另一种是内涵的，它是社会在一定程度上借以解读它所想象事物的方式[3]"。两宋山水画中则形成了行旅、问道、读书、隐居、牧牛、垂钓、盘车、雪景等常见的母题，通过视觉符号传达文人墨客借以想象的生活方式和理念。两宋的书籍除了有其实用的内容外，也呈现着宋人对书籍意义的理解。

关于对符号的解释，中国符号学者李幼蒸将中国绘画艺术比照中国诗歌，提出了中国艺术四个语义层面的同构表意模式，S1 指读者心中的感性形象，S2 指

对 S1 的形式安排的感受，S3 指对 S2 的类型形式的进一步情感反应、情感效果；S4 指审美的形而上精神[1]。四个语义层层递进。早在宋代，当时的士人已经将诗与画类比，提出了"诗中有画，画中有诗"（苏轼）的观点。

这构成了中国观・物知觉经验中的四级编码模式，即 S1（物象）、S2（视像）、S3（情感）、S4（心象），形成一种复合式的视觉体验。分析美学家沃尔海姆就将"看进"（see-in）视为由先天视觉能力与各种文化惯例、心理因素所构成的复合式视觉体验，并强调"看进"的双重性[2]。这和中国传统哲学中的观・物思想是契合的。中国传统的视觉经验一直强调由眼观到心观的过程。从索绪尔符号学的角度看，物象是所指，而其能指则更为丰富，包括视像结构和情感、心象。笔者在第二章曾经探讨中国观・物理念中的重要概念，即观物取象，并指出其到今天仍然具有生命力。象的概念是中国人对物的认识论，是主客体之间相互作用产生的一种结果。因为有了对"象"的把握，对物的认识就深化了，也融入了人的主观作用。王怀义在考察"象"的概念时认为现代学者对"象"的解释呈现出了一种泛化的趋势，是从宗教向审美转化的过程。胡适、朱光潜、钱锺书等都运用了"意象"的角度来解释"象"，分别从哲学、美学和与诗歌的异同方面讲述了象的含义。例如胡适指出，象不仅仅是简单的模仿，是形象，也是观念，是从器物制度过渡到人生道德礼仪的创立。朱光潜也从美学的角度指出意象是存粹直觉的产物。而钱锺书则指出意象在诗学和哲学中的区别[3]。那么在设计学中，把握物和象的区别，特别是寻找象的呈现就成为关键，而观可以说是其中重要的一环。物象是外在的形式，是我们用眼睛所看到的形象，而视像是由物象所组成的结构，情感是到达心象的媒介，而心象则是一种精神境界，是用心体验。如果将宋代理学观念运用其中，会发现心象还具有价值引导的意义。结合认知学和符号学的观点，再从中国传统的观・物理念入手，可以认为这一四级编码模式构成了观者的已有图式，也就是人脑中对实际环境已经组织好了的知识是产生期望的基础。关于宋版书的设计编辑，从整体看，版面元素是物象，版面秩序结构形成了视觉结构，而书籍所蕴含的审美特征和理念则构成了中国人的心象。由物象到

[1] 李幼蒸.历史符号学［M］.桂林：广西师范大学出版社，2003：83.
[2] 殷曼楟.论沃尔海姆"看进"观的视觉注意双重性［J］.南京社会科学，2014（7）：116-121.
[3] 王怀义.近现代时期"观物取象"内涵之转折［J］.文学评论，2018（4）：179-187.

视像到情感再到心象的循环满足了观者的期望，促成了观者的认知过程。

一、视觉物象：规范标准的版面元素

（一）版式要素

今天看宋版书的版面秩序，或许觉得并无特别，但是如果把它放在雕版印刷之初，可以发现这种视觉秩序的建立所具有的价值，它反映了宋代基于儒家价值观念的文化秩序的建立和传承。前文已经叙述过，宋代经历了五代的政权割据，实现了政治上的统一，也因此迫切需要一种文化上的秩序来维护其政权的稳定性。宋初太祖、太宗皇帝广泛收集图书，并大量印刻儒家典籍，建立了一整套的出版标准和惯例，包括作者和书名、印刷用纸和用墨、书籍的格式和装订。这些书籍也被分发给各级官吏和地方政府，同时各地地方行政机构也参与到书籍的印制中，将这种书籍秩序广为传播。尽管到目前为止，还没有找到书范的具体文献证据，但是从当时书籍传播的状况可以看出书籍设计规范的形成和延续。本书将各文献所涉及的宋版书按照属性进行了整理分析（见表 6-1）：

表 6-1　两宋书籍属性分析举例

属性类型	具体标签	文献实例 1	文献实例 2
基本属性	书名	《梅花喜神谱》	《洪氏集验方》
	作者	宋伯仁	洪遵
	类别	坊刻本	官刻本
	刻印者		
	刻工		
	价格		
空间属性	收藏地	上海博物馆	中国国家图书馆
	刻印地	金华双桂堂	姑孰郡斋
时间属性	写作时间		
	刻印时间	景定二年（1261 年）重刻	乾道六年（1170 年）

续　表

属性类型	具体标签	文献实例 1	文献实例 2
物理属性	版高	15 cm	
	版宽	14.4 cm	
	半页行		九行
	单行字		十六字
	双行字		
	图	插图	
	鱼尾	双鱼尾	
	边框		左右双边
	口		白口
	纸张		公文纸
	墨色		
	牌记		
	装帧形式		

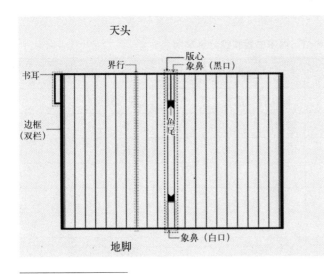

图 6-1　宋版书中的版式[1]，
唐诗毓绘制

两宋书籍只印纸张的一面，印张中间对折，变成一页两面（见图 6-1）。因为各种编辑学、印刷学和古籍版本学研究对宋代版式多有分析，所以本书对其归纳整理（见表 6-2），不再一一叙述。

[1] 相比较而言，早期的西方书籍为手抄本，有花饰手写字母，有围绕文本的框饰，也有单幅插图。在古登堡发明活字印刷后，书籍通常以单页的形式出售，读者可以根据自己的喜好对书籍进行装订，文字通常分为两栏或三栏，从左到右阅读，书籍中有精致的插图本。与宋版书的朴素平实不同，西方书籍有着华丽的精装书籍传统。

表 6-2 两宋书籍版式要素

序号	名　称	说　　明
1	天头	版框外的上方，天头较宽
2	地脚	版框外的下方，地脚较窄
3	板框 / 边栏	适应书籍册页装的需要而产生，边栏大致有四周单边、四周双边和左右双边的情况
4	界行 / 行格 / 行款 / 行线 / 行栏 / 边准 / 解行	板框内支行细线，宋版书大抵以每半叶为七、八、九行至十、十一、十二行为普遍（后三者为最多）。有乌丝栏、朱丝栏等
		行款又称行格，指版面中的行数与字数，通常按半个版面计数，如有双行小字，就称"小字双同行"，如不同，就是小字双行，行多少字。分单行、双行，每行字数以十六至二十三之间为多。双行一般为二十二到二十六字
5	书口 / 版口 / 版心	每一版的中缝，为折叶时取作标准，有白口和黑口之分。黑口又有粗黑口、细黑口之分。粗黑口也称大黑口，细黑口又称线黑口。宋代刻书多是白口，南宋出现线黑口。刻有文字的书口可称为花口。某些版本会在版心刻书名、卷次、页次、字数和刻工姓名
6	鱼尾	版口中心骑缝处装饰标记，有单鱼尾、双鱼尾、三鱼尾之分，还有黑鱼尾、白鱼尾、线鱼尾、花鱼尾之分，甚至还有对鱼尾、顺鱼尾的区别。上鱼尾上方记载本版大小字数；上鱼尾下方记载简化的书名、卷次、叶次；下鱼尾下方刻刻工姓名，便于计费和确认责任
7	象鼻	从鱼尾到边栏这一段版心中间的线叫作象鼻，以此线为基准进行折页
8	黑口 / 白口	无线的称白口，有细黑线的称小黑口或细黑口，有粗黑线的称大黑口或阔黑口。靠近上栏的称上黑口，靠近下栏的称下黑口。上下都有线的称上下黑口
9	书耳	版边的左上角印有长方形符号，内写卷次，称为书耳，便于翻阅检索
10	点板	指的是雕版时随文刻上名人评点或句读，印出来的版面在文字旁边带有若干圈点
11	牌记	镌有刻书人、刊刻地点、年代等信息，有刻书缘起、底本、校本等，有广告宣传的作用。也称木记、条记、书牌、墨围、碑牌

（二）宋元明清书籍对比

从宋版书确立版面秩序以来，元明清各代的书籍基本延续了宋版书的风格，变化并不显著，经对宋版书与元明清的雕版印刷书籍的不同元素所做的比较，列表如下（见表6-3）。这种继承和延续主要分几种情况：一是北宋版，南宋印；二是南宋版，元代印（见图6-2）；三是元代刻，元代印；四是明代版，明代印（见图6-3）；五是清代版，清代印；六是仿刻宋版。从书籍装帧角度看，后代书籍也有很多超越宋版书的地方，比如元代、明代书籍中的插图就越来越丰富，特别是不少明代书籍就以精美的插图著称于世。

表6-3　宋代书籍与元、明、清代书籍对比

	宋　代	元　代	明　代	清　代
校勘	精良	不精，也有精品	不精，篡改，但藩府本较精良，家刻精良	精良、删改
书口	多白口，偶有细黑口，左右双边，前期四周单边，后期有黑口和四周双边	宽黑口	早期大黑口、中后期白口，左右双边	白口，左右双边
鱼尾	上方刻大小字数，下方刻刻工姓名，中间刻书名、卷次和页码		早期双黑鱼尾，中后期单鱼尾	单鱼尾
字体	欧体、颜体、柳体	颜体、赵体、简体、俗体	早期赵体，中期欧体、匠体，后期形成长方形横细竖粗的宋体	匠体、宋体
纸张	白麻纸、黄麻纸、竹纸、皮纸	竹纸	早期竹纸、白麻纸，后来白棉纸（皮纸）	竹纸，白纸，武英殿用开化纸
墨色	墨色青纯			
雕刻	精细	不精细	图画精美	
避讳	严格	不太严格	不太严格	
装订	蝴蝶装	包背装	包背装、线装	线装

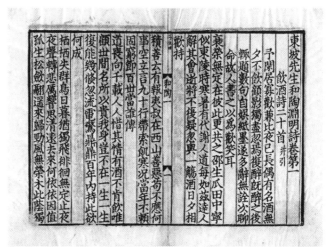

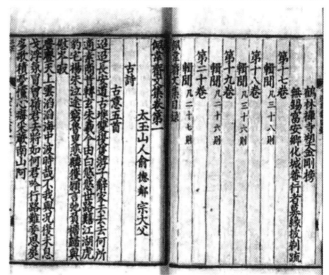

图 6-2　宋版书《东坡先生
和陶渊明诗》与宋版元代刊
印书《佩韦斋文集》

注：现藏于台北故宫博物院。

（三）版面元素特征

考察宋版书的版面元素，可以发现几个特点：

一是强调中正、中和、严谨的视觉秩序。边框、界行、对称形式的使用就是
明显的特征。中正、对称一直是儒家所追求的价值观。其形式知觉模式反映着宋
人的文化思想特征。

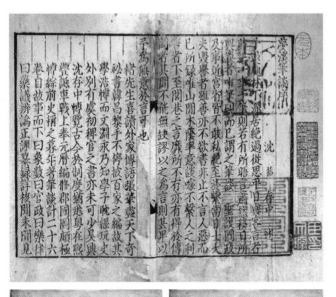

图6-3 宋版元代刻书《梦溪
笔谈》与明版书《天工开物》
注：现藏于中国国家图书馆。

　　二是版面元素符合观物取象的原则。从宋人对版面元素的命名，可以看出古
人观物取象的理念，天头、地脚、鱼尾、象鼻都是来自对天地自然的拟态。例如
鱼的造型在中国古代可以追溯到原始社会时期，如仰韶文化中的鱼纹盆、青铜鱼
纹等。随着时间的推移，鱼尾造型蕴含着丰富的含义，既有着平衡对称的美感，
又有着阴阳互补的寓意。因此，在宋代书籍简洁的版面元素中，宋人对鱼尾造型

的使用也蕴含着古人的传统观念。

三是版面疏密有致，排版疏朗，适合阅读。在行距、字距和字号上都考虑到了易于阅读这一特点。版面是传统雕版印刷书籍重要的视觉空间。纸写本书保持了从上往下、自右向左的书写习惯，偶尔也有描栏画界的，但一般说来，版面简洁，多数仅只有文字而已，印本书版面有了比较固定的格式，边栏、界行、书耳、版心、鱼尾、象鼻、白口、黑口、天头、地脚、行款，名目繁多[1]。从审美经验的角度看，其功能性的特征超过了对装饰性的要求。

四是书籍字体的选择强调方正。对颜体、欧体、柳体的推崇也蕴含着儒家的道德观。美国学者倪雅梅就曾通过研究颜真卿书法在宋代被逐渐推崇传播的过程而得出结论，颜真卿在书法史上的地位是被宋代的文人集团有意识地制造出来的，这个集团包含了当时许多在哲学、文学和艺术方面受过良好教育的上层人士，通过某种政治需要，而建构了颜真卿的书法地位，强调了颜真卿书法所代表的中正、准确以及其背后所体现的儒家士大夫的人格特征[2]。颜真卿的书法虽然在中唐已经受到景仰，但是在受到北宋的欧阳修、蔡襄、苏轼、黄庭坚等不断推崇、学习之后，才真正确定其地位。颜真卿书法与韩愈、柳宗元的文字一起在北宋被士大夫不断挖掘、欣赏，并在书籍中反复印制、推广，传递着宋代士大夫对儒家思想的阐释。李泽厚也评价颜真卿的书法是"刚中含柔，方中有圆，直中有曲，确乎达到某种美的某种极致，却仍通俗易学，人人都可模仿练习"[3]。这些特点符合宋代士大夫的人生观和处事方式，同时又非常符合宋代教育的平民化倾向。

上述版面秩序也体现了宋学所传递的"儒道互补、庄禅相通"的思维模式，以及观之以理、格物致知、心物化一的价值取向。

二、视像结构：参合并观的视觉秩序

如果将两宋书籍中的书法字体也视作一种图像，那么就阅读而言，"观"可

[1]　姚伯岳.中国图书版本学［M］.北京：北京大学出版社，2004：96.
[2]　倪雅梅.中正之笔：颜真卿书法与宋代文人政治［M］.杨简茹，译.南京：江苏人民出版社，2018：25.
[3]　李泽厚.美的历程［M］.北京：生活·读书·新知三联书店，2009：145.

以说是"左图右史"与"文以载道"的连接点，是形式与内容的连接点。

中国书籍主要以汉字为承载对象。李致忠先生认为汉字方块字的特点是影响中国书籍形式的重要原因之一，比如，汉字的方块字特点就"影响中国书籍既可以从右向左竖写、竖印、竖排，并因此而影响中国书籍右侧装订、书脊居右的特点；也可以从左向右横写、横印、横排，并因此而影响中国书籍又可左侧装订、书脊居左的特点[1]"。与西方书籍相比，传统的中国书籍是从右向左、从上至下的安排，其视觉重点在右上方。

（一）字体秩序

书法本身就是中国特有的线的艺术，有着丰富的线的曲直运动和空间构造，以及各种情感和气势的表达。书法字体也是宋版书形成视觉秩序的一种重要元素，如前述所说，宋版书的字体方正，也蕴含着价值观。宋版书所用的字体从流行的三家书体——欧体、颜体、柳体，到逐渐形成了后世的宋体字，并直到今天仍是书籍印刷的主要字体。叶德辉认为南宋时已开今日宋体之风。他在《书林清话》中说："今世刻书字体，有一种横轻直重者，谓之为'宋体'；一种楷书圆美者，谓之为'元字'。[2]"历代藏书家们对宋版书字体的形容包括"字画端楷""字画整齐""字画斩方""字画方板"。其中欧体笔势刚劲、用笔方正、严谨工整、方圆兼施，颜体圆润厚重，柳体横轻竖重、气势雄浑、笔意清秀、结构端正、飘逸舒展。宋版书兼有使用徽宗的瘦金体，流畅飘逸，极具神韵之美。此外宋版书也会采用作者本人或书法名家的个性化字体。

书法字的自由灵动和气韵平衡了版面元素的克制、规则和均衡对称感。宋代雕版工人娴熟的雕刻技巧保留了写样的力量、变化与美感，而元明清雕版工人因为熟练掌握了雕刻的技巧而刻意追求工整和省力原则。一般来说，浙江地区的宋版书以欧体字为主，福建地区以颜体字为主，四川地区以颜、柳字混合为主。"字体的区别也成为鉴定版本的重要方法之一。[3]"

今时今日常用的宋体字就是在南宋印刷字体上发展而来的。正是雕版印刷术

---

［1］ 李致忠.中国古代书籍［M］.北京：中国国际广播出版社，2010：6-7.
［2］ 叶德辉.书林清话［M］.北京：华文出版社，2012：39.
［3］ Pan M S. Books and printing in Sung China，960—1279［D］.Chicago：University of Chicago，1979.

在宋代的发展与普及，催生了简洁、快速、规范的类似印刷体的字体，同时因为其易于识别，又推动书籍作为一种大众媒介形式快速发展。时至今日，印刷宋体字仍然是日常字体的首选标准汉字字体，其字形结构稳定，又具有韵律感，横平竖直，横细竖粗，转角圆润，简约而规范。

（二）版面秩序

宋版书的版面秩序呈现出明晰、疏朗的特点，接近数学式的规整。版框的高和宽尽管取决于雕版的大小而有所不同，但是高和宽的比例符合数学规律，基本在同一比例上下浮动。学者孙琬淑的研究表明，如果将宋版书按照框高与框宽（两面）的比例算，其"一版双面"的比例关系成正比例关系，在 0.7 上下浮动，是隐藏在宋刻本中的设计标准[1]。我们收集整理了相关现存宋版书的版框高宽比例和每半叶行数与字数，发现其高与宽的尺寸并不固定，版框高度从 14 cm 到 26 cm 左右，宽度从 10 cm 到 20 cm 都有（巾箱本除外）。清代江标著有《宋元本行格表》，对宋版书的行数、字数进行了统计。根据历代学者统计，我们也对所收集到的宋版书进行了整理，宋版书每半叶 7 到 12 行，每行 16 到 24 字，版面字数在 112 字到 288 字左右，加双行最多每半叶在 400 字。与现代书相比，以《中国纸和印刷文化史》为例，每页 30 行，每行 35 字，每页在 1 050 字左右。现代书版框高差不多 18 cm，宽 13.5 cm。比较而言，在版框范围内，现在书籍单页字数在宋版书的两倍到三倍左右，难怪宋版书的字体有字大如钱的说法。

版框和界行的使用是对竹简形式的延续，也增强了版面的中正性和规则性。

（三）空间秩序

宋版书版面既有横平竖直的界行、版框和汉字营造的空间秩序，又有由字号大小、阴刻阳刻、底色、单行双行构成的信息层级顺序。天头、地脚、版框、黑口或白口、鱼尾与变化的单行和双行文字，按照一定比例，置于一个概念性的空

---

[1] 孙琬淑.比例规律与设计标准：宋刻本"一版双面"版框高广的尺度范式研究［J］.装饰，2020（6）：76–80.

间架构中，也暗含在中国传统"天地人"的认知方式和价值体系上。如果将天头和地脚视为天和地，那么中间的版心内容就是人的思想的表达。版心中的各元素形成了宾主、虚实、开合、收放、聚散、动静的对立关系，构成了宋代书籍设计的视觉秩序，即内在章法。

章法一词来源于中国绘画理论，指画家对于画面的宏观整体处理，分为大章法和小章法，其中大章法指整体布局，小章法则指局部画面的具体细节。在中国绘画中，大章法有九种主要形式，分别为直立式、平展式、倾斜式、凝聚式、分画式、偏胜式、呼应式、迂回式、散布式。一般将版面视作大章法，将字体和图像视作小章法，宋代书籍版面中的视觉结构虽然没有绘画这么复杂，但也通过字体和点线面的安排形成了不同的经营位置。行格之间的空白和起首文字的变化随文字内容而设置，既有视觉的考虑，又符合中国传统的留白理念。

宋版书中图像的运用，因为雕版印刷技术的限制，虽然没有现代书籍设计那样形式丰富，但已经有了图文关系的变化，图像与文字呈现出中国传统认知中所倡导的"观物取象"的理念。宋版书将对称、天圆地方、四角造型、米宫格等运用在版面中。它将有限的版面语汇在严格规定的结构内，达到对书籍内容简洁明了的呈现。

（四）视觉秩序

宋版书的文字顺序是从上到下、从右到左，其视觉重点在右上方。宋版书用于区分内容、制造视觉秩序的原则一般有以下几种。

对比原则：增加底色、反白，在视觉上引起强烈注意。例如《王荆文公诗》中的"唐寅增注第一卷"和"卷末"的标志就是黑底白字（见图6-4）。纸与墨的对比本身就存在着阴与阳、轻与重、空与密的对比。

字体大小原则：通过字体大小的变化，区分内容的不同，比如标题、正文、注、疏、音均通过字体大小来区分。以《周易注疏》为例（见图6-5），正文大字单行，注双行，疏用黑底白字标明，形成区隔。大字自成一体，小字作为注释，可独立阅读。

层级原则：通过空白、空格，或者居中方式不一样，来提示内容的变化。如

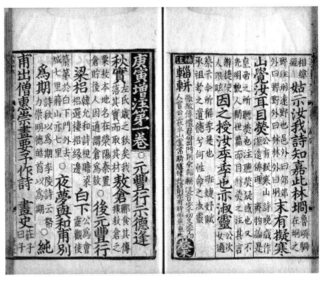

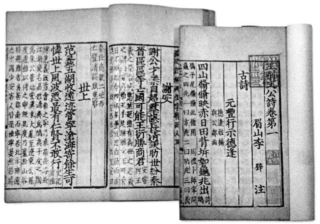

图 6-4 《王荆文公诗》

注：现藏于台北故宫博物院。

《六臣注文选》（见图 6-6）在呈现文体类型、文章名以及作者名、选编者名字时都采取另起一行，同时空格大小不同的方法，再辅以字体大小的变化，从而调整人的视觉注意力。

　　对称原则：通过构图的不同，制造视觉中心，区分内容。追求视觉的秩序感、平衡感和节奏感，利用居中排版和内在章法（见图 6-7），回归内心的平衡。

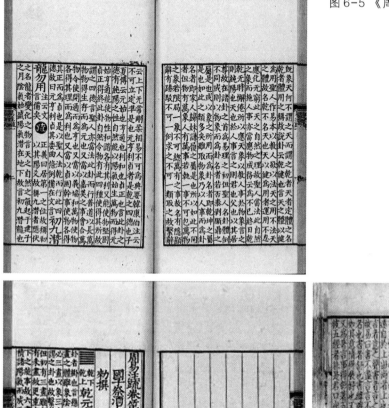

图 6-5 《周易注疏》

图 6-6　《六臣注文选》
注：现藏于台北故宫博物院。

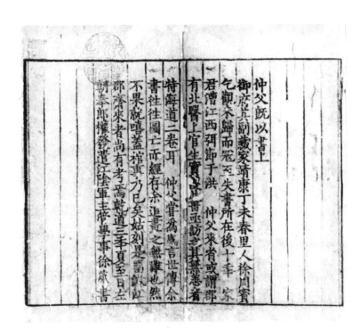

图 6-7　《宣和奉使高丽图经》
注：现藏于台北故宫博物院。

三、图文叙事：左图右史

图画是书籍中的重要元素。今天人们把图、书并称，源于自古以来中国书籍中就有图像。作为表意文字的汉字，其起源之一就是古代的图画，只是中国古代书籍中文字的比例远远超过图画。有学者认为，将"图书"一词连用的确切文献最早出现在西汉初期，如《史记》等汉代文献中[1]。从唐代开始，就有"左图右史"的说法，如《新唐书·杨绾传》中的"性沉静，独处一室，左图右史，凝尘满席，澹如也"。明代藏书家陈继儒在《三才图会》一书的序中曾经阐述图对于书的重要性，"左有图右有书，图者书之精神也，自龟龙见而河洛兴，而仓颉造书史皇制画，图与书相附而行"[2]。考古发现，帛书中已有图画，如长沙马王堆西汉墓出土的帛书。在纸本手写佛经中，同样可以看到不少插图，甚至有彩绘版本。及至雕版印刷书籍，如前文所述，在现存的唐代佛经、历书中都有发现插图版本。前述唐代的《金刚般若波罗蜜经》就有卷首扉画，栩栩如生，刻印精美。

到了宋代，扉画、插图继续发展，从宗教插图逐渐转向经世致用，不仅成为书籍的重要版面元素，而且形成了多种文字插图的组合方式，一方面给读者留下清晰、形象的概念，补充文字之不足，另一方面让版面更具有吸引力。宋代史学家郑樵在《通志》中就提到了"图谱"一略，说明图的作用，"见书不见图，闻其声不见其形；见图不见书，见其人不闻其语。后之学者，离图即书，尚辞务说，故人亦难为学，学亦难为功……以图谱之学不传，则实学尽化为虚文矣"[3]。下面主要从形式、目的和价值三个方面探讨宋代书籍插图。

（一）插图形式

从扉页画、内封画到单面、双面以及连续插图；从上图下文到上文下图，再到文中嵌图，两宋书籍中的插图形式已经开始呈现多样化的特点，在插图的版式、构图、表现手法、文图关系上都对后世书籍具有开创性。特别是上图下文的

[1] 丁海斌，杨茉."图书"一词的起源及本义考[J].档案学研究，2018（2）：21-27.
[2] 陈继儒.三才图会序[M]//王圻，王思义.三才图会.上海：上海古籍出版社，1988：6-9.
[3] 郑樵.通志[M].北京：中华书局，1987.

版式长期成为中国古代插图本书籍的主流版式，体现着古人参合并观的认知理念。佛教幡幢式的楹联形式，保留画面上端的通栏图题、版式中间的图像和左右两边的对联形式，也成为宋代书籍以及后世书籍的视觉形式之一。

单幅插图：《大随求陀罗尼轮曼荼罗》印制于北宋太平兴国五年（980年），其中所印插图可谓是一幅精美的艺术品，以外方内圆为整体构图，四周有花框，圆形法轮偏上居中，法轮中心坐手执法器的八臂菩萨，四周环绕十九层梵文佛经。法轮周围和画框中绘有佛教吉祥图案，法轮下方还有方框，内有题记，文字和图形相得益彰[1]。

多幅插图：《开宝藏》中的《御制秘藏诠》（卷十三）现存于美国哈佛大学美术馆，该书有四幅木刻山水版画插图（见图6-8），是中国现存最早的山水版画[2]。这四幅画在艺术史和版画史上都有重要意义。该山水版画有北宋大观二年（1108年）的施经木记，可能是重印《御制秘藏诠》时补入的。不同于一般佛经的说法图，这四幅佛画以山水画为主要场景，以隐居山林的僧众的活动为点缀，

图 6-8　《御制秘藏诠》山水版画插图

注：现藏于哈佛大学赛克勒美术馆。

[1] 薛冰.中国版本文化丛书·插图本［M］.南京：江苏古籍出版社，2002：21.

[2] 李茂增.宋元明清的版画艺术［M］.郑州：大象出版社，2000：17-18.

或送行，或对话，或修行，主体画面山峦水波、烟云波澜、线条流畅，画面清晰，意境深远。画中人物与风景融为一体，可谓北宋画家郭熙所说的"身即山川而取之"。从中可以看到几个趋势：一是两宋山水画的绘画风格对书籍版画的影响，以及观画与观书的相通之处；二是两宋雕版印刷技术的成熟，当时的技术已经可以雕刻如此繁复而具有意境的画面；三是这几幅画也反映了当时僧人的宗教活动，走出寺院，融入自然山川中，和当时的社会心理相应和。

连续插图：北宋崇宁年间（1102—1106 年）江苏地区刻印的《陀罗尼经》，采用了在卷中连续插图的形式，开了以后随书籍内容连插形式的先河[1]。

装饰插图：值得一提的是，1974 年在山西应县木塔内发现的《妙法莲华经》不仅有双栏线，其两线中间还印有法器金刚杵，金刚杵之间还印有莲台，这可以视作是边栏的雕饰形式。

上图下文：宋版书中配有插图的比较典型的形式是上图下文，比如南宋嘉定年间刊本《天竺灵签》，从第五签到第九十二签，每签右侧为书名和签名顺序，上图下文，图签呈现其内容意义，下面文字为五言绝句式签语及其含义解释，图文之间以横线分割，版面非常清晰有规律。此外像《佛国禅师文殊指南图赞》也以上图下文为主。这种上图下文的形式在明清绣像小说和民国时期连环画中仍能见到。

牌记图案：宋人在书首或者书尾，或者序后、目录后刻有牌记。宋刻本中的牌记都比较简洁古朴，有长方形双边墨框，也有双边外粗内细的墨框，还有在边框修饰波浪花纹的形式（见图6-9）。

（二）插图目的

两宋并没有关于书籍插图的系统论述，但是在不少文献中，就插图的作用和特点也有不少说明，试简述如下。

无不具备：南宋陈振孙在《直斋书录题解》中，提到北宋的《三朝训鉴图》"卷为一册，凡十事，事为一图，饰以青赤……"。该书由北宋画家高克明绘图

[1] 李致忠.中国古代书籍［M］.北京：中国国际广播出版社，2010：97.

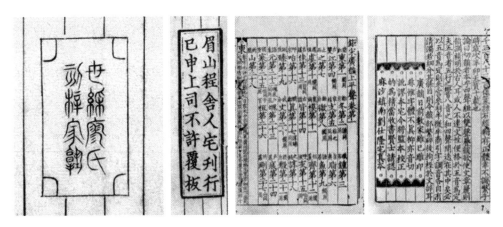

图 6-9　《昌黎先生集》牌记和《钜宋广韵》牌记

并配文，其人物"一寸多高，而宫殿山川、仪仗器物无不具备"[1]。宋代郭若虚在《图画见闻志》中也曾提及该书。

"皇祐初元，上敕待诏高克明等图画三朝盛德之事，人物才及寸余，宫殿、山川、銮舆、仪卫咸备焉。命学士李淑等编次序赞之，凡一百事，为十卷，名《三朝训鉴图》，图成，复令传模镂版印染，颁赐大臣及近上宗室。[2]"从这段记录中可以看出，该书的目的是通过对历朝历代有德行的事情做叙述、描绘，以作为当时皇帝、大臣、宗室的学习用书。而且当时的书籍编辑设计中已经有画家的参与，对插图有极高的艺术要求。高克明是北宋仁宗朝著名的山水画家，任图画院待诏，其绘画成就在当时已得到公认。他的画作在《宋朝名画品》中被列为妙品第一，有着"神游物外，景造笔下"的说法。从这个角度看，两宋绘画极高的造诣水平也影响了当时的书籍设计，笔者还将在第七章中继续详述。

文象推合：南宋淳熙二年（1175 年）由镇江府学刊刻的《新定三礼图》，由宋聂崇义集注。插图共有五百余幅，分散于文字之中，形式非常多样，有一页一图或一页多图，也有两图并列或者竖列，随内容而变化。该书的插图线条清晰，器物、服饰造型工整，人物形象雍容端庄。全书插图分为冕服图、后服图、冠冕图、宫室图、投壶图、射侯图、弓矢图、旌旗图、玉瑞图、祭玉图、匏爵图、鼎

［1］李致忠.中国古代书籍［M］.北京：中国国际广播出版社，2010：98.
［2］郭若虚.图画见闻志［M］.沈阳：辽宁教育出版社，2001：61.

俎图、尊彝图、丧服图、袭敛图、丧器图十六类。此书也是版刻插图走出宗教宣传品、转入经世致用的早期例证[1]。宋人窦严在该书的序中写道："文象推合，略无差较；作程立制，昭示无穷。"由此可见该书对图像的重视。图说和图像相互参照是了解古代礼仪制度的重要参考，只是宋代诸儒对该书插图有不少批评意见，如沈括、欧阳修、赵彦卫、林光朝都曾讥讽其不够准确，以意为之。可以看出宋人对图像真实性和准确性的要求。

物图其形：据记载，北宋徽宗宣和年间徐兢出使高丽时编著的《宣和奉使高丽图经》最初也是有图的，该书以图文互注的形式详细记载了当时高丽朝的政治、经济、文化状况，共四十卷。徐兢在序中说："谨因耳目所及，博采众说，简去其同于中国者，而取其异焉，凡三百余条，厘为四十卷，物图其形，事为之说，名曰《宣和奉使高丽图经》……今臣所著图经，手披目览而遐陬异域，举萃于前……亦粗能得其建国立政之体，风俗事物之宜，使不逃乎绘画纪次之列。[2]"作者意识到插图的重要性，该书正文部分也多有提及图文互释，涉及的内容包括城邑、宫殿、人物、兵器、舟楫等多类。可惜在靖康之乱中，该书图说部分已遗失，后来其侄根据留存部分重新编辑刻印，由澄江郡斋于宋乾道三年（1167 年）刊印。

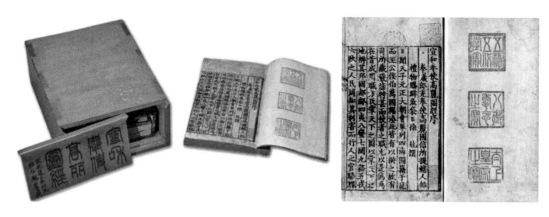

图 6-10 《宣和奉使高丽图经》
注：现存于台北故宫博物院。

［1］ 薛冰.中国版本文化丛书·插图本［M］.南京：江苏古籍出版社，2002：114.
［2］ 张自然.《宣和奉使高丽图经》美术史学价值管窥［J］.中国美术研究，2019（4）：56-60.

以图摹之：南宋宋伯仁的《梅花喜神谱》是宋代木刻版画画谱的孤本，也是宋代插图书籍的一个典型代表。宋伯仁是南宋苕川（今天的浙江湖州）人，曾在绍定中为泰州盐场监督盐课，善画梅。该书原刊于嘉熙初年（1238年），现存双桂堂本为浙刻本，重刊于景定二年（1261年），现存于上海博物馆（见图6-11）。所谓"喜神"，是宋元时期对画像的称法，"梅花喜神谱"就是对梅花各种形态写生的图谱，同时配以五言绝句，供文人清赏切磋，交游唱和，是为了"以图摹之，以声和之"。据《中华再造善本总目提要 唐宋编》介绍，该书是以白描版画的形式展现了梅花由蓓蕾到就实过程中的近百种形态，分别有"蓓蕾"四枝，"小蕊"十六枝，"大蕊"八枝，"欲开"八枝，"大开"十四枝，"烂漫"二十八枝，"欲谢"十六枝，"就实"六枝，"按花开花落的顺序编排、具体形态的描绘、名目的命名上都实践了当时的画梅高手释仲仁、杨补之的创作法则"[1]。每图都有题名，同时还配有五言诗一首。作者对梅花形态的命名也颇具观物取象的特点，比如"孩儿面""樱桃""老人星""蹙眉"等。其诗歌偏打油诗一类，通俗易懂。比如"蹙眉"中五言诗"西施无限愁，后人何必效，只好笑呵呵，不

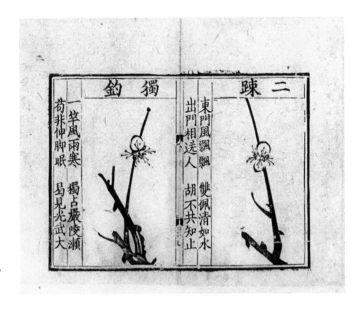

图6-11 《梅花喜神谱》

注：现存于上海博物馆。

[1] 中华再造善本工程编纂出版委员会.中华再造善本总目提要 唐宋编［M］.北京：国家图书馆出版社，2013：395.

损红妆貌"，颇有一些人生哲理蕴含在其中。关于《梅花喜神谱》的研究，在文学方面，有从题画诗角度进行的研究；在教育史方面，有从现存最早美术教育课本角度进行的研究。德国的彼得·魏德哈格著有博士论文《论宋伯仁的〈梅花喜神谱〉》。苏梅从工艺美术与文人意趣的关系角度分析，考证文人对梅花的挚爱赏玩与宋代工艺美术的高度发展共同成就了该书的诞生[1]。根据《墨梅》的研究，今天所知道的绵延不断的梅花传统就形成于宋代[2]。从林逋到陆游的诗词，从禅僧仲仁到杨无咎的水墨梅花，宋人逐渐形成了梅花的诗意化表达，并赋予了梅花人格化的精神象征意义，梅花所代表的清疏、孤寒、朴素、淡雅与宋代文人士大夫的美学追求有着异质同构的对应性。

从书籍设计角度看，《梅花喜神谱》也有不少启示意义，书中图像与标题相匹配，对梅花的形态进行了准确描摹，并在配图的诗歌中发展成为隐喻。图像、标题和诗歌形成了共享的意象与比喻体系，通过典故表达历史意识，一同表征了共同的赏析语言。这种标题、图像、诗歌条理分明的版面安排方式极具规则性，在书籍发展中也很有开创性意义。凭借版面元素、版面秩序和梅花所蕴含的情感表达和精神象征的相互结合，《梅花喜神谱》成为宋版书的代表。

（三）插图价值

实用价值：经史子集各类图书中都有不少插图本，可以按图索骥，比如南宋印本《东家杂记》（北宋衢州刊、南宋中叶补版，卷首有杏坛图，单面图，该书为现存书籍中最早出现孔子形象的书籍，现存于中国国家图书馆）、崇宁二年（1103 年）的《营造法式》、宋徽宗时期印制的《宣和博古图录》、方志类的《咸淳临安志》、医书类的《经史证类备急本草》、科技类的《农经》，其插图都具有实用价值。以《经史证类备急本草》为例，该书由北宋医药学家唐慎微撰写，一共 31 卷，记录了 1 748 种不同的药物，其中有 900 种绘制了插图。该书于 1108 年以朝廷名义刊印，又于政和六年（1116 年）重新校勘，更名为《政和

---

[1] 苏梅.宋代文人意趣与工艺美术关系［M］.北京：中国社会科学出版社，2015：219.
[2] 毕嘉珍.墨梅［M］.陆敏珍，译.南京：江苏人民出版社，2012：31.

新修经史证类备用本草》。作者在自序中说，"图像失真者，据所尝见，皆更写之……字画谬误，殊关利害"，可见其严谨。该书收集整理且引用了大量典籍，特别是《嘉祐本草》和《本草图经》的文字，并兼有作者本人收集整理的药方，图文并茂、内容丰富、层次分明、体例严谨，在中国医药发展史上具有重要的承前启后的作用。

当代学者胡道静认为，类书有图者，似源于宋代唐仲友的《帝王经世图谱》，而"图谱"类书，则源于南宋陈元靓的《事林广记》，这是一本日用百科全书型的民间类书。《事林广记》中已有谱表、地图、插图，如"律度量衡图""耕获图""蚕织图""河图""洛书""天子武学图""车制图"等，对古代器物形制、古人生活状况多有展示，只是绘刻不精。两宋书坊刻书会将"纂图"标记于书名之上，说明图已是吸引读者的重要手段之一。

美感价值：文集类的《欧阳文忠公集》《列女传》插图就具有装饰作用。宋嘉祐八年（1063年）由建安余氏勤有堂刊刻的《新刊古列女传》有插图123幅，上图下文，图文各一半；图双面相连，文字则各居半叶。画谱《梅花喜神谱》、棋谱《忘忧清乐集》则以图为主，文字为辅，兼具美感和实用性。特别是《梅花喜神谱》的图像还有着隐喻的情感表达，与标题、题词相应和。

研究木刻版画的学者认为，明代以前的版刻插图的总体风格比较粗放[1]，绘图和雕刻大多由一人完成，甚至直接以刀上版雕出，不少版刻插图上衣服的褶皱、人物的须眉，有明显的以刀代笔的迹象[2]。但是也有一些特例，比如画家高克朋参与的《三朝训鉴图》，就体现了当时艺术家的艺术风格。尽管从技巧上，两宋书籍的插图还不如明代精细，但是两宋书籍的插图体现了两宋人的价值取向和审美取向。无论是医书中的细致描摹，还是画谱中的图文互喻，都蕴含着宋人的价值观。从官修的书籍到民间书籍，它们的视觉表现也呼应着当时朝廷、士人和民间的不同品味。

---

[1] 雕版书籍的插图到了明代，从形式到内容，从质量到数量，从画功到刻功都达到了顶峰，特别是伴随着戏曲、小说的层出不穷和"饾版""拱花"技术的发明，出现了一批图文并茂的书籍，可谓达到雕版印刷插图本的黄金时代，如《三才图会》《博古叶子》《程氏墨苑》《十竹斋笺谱》都是其中的代表作品。
[2] 薛冰.中国版本文化丛书·插图本［M］.南京：江苏古籍出版社，2002：38.

四、心象表达：理和韵意

在宗白华先生看来，中国美学中存在着"芙蓉出水"和"错彩镂金"两种不同的美，构成了中国传统美学的二元结构，而从魏晋开始，中国人开始倾向于"芙蓉出水"之美高于"错彩镂金"之美[1]。唐代李白更有名句"清水出芙蓉，天然去雕饰"，宋代苏东坡提出"凡文字，少小时须令气象峥嵘，采色绚烂，渐老渐熟，乃造平淡。其实不是平淡，绚烂之极也"[2]。从老庄的"五色令人目盲、无为之为、无味之味、恬淡为上、胜而不美"等思想，到孔孟儒家的"中正和雅致中和"的思想，到晋人"虚无、清淡、妙真"的玄学审美，中国传统审美在晋代形成了一种清雅、意味悠长、"哀、明、和、雅"的设色审美[3]，虽经隋唐绚丽张扬之美，但至宋代回归了"出水芙蓉"的自然之美，这对宋代及后世书籍设计产生了巨大的影响。两宋书籍在整体上凸显了恬静平和、理和韵意的审美特点，这也深受宋代哲思的影响。

具体到宋代书籍设计实践上，受时代思维方式和儒、道、佛三家思想融合的影响，两宋书籍呈现了理、和、韵、意（逸和淡）的特点。这些特点也是和书籍的物象、视像、情感和心象所对应的。

（1）所谓理，是受理学的影响，在其制作工艺和材料、媒介以及版面秩序上都遵循观之以理和格物致知的特点。追求物象的本质意义，即对理的追求是宋人的美学标准。

（2）所谓和，是追求中正平和的表达，无论在所用字体、版面安排和结构上，都符合儒家和谐的内在要求。

（3）所谓韵，是宋代美学的一个重要特征，也体现在两宋书籍中。对气韵的追求，从东晋谢赫的气韵生动就已经开始，到宋代的郭若虚、邓椿、黄庭坚等人都强调书画中的韵。韵既是一种弦外之音，一种心中微妙的表达，也是一种情感的诉求。吴功正在《宋代美学史》中就说，韵在宋代风行于文化和审美领域，成

[1] 宗白华.美学散步［M］.上海：上海人民出版社，1981：34-37.
[2] 苏轼.苏东坡全集6［M］.北京：北京燕山出版社，2009：2907.
[3] 李钢.传统文脉与现代设计体用［M］.上海：上海交通大学出版社，2020：20.

为意义宽泛的审美标准和范畴[1]。学者田建平就认为宋版书是神韵至上。

（4）所谓意，是儒释道的精神追求，既有入世的士大夫"为天地立心、为生民立命、为往圣继绝学、为万世开太平"的内心要求，也有出世的逸和淡两种状态。逸是一种回归自然山水的精神状态，也是一种追求自然天真的状态。山水画的艺术追求，在宋人对理学、儒学理念的追求之外，呈现了向自然山水追求精神空间的诉求。宋人黄休复和邓椿都将"逸"作为最高审美标准。这种对含蓄、自然、平淡的精神属性的追求也成为书籍审美的重要标准。所谓淡，是平淡简约之美，是禅意之美。正如前述所说，梅尧臣、欧阳修、苏轼等宋代文学家都强调平淡之难，"作诗无古今，唯造平淡难"。两宋书籍在用色、呈现方式上都与这种淡雅之美一脉相承。

尽管宋代书籍在物质形态特征上还缺乏两宋绘画所表现的复杂性，但是从精神属性上看，物象、视像、情感和心象的四级编码形式体现在宋代书籍的设计上，对应着宋代书籍理、和、韵、意的美学特征。对物象的把握首先是用观之以理的方式，即把握事物的本质特征；而物象的结构关系则体现着和的特征，是视觉的平衡与和谐；韵是微妙的情感表达，是弦外之音，是气韵；意则是精神的追求，同时又回溯到事物的本质。四级编码的四层符号又是不可分割的，彼此关联（见图6-12），所以宋代书籍的整体感受是圆融的，是淡泊平和的，是雅致的，是和谐而充满韵味的。

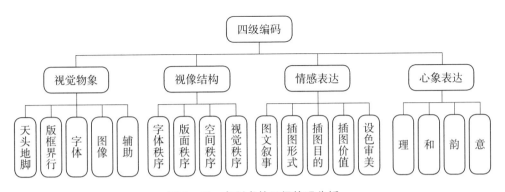

图6-12　宋版书的四级编码分析

---

[1]　吴功正.宋代美学史［M］.南京：江苏教育出版社，2007：6.

五、本 章 小 结

宋版书视觉秩序受到当时社会和文化价值的影响，也反映了宋代统治者和宋代士大夫阶层建立文化秩序和价值体系的愿望。从版面元素、版面解构、插图呈现以及审美特征上，宋代书籍设计体现了物象、视像、情感和心象的四级编码形式，对应着宋代书籍理、和、韵、意的美学特征。从认知学的角度看，宋书的设计形成了一种认知图式，它是由视觉符号、视像结构（秩序）、风格特征和精神内涵共同构成的整体，一同创造、修改和改造一个共享的文化，书籍的视觉秩序反映了当时的宋代统治者以及士大夫阶层希望建立一种稳定的以儒家文化为主导的文化秩序。其版式元素的选择、字体的选择、版面空间的营造、图文关系的理解都体现了宋代的观·物思想，宋代书籍就是宋代观·物思想下的一种文化产物，因此，观·物思想也可以被理解为一种设计思维。下一章笔者将继续运用四级编码的方法从两宋山水画中分析时代的美学特征，并进而体会其对两宋书籍的影响。

第七章　心物化一的两宋审美与书籍装帧设计

驿亭幽绝堪垂钓，岩石虚明可读书。

欧阳修《咏零陵》

在上一章，我们用四级编码的方法从版面特征、视觉秩序、审美特征等角度分析了宋版书设计背后的原理。正如序言所说，两宋书籍装帧设计受到同时代社会文化的影响。南宋赵希鹄在《洞天清录集》序中对宋人的审美状态做了精炼的描摹，"吾辈自有乐地，悦目初不在色，盈耳初不在声，尝见前辈诸老先生多蓄法书、名画、古琴、旧砚，良以是也。明窗净几，罗列布置，篆香居中，佳客玉立相映，时取古文妙迹，以观鸟篆蜗书，奇峰远水，摩挲钟鼎，亲见商周……是境也，阆苑瑶池未必是过"[1]。在宋人的审美生活中，两宋山水画作为中国传统文化符号体系的重要组成部分，形成了中国特有的知觉方式和视觉体验。本章暂时从两宋书籍的分析中跳开，从审美认知的角度，继续运用四级编码的方式分析两宋山水画，探讨两宋美学特征，以期进一步分析两宋书籍的美学特征。笔者认为，两宋山水画和两宋书籍看似为两个不同的领域，但无论是从插图对两宋书籍的影响，还是从时代的美学特征来说，两宋山水画和两宋书籍都具有相通的地方，从视觉经验的角度看，二者都共同表征了中国传统的认知循环圈。同时反映宋代士大夫阶层精神层面的书画艺术也以物化的形式转化为宋代书籍的装帧元素和装饰元素。对当代书籍设计而言，两宋山水画所表现出来的主体性表达和复合

---

[1]　周裕锴.宋代诗学通论［M］.成都：巴蜀书社，1997：104.

式视觉经验对设计师具有直接的启示意义。因此这一章，笔者围绕观·物思想，运用四级编码的方式进一步阐释中国传统的认知经验。

中国山水画从魏晋开始，历经隋唐五代，在两宋得到高度成熟的发展。作为山水画的黄金时代，两宋涌现出如范宽、郭熙、米芾、李唐、马远、夏圭等一大批山水画家，他们将中国人的审美哲思和美学理想寄寓其中，成为两宋美学的代表。对于两宋山水画，国内外学者主要从艺术史的角度进行分析。海外艺术史学家对两宋山水画的研究在 20 世纪 60 年代后主要向社会学、思想史、文化史研究领域渗透，80 年代以后符号学、精神分析、消费社会理论以及后现代主义、女权主义、后殖民主义等跨学科的分析方法也都被陆续应用，如方闻围绕绘画风格造型与绘画内容展开，提出了"视像结构分析法"[1]；德国汉学家雷德侯则从汉字模件化出发，也以绘画为例探讨了中国人的模件式思维模式[2]。在国内，宗白华、李泽厚、朱良志从美学高度探讨两宋山水画，谢稚柳强调技法特征和心性气韵是建立宋画艺术高峰的两大支撑点。学者张红梅针对宋元时期山水画风格衍变的审美机制进行研究，认为主体审美知觉模式的建立和衍变是导致艺术风格转变的原因，并特别指出构成形式知觉模式的三种因素之间的关系是以先天遗传为基础，以一般文化性为底色，以特定社会性为决定性内容，三者合而为一[3]。那么两宋山水画的知觉过程是怎样的？它通过哪些元素获得观者注意，又是如何影响观者的认知过程的呢？

一、山水画的图式

在两宋山水画中，图式表现为通过对自然的描摹来表达内心的精神世界。画者在山水画中传达内心的向往和对"理"的阐释，而观者也在作品中找到精神的共鸣，完成了观的过程。这一点在北宋画家郭熙《林泉高致》中有关山水画的表述部分有更具象的表达，"君子之所以爱夫山水者，其旨安在？丘园养素，所

---

［1］ 方闻.心印：中国书画风格与结构分析研究［M］.李维琨，译.上海：上海书画出版社，2016：26.
［2］ 雷德侯.万物：中国艺术中的模件化和规模化生产［M］.张总，钟晓青，陈芳，等译.北京：生活·读书·新知三联书店，2005.
［3］ 张红梅，刘兆武.从千里江山到富春山居：创作主体审美知觉模式对绘画风格衍变的作用及影响［J］.文艺争鸣，2015（12）：189-195.

常处也；泉石啸傲，所常乐也；渔樵隐逸，所常适也；猿鹤飞鸣，所常亲也；尘嚣缰锁，此人情所常厌也；烟霞仙圣，此人情所常愿而不得见也"[1]。这种源于自然，又回归自然，同时带给传者和观者心灵归宿的理念是两宋山水画追求的精神理念。观察自然山水的过程、创造山水画的过程、赏析山水画的过程就是自身对于老庄之"道"、"佛性本体"，甚至于儒家之"天道"的自性观照、体悟的过程[2]。笔者在前文已经阐述过中国传统诗歌和绘画的四级编码模式（物象、视像、情感和心象）在宋书中的

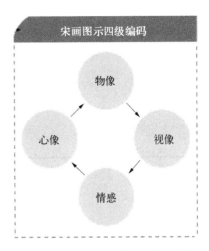

图 7-1　两宋山水画的四级编码结构

应用，本章将通过两宋山水画做进一步详细说明（见图 7-1）。

二、视觉物象：自然山水

本书对《宋画大系 山水卷》[3]的 269 幅山水画进行分析，从年代、题名、作者、材质、形式、尺寸、印张数、现藏、主题等方面以及视觉符号、视像结构、情感表达和心象四级编码模式角度分别进行内容分析。其中团扇 83 幅，斗方 44 幅，册页 36 幅，立轴 50 幅，长卷 56 幅[4]，含五代、辽国、金国作品。

上述作品主要收藏于北京故宫博物院、台北故宫博物院、辽宁省博物馆、上海博物馆、天津博物馆、纽约大都会博物馆、东京国立博物馆、弗利尔美术馆、波士顿美术博物馆、纳尔逊·阿特金斯艺术博物馆、英国国家博物馆、维多利亚和阿尔伯特博物馆、大阪市立美术馆、克利夫兰艺术博物馆。

----

［1］ 郭熙，郭思．林泉高致［C］//潘运告．宋人画论．熊志庭，刘城淮，金五德，译注．长沙：湖南美术出版社，2000：6.

［2］ 李钢，谈佳洁，朱佳妮，等．文脉与设计体用［M］．上海：上海交通大学出版社，2016：224.

［3］ 金墨．宋画大系 山水卷［M］．北京：中信出版社，2016.

［4］ 两宋山水画根据尺幅不同分为团扇、册页、斗方、长卷和立轴，其中团扇、册页、斗方的尺幅较小，立轴、长卷的尺幅很大。如南宋李嵩的《长江万里图》达到 53.2 cm × 1 979.5 cm，形成山水画独具特色的观看方式。

通过视觉符号分析将两宋山水画中常见的物象符号归纳为以下十一类（见表7-1），其中树、山、石、水是山水画的主体视觉物象。

表7-1　两宋山水画的主要物象分析

分　类	视觉物象	视　像
自然环境	山、石、水	主要
树木	松、梧桐、柳、竹	主要
植物	莲花、梅花、荷花	次要
交通	桥、舟、船、车	次要
建筑	楼阁、茅屋、塔、亭、城关、庙宇	次要
人	渔、樵、行人、船夫、儿童、士人	点景
造景	山路、渡口、池塘	点景
自然现象	云海、月亮、太阳	点景
家畜	牛、马、骆驼、猪	点景
鸟类	鹤、鸭、鸟、鹿、白鹭、雁	点景
器具	桌椅、琴、书	点景

笔者在第六章曾经分析过符号学的所指和能指之间的关联。山水画中的物象符号作为一种所指，总是关联着能指的含义，经过历代文人墨客的文化表达，形成了一种共享意义。比如山水画中大量出现"雪山""溪山""关山""雪溪""晚霭""秋山"等具有典型悲悯寓意的自然景物，而画者将行旅的主题与其相连接。如以《雪山行旅图》命名的就有北宋燕文贵、南宋刘松年、元代姚廷美、明代钱縠、明代谢时臣、清代上睿等人的画作，如以《溪山行旅图》命名（或被命名）的就有北宋范宽、两宋间朱锐、明代张瑞图、清代王翚等人的画作，又如以"关山"为画作名称关键词的就有关仝的《关山行旅图》，北宋燕肃的《关山积雪图》，明代文徵明的《关山积雪图》，明代唐寅、戴进各自的《关山行旅图》，清代陆妫、上官周、邹喆各自的《关山行旅图》等作品，除了上述"雪山""溪

山""关山"等关键词之外，又有如五代南唐赵干的《江行初雪图》、南宋马远的《晓雪山行图》、南宋佚名的《雪溪行旅图》、南宋佚名的《晚霭行旅图》、明代蓝瑛和仇英各自的《秋山行旅图》等多种不同的命名。在画家的笔下和文人的笔下，上述自然景象与行旅有了情感和意义上的共鸣，形成了一种或指示或规约的关系，于是被不断表征，从而更加强化了这种文化的共享意义。

三、视像结构：物我关系

李泽厚曾在《美的历程》里说："中国美学的着眼点更多不是对象、实体，而是功能、关系和韵律。从'阴阳'（以及后代的有无、形神、虚实等）、'和同'到气势、韵味，中国古典美学的范畴、规律和原则大都是功能性的。[1]"两宋山水画的视觉构图也是从功能性出发，呈现韵律之美、气韵之美。

早在东晋，谢赫就提出了六法，画有六法：一曰气韵生动，二曰骨法用笔，三曰应物象形，四曰随类赋彩，五曰经营位置，六曰传移模写[2]，其中的经营位置就有说到位置结构的作用，类似于西方的构图观念。在五代、北宋时期，山水画的构图已经确立了一套"全景山水"的完备画法，即山水画中有近景、中景、远景[3]。如范宽《溪山行旅图》就分为前景、中景和远景三部分构图，其中远景主峰高耸，中景虚实相间，而近景肌理细致，所谓"山形步步移"。在山水画的视像结构中，画家从观画者的视角出发，同时又不是静态的观察，而是动态的。北宋画家郭熙提出了"三远法"，"山有三远：自山下而仰山颠谓之高远，自山前而窥山后谓之深远，自近山而望远山谓之平远；高远之色清明，深远之色重晦，平远之色有明有晦；高远之势突兀，深远之意重叠，平远之意冲融而缥缥缈缈"；又说"山以水为血脉，以草木为毛发，以烟云为神彩。故山得水而活，得草木而华，得烟云而秀媚"[4]。这说明了山水画布置经营及山水、树石、草木和烟云之间的关系。

以现藏于台北故宫博物院的《万壑松风图》为例，它采用顶天立地式构图，

---

[1] 李泽厚. 美的历程［M］. 北京：生活·读书·新知三联书店，2009：55.

[2] 张彦远. 历代名画记［M］. 杭州：浙江人民美术出版社，2019：16.

[3] 应受庚. 中国绘画构图学的规律与法则研究［J］. 浙江丝绸工学院学报，1997（1）：47-55.

[4] 郭熙，郭思. 林泉高致［C］//潘运告. 宋人画论. 熊志庭，刘城淮，金五德，译注. 长沙：湖南美术出版社，2000：22，24.

雄浑森严，从山麓至山巅，松柏葱翠，岚气若动若静，极其细致入微。在结构上，"李唐布局中取近景，突出主峰和崖岸，以造成迫在眉睫的视觉感受"[1]。

另一位宋代画家韩拙在《山水纯全集》则提出："有近岸广水、旷阔遥山者，谓之阔远；有烟雾溟漠、野水隔而仿佛不见者，谓之迷远；景物至绝而微茫缥缈者，谓之幽远。[2]"借助对照与衬托，山水画形成了虚实相间的意境。

山水画的"全景山水"与"三远法"，将不同视角和感受集合在同一张画面中，其构图有别于西洋油画构图学中单纯的点线面的平衡，而是一种层级的概念，不同视角的景物按照层级的不同布置在画面上，互相看似独立但内在又有气韵联系。山水画的构图以动态视角鲜明地呈现了观者作为主体的行为方式，而不是以一个固定的视角。这种可行、可望、可游、可居的表达和现代的设计图有相似的功能。

而北宋的全景式构图和南宋的一角式构图又有所不同。比如南宋画家马远的《寒江独钓图》、牧溪的《远浦归帆图》运用偏胜式构图，大面积的留白就是具有传统美学特征的视像结构。南宋画家夏圭、马远的残山剩水构图也反映了南宋人不同于北宋人的心理空间，隐含着南渡之后痛失北方家园的悲愤情绪。

在现代平面设计，特别是书籍设计中，可以借助这种层级观念塑造具有中国审美特质的三维空间，从功能、关系和韵律出发更好地把握视像结构。例如香港设计师靳埭强的《汉字》系列设计作品借助器物和汉字，形成虚实相间的对比，又以大面积的留白，给观者以想象的空间，突出空灵、玄妙的禅意之美。

两宋山水画还会有意利用物象之间的视像结构关系来表达画家的理念。比如以北宋画家范宽的《溪山行旅图》为例（见图7-2），在画面中间，有宫殿楼阁隐隐藏于山林中。在画面下部，行人的道路随着人的视线将动而盘旋向上，形成空间推移，观赏者的视觉焦点不停地转换。有意思的是，除了商旅之外，画面下方左边的山间还有一个独行的僧人。独行僧在向着回寺的方向行进，"荷笠带斜阳，青山独归远"。而商旅则艰难跋涉在山道上，一个出世，一个入世，传递着中国人的价值观。著名学者方闻先生在其著作《心印》[3]中认为北宋山水画是"新儒学社

［1］李钢.两宋山水画笔墨解析：万壑松风图［M］.上海：上海人民美术出版社，2019：18.
［2］韩拙.山水纯全集［C］//潘运告.宋人画论.熊志庭，刘城淮，金五德，译注.长沙：湖南美术出版社，2000：17.
［3］方闻.心印：中国书画风格与结构分析研究［M］.李维琨，译.上海：上海书画出版社，2016：73.

会秩序"的象征，主峰高耸，几乎占据画面的三分之二，两边夹出一道飞瀑，是典型的具有王者气象的山水营造，远景与近景之间留以空白，分割空间，最近处是行旅的商队，代表的是世俗生活的映现，这幅画所反映的内容也是从上方山水所代表的王者气象的"礼仪空间"，慢慢过渡到下方图像商队所代表的世俗生活。这样的理念表达和当时宋代的政治文化环境也是相关的。宋代佛教具有世俗化、平民化的特征，信仰佛教的人遍布社会各阶层，因此，佛家出世的理念和儒家入世的理念就是当时社会文化环境的一种反映，也表征在了《溪山行旅图》中。

图 7-2　两宋山水画代表作
《溪山行旅图》
注：现藏于台北故宫博物院。

四、情感共鸣：万物静观

本书在编码分析两宋山水画的情感表达时，主要参照相关画论文献得到如下
常用表达：寂寥、颓废、孤寂、悲凉、恬淡、静谧、淡泊、悠然、沉着、闲适、
质朴、神怡、野趣、生机、热烈、壮美、崇高、广袤、气韵、幽远、雄浑、磅
礴、高古、典雅、洗练、飘逸、旷达、空灵、风雅。

笔者以八幅表现松树的山水画作为例，将它们呈现的形式、物象、视图、情
感和心象进行了归纳整理（见表 7-2）：

表 7-2　以松为主题的两宋山水画的四级编码分析

题　名	作者	形式	物　象	视　图	情感	心象
《早春图》	郭熙 北宋	立轴	山、水、树、石、宫殿、茅屋、船、瀑布、院子、渔夫、行旅人	近景、中景、远景，三景交错，松位于画面中心	生机勃勃	生命力 生生不息 循环往复 出世与入世
《渔村小雪图》	王诜 北宋	长卷	山、水、树、石、桥、船、瀑布、渔民、文人	空间转换，起伏变化，三段构图，双松位于画面中段	静谧 空灵 风雅	物我为一 天地一色 乘物以游心
《春山瑞松图》	米芾 北宋	立轴	山、树、石、亭、路	近景、远景结合，虚实结合，松在近景	闲适 生机 质朴 静谧	一片江南 可游可居
《松岗暮色图》	赵令穰	团扇	山、水、松、石	近景、远景，偏胜式构图，松树为视觉焦点	颓废 悲凉 衰败	坚韧
《万壑松风图》	李唐 南宋	立轴	山、水、松、石、瀑布	全景构图，近景、中景、远景结合，高远和深远结合，松树为视觉焦点	雄浑	乘物以游心 禅意
《松湖钓隐图》	李唐 南宋	册页	山、水、松、草、船、渔夫	中景构图，偏胜式构图，松树为视觉焦点	闲适 静谧 悠然	归隐

续 表

题 名	作者	形式	物 象	视 图	情感	心象
《松荫玩月图》	马远 南宋	团扇	山、松、石、人	偏胜式构图	悠然	归隐
《春山乔松图》	马麟 南宋	斗方	山、水、树、石、楼阁、月	中景构图，偏胜式构图，松树位于右侧视觉焦点	孤寂	归隐

在《万壑松风图》（见图7-3）中，李唐使用各种皴法（如长钉皴、刮铁皴、豆瓣皴等）和大斧劈、小斧劈等方法准确描摹山石图景，展现了万壑千岩的气

图7-3 两宋山水画代表
作《万壑松风图》
注：现藏于台北故宫博物院。

势；在自然语境之外，该画也传递了画者的思想意境。在中国文化语境里，"万
壑松"的理念颇具禅意，南宋有一把名琴就命名为万壑松。万壑松寓意着荡涤心
灵的功用。唐代诗人李白就有《听蜀僧浚弹琴》云："为我一挥手，如听万壑松。
客心洗流水，余响入霜钟。"又如马麟的《春山乔松图》，画中高士依松林之侧，
倾听风声、水声、心声，有着"万物静观皆自得，四时佳兴与人同"的境界。上
述作品基于中国文化语境，将视觉、听觉、情感和意境共同呈现在视觉体验中，
值得后世在当代多媒体语境中借鉴。

两宋山水画的画者和观者通过同一文化语境下的视觉符号形成了情感共鸣。
观者期望通过山水画追求内心的平静，画者借助图式传递了回归自然的理念。具
有文化象征意义的视觉符号连接了其外延和内涵，形成了共享的认知图式，促进
了画者和观者的心理同构。例如象征高洁人格的竹子，象征坚韧的松树，象征宗
教意味的高山宫殿，象征禅意的雪景，象征老庄精神的鹤，象征寻找人生出路的
渡口等意象，使心灵得以慰藉和寄托。观者的认知过程与其内心期望不断碰撞而
产生共鸣。

五、视觉理念：林泉之心

基于复合式的视觉体验，两宋山水画不仅是形式上的视觉愉悦，而且契合
了中国文人的心理期待。中国人对自然山川的向往早在先秦就已发端，孔子将山
水与智者、仁者类比，通过山水形象反映人格风范，强调自然山水的人格精神，
"智者乐水，仁者乐山；智者动，仁者静；智者乐，仁者寿"（《论语·雍也篇》）。
而庄子则提出"天地与我并生，万物与我为一"（《庄子·齐物论》），这种天人合
一、道法自然的观念体现了中国人对山水的依恋，山水被视作生命家园、心灵
归宿。到魏晋南北朝时期，"作为知识分子的士人阶层多以隐逸来逃避现实，沉
迷于清谈"，由此艺术界出现了"论述山水画的最早文本，论述山水的蕴意载道
问题"[1]，如宗炳在《画山水序》中指出"圣人含道暎物，贤者澄怀味像……又称
仁智之乐焉。夫圣人以神法道，而贤者通；山水以形媚道，而仁者乐。不亦几

---

[1] 段炼.蕴意载道：索绪尔符号学与中国山水画的再定义[J].美术研究，2016（2）：18-22.

乎？"[1]，也就是说儒道相融，山水绘画也终究应如圣人得道、贤者澄怀，通过内心体悟自然山水。而唐代张璪更提出了"外师造化，中得心源"的概念。

到了两宋，儒家的"仁"之美，道家的"道法自然"，释的"顿悟"三家观点互通互补，共同作用于两宋山水画，促成了山水画的高峰。"虽以实象为宗，山水之形合蕴的人情思虑却是中国历史思想之表征。儒道释融于山水，天人合一，乃宋代山水画之实相。自然客体被画家情思摄取，其精神思虑唯精唯一，显现着自然客体的象征意义，引发了艺术主体的存在与表现。[2]"从两宋山水画中，可以清晰地看到宋人独特的整体审美意识。

两宋山水画还反映了中国人对"林泉之心"的精神向往。"林泉之心"出自《林泉高致·山水训》，"林泉之心"代表宋代山水艺术的终极目的，是"之所以贵夫画山水之本意"。这个终极本意直接点明每个山水画者内心自有一个原初的"丘园养素""泉石啸傲""渔樵隐逸""猿鹤飞鸣"的精神追求，即林泉之心[3]。

在山水画创作方面，范宽的《溪山行旅图》、郭熙的《早春图》、许道宁的《渔舟唱晚图》、王诜的《烟江叠嶂图》《渔村小雪图》、李唐的《万壑松风图》等通过全景式表现自然，呈现出一种或壮美、或静谧、或逍遥之美的画境，返璞归真，传神蕴道，包含着艺术家的人格特征和中国人的人文哲思。南宋梁楷的《雪景山水图》、牧溪的《远浦归帆图》则以写意的手法捕捉大自然的生动瞬间，呈现了禅意之美，空灵澄澈，明心见性。马远的《踏歌图》、刘松年的《蜀道图》、夏圭的《捕鱼图》则在对大自然的细致描摹中包含着对民间疾苦的关怀。

两宋画家郭熙、刘道醇、黄休复、米芾、苏轼、韩拙、饶自然等都有大量关于山水画论的观点，如既要画出"可行、可望、可游、可居"的丘壑之美，又要将艺术表现、山川实景和人的精神感受相连接，并进而探讨宇宙人生的终极关怀。一方面，画家强调要取"莫精于勤，莫大于饱游饫看，历历罗列于胸中"[4]。这是对自然的用心观察，包括四季的变化，烟云的变化，远近、浅深、风雨、明

[1] 彭莱.古代画论［M］.上海：上海书店出版社，2009：46.
[2] 苏畅.宋代绘画美学研究［M］.北京：人民美术出版社，2017：22-23.
[3] 郭熙，郭思.林泉高致［C］//潘运告.宋人画论.熊志庭，刘城淮，金五德，译注.长沙：湖南美术出版社，2000：6.
[4] 郭熙，郭思.林泉高致［C］//潘运告.宋人画论.熊志庭，刘城淮，金五德，译注.长沙：湖南美术出版社，2000：17.

晦、四时、朝暮之所不同等。另一方面，画家也强调从心出发，如范宽认为"前人之法未尝不近取诸物，吾与其师于人者，未若师诸物也。吾与其师于物者，未若师诸心"[1]。至宋代，士大夫更是将意的表达放在形的前面，所谓"得意忘形"，强调意的重要性。苏轼的观点是"论画以形似，见与儿童邻……诗画本一律，天工与清新。[2]"。欧阳修在评价《盘车图》时说，"古画画意不画形，梅诗咏物无隐情，忘形得意知者寡，不若见诗如见画"[3]，将画与诗作比拟，分析了意与形的关系。严羽在《沧浪诗话》中说："如空中之音，相中之色，水中之月，镜中之象，言有尽而意无穷。[4]"沈括在《梦溪笔谈》中强调"书画之妙，当以神会"[5]。认知的过程，回到了精神的领悟上，是主客观统一融合的过程，而不是单纯的对形的把握。

两宋山水画一方面体现了画家对自然山水入情入理的描摹，另一方面又于自然体验中重建了新境界，与哲学观和人生观相连。无论是哪种表达，其追求的都是由形、心、意共同构成的象的世界，再回到最初对物象、视像、情感和心象的探讨，然后会发现这个象具有丰富的能指。

六、本 章 小 结

两宋山水画家通过笔墨的境界、布局的境界、气韵的境界和精神的境界呈现了"林泉之心"，反映了其"中得心源"、虚实结合、天人合一的山水人文视觉体系，形成了极具代表性的中国传统文化符号体系。两宋山水画表征的是一种符合中国人文化心理的复合视觉体验，而这种视觉体验和审美记忆也是根植到中国人的生命体验中的。这种复合式视觉体验，从符号学角度可以运用四级编码的方式理解，分别是物象符号、视像结构、情感表达和理念角度，即物象、视像、情感、心象四个层面。从艺术审美的角度看，前两个模式为实，后两个模式为虚，用宗白华先生的语言解释就是"由形象产生的意象境界就是虚实的结合"，"艺术

[1] 岳仁.宣和画谱［M］.长沙：湖南美术出版社，1999：236.
[2] 苏轼.苏轼诗词选［M］.济南：山东大学出版社，1999：229.
[3] 沈括.梦溪笔谈 精装珍藏本［M］.北京：中国画报出版社，2011：138.
[4] 顾豫葭.人间词话［M］.天津：天津人民出版社，2018：19.
[5] 沈括.梦溪笔谈 精装珍藏本［M］.北京：中国画报出版社，2011：137.

是一种创造，所以要化实为虚，把客观真实化为主观的表现"[1]；这种四级编码的模式构成了中国人心中的图式符号，其同构表意模式形成了画者与观者共同沉浸的知觉循环圈，两宋山水画艺术元素的安排方式、隐喻特征、知觉方式、视像结构和"林泉之心"的视觉理念对应中国人的知觉方式和认知习惯：内敛而含蓄，强调情感表达和精神诉求。通过这样的表征体系，两宋山水画在中国人心目中形成了共享的意义或者说共享的概念图。从视觉经验的角度看，两宋山水画这种四级编码的认知图式和两宋书籍设计也是相通的。书籍不仅仅有实用价值，更有美感价值，同时蕴含着宋人对书籍的情感和价值取向，是宋人心物化一思想的体现。由英国诗人布莱克的诗"一花一世界，一沙一天国"或者佛学中常说的"一花一世界，一叶一菩提"可以理解书籍的这种丰富精神属性。

虽然在两宋书籍中可以看到大量书坊主人、士人刻书者以及刻工的名字，但是不能否认，两宋并没有真正可以称得上书籍设计师的代表，两宋的书籍设计更多的是反映了一个地域一个时代的风格，以及书籍使用者的风格。它缺乏像今天一样能够形成强烈个人风格的设计师。一方面由于表现形式、材料和技术的限制，还无法像现代一样进行更加个人化、多样化的表达，另一方面两宋社会还没有形成像今天一样的设计概念。但是在两宋山水画中可以清晰地感受到两宋画家的个人风格以及山水画所代表的美学特征。对于今天的书籍而言，这也是可资借鉴的宋型美学。今天视觉表达的方式更加多元化，视觉传播的过程更加复杂化，视觉认知的过程也更加多义化，虽然物质形式有了变化，但是中国书籍中很多精神性的东西仍然在传承。

---

[1]　宗白华.美学散步 彩图本［M］.上海：上海人民出版社，2015：42，46.

第八章　观·物设计的体用关系：
宋代书籍设计的当代价值

　　著名当代书籍设计师吕敬人认为，宋版书严谨，其排版、布局注重秩序化，其对用材、工艺讲究，装帧既精湛又有灵气。宋版书的美主要体现在几个方面：第一是字体，宋代刻书的字体由楷书转换成宋体，更适合阅读和刻制，是汉字的一场革命；第二是排版，当时对布局空间的陈设、文字疏密的安排及线框的使用，都有一套严格的规定；第三是印刷，当时印刷工艺已经较为成熟，印刷时使用的纸、墨都经过精挑细选，像纸的柔软度、吸墨度都非常饱和；第四是书籍造型，宋人喜欢用绢、纺、丝、绸做书衣，素雅美观[1]。第一章梳理了当代历史学家、书籍专家、设计师对宋版书的价值评定。本书将两宋书籍设计的当代价值总结为三点，分别是物质属性、精神属性和物我关系，而背后重要的基点则是中国的观·物设计思想。

一、物 质 属 性

　　如果将前述第六章、第七章的四级编码方式应用到今天的书籍设计中，那么从物象符号上看，两宋书籍、绘画、瓷器、图章中出现的造型元素、色彩元素可以作为当代的设计元素。例如文武框（左右双边或四周双边）、鱼尾、象鼻、界行、书耳、书法字体等都可以被当代设计提取，作为再现原汁原味的中国传统书

---

[1]　吕敬人.承其魂拓其体：留住传统书籍阅读温和的回声［J］.饰，2008（4）：8-10.

籍的重要元素，用作表达中国文化的装饰纹样。这些元素在宋代有着分割版面空间、强调信息、形成平衡视觉感受的功能，于今天也可资借鉴。

　　宋版书和宋代文化中出现的具象符号，例如梅花、山水、树石、人物、器物、太极图、印章等都可以被应用到现代设计中，像《梅花喜神谱》中的梅花，《列女传》中的女子，《佛国禅师文殊指南图赞》中的童子造型、《新定三礼图》中的人物、器物、服装造型等。还有在历代书籍中出现的、现存的与宋代文化相关的两宋瓷器，造型简洁、优美，有梅瓶、玉壶春等式样。宋瓷釉色丰富多样，除有传统的青瓷、白瓷和黑瓷之外，还有彩瓷、花釉瓷；装饰形式包括刻花、印花、堆贴、绘画、抽象肌理以及树叶、剪纸贴饰等。像两宋山水画根据尺幅不同可分为团扇、册页、斗方、长卷和立轴这几种形式，其中团扇、册页、斗方的尺幅较小，立轴、长卷的尺幅很大。特别是长卷可以展开观看，形成山水画独具特色的观看方式。上述形式都可以应用到现代书籍的形制上，比如册页的展开形式、长卷的阅览方式。而团扇、斗方等也可应用在书籍封面和内页的视觉元素中。

　　此外古代书籍中的一些内容结构，也可以梳理为信息设计的一种脉络。当代设计中已经有不少以二十四节气为主题的设计，如以司空图《二十四诗品》为内容线索的设计。周敦颐的《太极图》、金木水火土也可以用作物象符号和信息结构。

　　此外，从视像结构上看，宋版书中对空间秩序、版面秩序和视觉秩序的构建都可以应用到今天的书籍设计中。在第六章已经叙述过，宋版书的版面秩序呈现出明晰、疏朗的特点，版框宽与高符合数学比例，今天的设计虽然没有文武框，但是有版心。设计师在按照网格设计原则进行设计时，可以参照宋版书的数学比例。宋版书版面疏密有致，适于阅读，设计师也从读者角度选取了适合的字体大小。富有气韵之美的颜体、欧体、柳体等书法字体与文字版框形成了点线面的关系，也体现了阴阳、宾主、虚实、开合、收放、聚散、动静的对比关系，其中留白的使用也是具有中国特色的美学概念之一，在中国艺术中一直被传承。

　　两宋山水画中的三远理论，同样可应用于现代书籍设计的视像结构中。郭熙提出山水画理论，即"平远、高远、深远"三远法则，也就是说一幅好的山水画，可以呈现三个向度的"气韵生动"。以《早春图》为例，该画表现了初春时北方中原地区高山的雄浑气势，以及宁静而生机勃勃的氛围。全画以树和山为主体，造型奇绝，远处山峰挺拔，气势雄伟；山腰处有小径将观者视线引向山后，有曲径通幽之感，山间还浮动着淡淡的雾气；山脚下则有人在活动，为大自然增添了生机。李钢在《两宋山水画笔墨解析：溪山行旅图》一书中总结郭熙的《早春图》，"画面主体呈 S 状盘旋的巨大山峦，与左右峰峦相结合……形成上有盖、下有承、左有据、右有倚的高低起伏之势""为观者营造了可行、可望，特别是可游、可居的精神终极理想境界"[1]。

作为外在的表现形式，两宋书籍和文化中的物象符号和视像结构都属于物质属性。其中的物象符号又可以分为三类：一是单纯的符号，已经不再具有曾经的功能，只是起到装饰纹样的作用；二是宋人从大自然中提取的山水树石等，承载了一定的情感，具有一定的文化共性，并承载了特定的文化含义，这就和中国人的情感和价值理念联系在一起；三是在当代背景下发生的符号含义的变化，比如故宫某些文创产品中就出现了传统文化符号含义的转译和变化，符号被赋予新的功能，其严肃的价值被消解了，呈现出幽默、解构的意味。

二、精 神 属 性

在精神属性方面，两宋书籍的当代设计价值则体现为宋代书籍和文化所蕴含的细腻的情感表达和价值理念，以及一种文化思维方式一直被传承，成为一种文化记忆和认知习惯。例如中国的观·物设计思想就是中国传统的思维方式，其表征出来的留白、中正、时空观、天地人思想都是观·物设计的体现。

宋代类书《太平御览》按照天、时、地、人、物的类别进行细分，共计一千卷。这种天地人的认知方式和价值体系不仅体现在书籍内容的分类上，也体现在其内文所提工艺的设计思想中。中国目前所见年代最早的手工业技术文献《考工记》涉及先秦时代的制车、兵器、礼器、钟磬、练染、建筑、水利等手工业技术，该书就提出了"天有时，地有气，材有美，工有巧，合此四者，然后可以为

---

[1] 李钢.两宋山水画笔墨解析：溪山行旅图 [M].上海：上海人民美术出版社，2019：10.

良"的理念[1]。

此外，宋代书籍理和韵意的特征也是观·物设计思想的一种体现。这是宋代书籍设计中更深层次的精神属性。现代书籍设计也可以此为实践路径，在设计符号的把握上提取本质特征，以观之以理的方式解构书籍内容，从而寻找到需要突出表现的一个特质，并加以放大、延伸，贯穿全书；在书籍的信息结构和版面秩序上，追求视觉的平衡与和谐，以及最佳阅读体验，而不是一味地求新求异；通过色彩、触觉、味觉、视觉等多元因素集中表达设计师的主观经验，特别是在艺术类和文学类书籍的设计上，结合内容和主题进行观者情感的调动；呈现中国书籍传统中的书卷气和柔软感，追求逸与淡的审美特质和理念表达。宋代书籍简朴而自然，笃实而严谨，温润而含蓄，这正是两宋审美和理念的一种体现。

中国传统的书籍在使用场景上，除了有实用和美学的目的外，还常常伴随着闲适、自然的状态（见图8-1），追求韵的呈现和精神意义的表达，如欧阳修的"岩石虚明可读书"，曾觌的"一帘烟雨琴书润"，周邦彦的"左右琴书自乐，松

图8-1 《秋窗读书图》
注：南宋，刘松年，现藏于北京故宫博物院。

[1] 徐飚.成器之道：先秦工艺造物思想研究［M］.南京：南京师范大学出版社，1999：134-135.

菊相依"，秦观的"梅市旧书，兰亭古墨，依稀风韵生秋"等。

此外，除了直接从视觉形象上提取元素之外，宋代的诗词也为后世提供了可供参考的复合式视觉体验，比如：

"碧云天，黄叶地，秋色连波，波上寒烟翠。"（范仲淹《苏慕遮》）

"夜雨染成天水碧，朝阳借出胭脂色。"（欧阳修《渔家傲》）

"西塞山边白鹭飞。散花洲外片帆微。桃花流水鳜鱼肥。自庇一身青箬笠，相随到处绿蓑衣。斜风细雨不须归。"（苏轼《浣溪沙》）

"漠漠轻寒上小楼，晓阴无赖似穷秋，淡烟流水画屏幽。自在飞花轻似梦，无边丝雨细如愁，宝帘闲挂小银钩。"（秦观《浣溪沙·漠漠轻寒上小楼》）

"洞庭青草，近中秋、更无一点风色。玉鉴琼田三万顷，着我扁舟一叶。素月分辉，明河共影，表里俱澄澈。悠然心会，妙处难与君说。"（张孝祥《念奴娇·过洞庭》）

从观·物设计的角度看，苏轼等人的诗词可以说是一幅融合了视觉、听觉、触觉、情感、意境和心灵体验的美好图景。有远近，有空间的呈现，也有时间的表达，有人的感受，还有人与自然的交融。而他们观察事物的角度也具有启示性，有动静对比，有虚实相间。

从更本质的意义上看，传统设计思维一直保持着从自然物质到设计再到精神层次的循环，有些文化形式被消解了，功能变化了，但更深层次的表达一直都在，在视觉经验中，也在文化记忆中，而观·物设计思想就是其中之一。

三、物 我 关 系

正如笔者在第三章结尾所言，观·物思想本身是中国人主客观统一的一元论思想的表现，是主体对客体的主观能动过程。观·物设计体现着中国传统文化中天人群己的文化整体性，循环往复的时空观，动静阴阳的辩证观，以及人与自然、外物的和谐统一。仰观俯察包含着中国人对时空的理解，观物取象包含着对物与象的理解，吾以观复、澄怀观道是目标，也是路径，观之以理、格物致知和心物化一分别是认识论的原则、实践方式和目标。从仰观、静观、游观、卧观到止观、心观、理观，中国古人始终把人置于时空的大环境内，从多个角度动态地对事物进行认知和理解，强调从内心出发去观察世界的本源，而对天地人的关系的理解是这种观·物设计的哲学基础。

从《周易·系辞下传》中的"有天道焉、有人道焉、有地道焉，兼三才而两之"到蒙学《三字经》中的"三才者，天地人"，中国古人在看待事物时，会将事物放到天地人三大要素的框架中进行分析，物是隐匿在天地人关系之中的，这和中国古人的认知结构和价值体系是相关的。"仰观吐曜，俯察含章，高卑定位，故两仪即生矣。惟人参之，性灵所钟，是谓三才。[1]"赵汗青认为，这种"分类原则也是儒家世界观的具体体现"；这种分类方式发端于《周易·序卦传》，"有天地，然后有万物，有万物，然后有男女"，到董仲舒指出"人下长万物，上参天地"[2]。《荀子》《管子》《淮南子》也都是把天地人"三才"的和谐作为基本的价值取向。《荀子·王霸》里提到"上不失天时，下不失地利，中得人和，而百事不废"。《管子·禁藏》里提出"顺天之时，约地之宜，忠人之和，故风雨时，五谷实，草木美多，六畜蕃息，国富民强"。《淮南子·主术训》也提出"上因天时，下尽地财，中用人力，是以群生遂长，五谷蕃殖"。可见，对物的分析和利用都建立在天地人"三才"的基础上。同时按照儒家的思想，天道、地理、国家、人事、万物是一个和谐的整体，万事万物虽有相对独立性，但总体上存在着普遍的联系。

"重返设计的人与物的间性，在此基础上，探究中国人独特的人与物的设计间性展开方式，解决工具理性社会的现代性危机、对于探究当前设计现代性问题有着积极意义。[3]"学者郑工从人与物之间的关系问题探讨当代书籍设计的间性问题，并从自然化、场域化两个角度探讨书籍设计的现代性问题，以试图解决现代性危机和工具理性带来的设计伦理问题。西方设计理论也提出了转型设计的理念，重新思考人与环境的关系，从这个角度而言，观·物设计正是从物的本质和物我关系的角度回答了现代性的设计问题。诚如第三章和第四章中所探讨的，宋代的文化环境、宋代的出版制度都为宋代书籍设计奠定了基础，形成了良性循环的过程，才得以促成宋代书籍整体精良的制作，这体现了宋人对书的尊重。

[1] 李钢，岳鸿雁.明代图录式类书《三才图会》的信息设计启示 [J].艺术百家，2019（2）：177–182.
[2] 赵汗青.中国古代类书与儒家思想 [J].求索，2011（3）：112–114.
[3] 郑工，于广华.人与物之间：中国书籍设计现代性问题 [J].现代出版，2020（2）：45–52.

四、本 章 小 结

观·物是一种思维模式，也是一种整体认知结构，体现在设计主体与设计客体的关系中，同时也在受众中产生回应（见图8-2）。中国传统文化特别是两宋文化中的"观·物"理念，一方面解释了两宋书籍特征的根源，另一方面契合现代认知理论的整体认知模式，可以从认识论和方法论两方面为认知理论拓宽思路，同时也为现代设计带来启示。从传统书籍的再设计，到当代设计师现代语境下的设计实践，中国传统的观·物设计理念依然在发挥作用。观·物设计思想包含着价值取向。如果说认知是在探讨人如何认识物，那么观·物理念就是探讨这种认知的本质。尽管科技为观·物提供了新的视角，比如VR、沉浸式体验等，东西方的文化融合与交流也为传统的观·物设计思想提供了新的因素，比如消费主义，但是传统的观·物设计思想中对人与物关系的探讨仍值得当代设计深思。

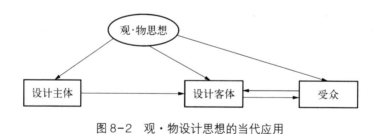

图8-2　观·物设计思想的当代应用

随着科技的发展，阅读载体的变化，以及当电子书以其便利性和快捷性部分地承担了纸质书的知识传播功能后，纸质书籍面临着大众 、分众和小众三个方向的发展，也为书籍设计师留下更多发挥想象力的空间。他们要面向更开放的语义系统寻找自己的视觉语言，而中国传统的设计思想就为设计师们提供了丰富的给养，特别是在思维方式和价值取向上帮助设计师重新思考书籍的定位和自己在其中发挥的作用。

第九章 结 语

对宋代书籍装帧设计传播的历史性回顾，在这里就要结束了。和出版学的许多著作相比，本书对宋代书籍的整理还不够全面细致。当历史的环境已经变化，今天很难设计出原汁原味的宋版书，只能依然抱着欣赏和珍视的态度珍藏已有的宋版书。本书从设计史和设计文化的角度对两宋书籍装帧设计进行了梳理，主要内容包括三个方面，一是从设计角度看，什么是观·物设计思想？二是从传播角度看，观·物设计思想如何影响宋代书籍装帧设计？其设计思想如何推动当时的社会创新？三是这种观·物设计思想对当代设计实践的价值。限于研究者的能力，所能做的工作还较为简略，特别对当时书籍设计的具体案例还需要通过史料进一步深入挖掘，对书籍设计物质层的梳理还需要进一步分门别类以总结其特征。未来研究将对宋代书籍中已有的设计思想，包括对其规律进行进一步整理。特别是站在整个设计学的角度，而不仅仅是书籍设计，对设计理论的普遍性特征和规律做进一步的归纳总结。

一、观·物设计是生态系统

与今天的信息技术发展一样，宋代雕版印刷技术的发展推动了知识与文化的发展，也带来人们认识世界的方式的变革。宋代书籍设计体现了宋代社会文化的特征和宋代理学的理念，借助宋代雕版技术的发展，形成了稳定的书籍产品，并通过从上至下的全国流通体系，从不同层面满足了社会上不同人群对书籍的需求，推动了社会科技和文化的发展。本书从观念层、组织制度层和物质层三个方面来理解两宋的书籍设计文化，同时总结观·物思想，将其作为理解宋代书籍装帧设计的引擎，来推进对中国设计文化理论发展的研究。对观·物设计思想的梳理，主要来自历史典籍中关于观·物思想的表达，梳理观·物思想在本体论、认识论、价值观和实践论中的核心观点，一方面强调外部的客观环境，另一方面关注主观的人的表达，通过书籍的物质层表现来反映这种主客观的统一，特别是思考设计作为人与物之间关系的独特定位。

（一）设计传播循环圈

通过考察宋代书籍的出版过程，可以发现，两宋书籍装帧设计作为文化的典型表征，受到了政治、经济、文化和思想等方面的深刻影响。宋代书籍装帧设计特征的形成基于特定的时代背景：① 文治化。北宋右文政策推动了文化的发展，经济的发展又为文化的发展奠定了基础，政治、经济积聚的能量为书籍出版奠定了物质条件和精神需求。② 平民化。科举、教育和出版形成了设计传播的循环体系，互相影响、互相推动，形成了宋代书籍阅读的群体。③ 理学化。宋代士人阶层的崛起让宋代理学精神得到极大的传播和普及，为宋代书籍设计确立了观念上的指导原则。④ 通俗化。宋代的经济发展催生了市井文化，为宋代书籍设计催生了多元的设计创新。⑤ 普及化。雕版印刷技术从最初应用于宗教传播到广泛应用于儒家典籍、文学作品以及生活用书中，是两宋书籍出版的前提条件，同时也随着书籍的广泛出版传播，发展到鼎盛。

宋版书的设计传播形成了从思想知识到创新技术到产品工艺再回到思想观念的迭代循环过程，推动了当时的社会创新，形成了传播循环圈。宋版书在两宋文化、思想和价值生成中扮演了积极角色，不仅仅是历史和社会发展的反映，更推动了文化的传播与保存，科学技术的变革与发展。宋代右文传统、科举制度确定了价值取向，教育机构形成了书籍使用场景，士大夫阶层从观念、美学、易用性等方面明确了书籍的使用需求。宋人视觉秩序的建立是以文化秩序的确立为前提和标准的，因此，其视觉秩序也反映了当时的文化秩序和价值观。

（二）观·物设计思想

通过梳理中国观·物思想的发展，提炼了观·物设计思想，并在宋代书籍中加以印证。通过考察两宋书籍，将观·物分为三个层次，首先是观·物的环境限定了观·物的目的、方式和内容（包括大的时空背景和小的场景），其次是观·物者的身份和位置决定了观·物的视角，最后是观·物的"物"本身反映了观·物的理念，进而反作用于观·物理念，形成人的认知循环圈。

宋代书籍装帧设计反映了宋人的认知图式，其设计理念来自上古的传统文化资源和时代思想，包括儒家思想、道家思想以及佛禅观念，还包括宋代儒释道互相影响而形成的宋代理学，也即新儒学。宋代书籍反映了中国传统的观·物理念，其中蕴含着中国古人仰观俯察、观物取象、吾以观复、澄怀观道、观物以理、格物致知、心物合一的理念。这种从先秦时代就一直发展的观·物思想在价值理念和实践路径上都对两宋书籍设计形成了影响，包括但不限于对其视觉秩序表征的影响。两宋书籍装帧设计的观·物设计模型如图9-1所示。

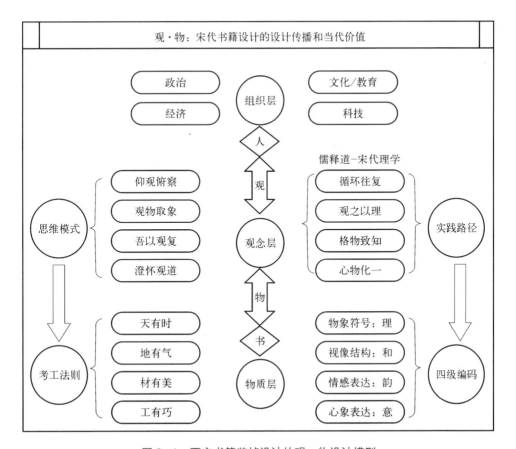

图9-1 两宋书籍装帧设计的观·物设计模型

（三）四级编码

通过分析近四百本宋版书和三百幅宋画，可以看到宋代书籍符合中国传统设计思维中"天有时，地有气，材有美，工有巧，合此四者，然后可以为良"的理念。宋代书籍用纸精良、用墨细致、刻板工序严格、形制简朴大方、版式中正、追求气韵生动。宋版书在设计符号上出现了鱼尾、象鼻、牌记、边框、行格等确认版式标准的部分；在视像结构上，符合中国设计思维中米字格以及汉字方正的构图；在图文关系上，借鉴了中国山水画严谨而具有气韵的表达方法；在情感表达上，内容和形式和谐统一，形成了内敛而典雅的气质；在观念上，反映了宋代理学"观之以理""心物化一"的思维理念。总体而言，宋代书籍呈现了理、和、韵、意之美。

（四）主客体统一

通过当代书籍设计师的访谈与对其设计理念的考察，可以看到中国观·物思想在今天的书籍设计中得以传承和创新。观·物是一种阅读方式，是一认知过程，是主客体相互融合的过程，也是一种设计理念。考察宋版书所表征的观·物思想，并将它运用到今天的书籍设计实践中，可以看到：

（1）好的设计作品都是从观察事物的本质开始的。

（2）观·物本身的外延和内涵都是非常丰富的，不仅是眼观，也是心观，不仅是五感的打开，也是全身心的感受，是从观物到观自在的过程，是设计师建立自己的图式语言的起点。

（3）观·物是设计师和受众共享知觉循环圈的过程，是一种意义的共鸣和共享。设计师通过寻找、再现、编码文化符号，形成设计图式，唤起受众心目中的解码过程，呼应受众的认知图式，这种文化共享的模式深植于不同民族的视觉经验和生命记忆中。

（4）观·物不仅仅是一种认知方式，更是一种思维方式，同时包含着价值取向。

二、观·物设计是系统理论

基于对宋版书装帧设计的深入考察，本书具有如下理论价值：

首先，突破了过去从本体论角度研究设计的思路，而从认识论的角度分析设计，形成了观·物设计理论。笔者通过研究宋版书寻找到塑造中国文化源的审美价值：中国传统的观·物理念就是其中重要的基点，是强调主客体统一的一元论的中国哲学基础。中国书籍设计是中国人崇通尚悟的应对方式、接受心理和群体记忆的呈现。

其次，在观·物设计思想下，本书从过程上确认了设计在认知与传播中的作用。在宋代书籍设计中，观·物（设计思想）是起点，文化环境（设计环境）是前提，出版制度（设计管理）是保证，雕版技术（设计技术）是关键，格物致知（设计文化）是核心。设计连接了人类的认知循环圈和传播循环圈。通过设计，通过对文化符号与社会符号的阐释和再表征，通过符号与社会结构的整合关系，社会得以创造、维系和进步。

再次，从方法论上，本书基于观·物设计思想提出了四级编码的分析框架，用于研究中国独特的设计语言和视像结构。本书在研究历史的线性发展的同时，对复杂、多样的书籍特征借助符号学的研究方法进行分析，对跨越时代的文化艺术特征和设计本质展开个案研究和比较分析，从而为设计学的发展在方法论方面贡献了价值。

最后，本书从价值观上思考中国的设计思维，明确了设计在人与物关系上的间性价值。两宋所代表的中国传统美学的高峰及其对人与物关系的探讨，对生命力的追求，对观之以理、格物致知和心物化一的追求，值得后世一直传承。

三、观·物设计是文化传承

此外，本书具有指导实践的意义和价值。对当代设计而言，从中国传统文化中提取营养，不仅仅是指提取纹样、色彩、造型等物化的视觉符号，同时也是指提取蕴含在其中的思维模式、价值取向，以期寻找到形式与内容并存的图式、形式知觉和认知模块。从认知心理的角度看，美感是一种包含认知和情感多重因素的复合心理过程。而两宋书籍设计所体现的美感正是由认知和情感构成的复合视觉经验。

观·物设计是依托文化背景，为建立一种文化秩序而进行的创造性的心物化一的造物过程和动态传播过程，是主体对客体的主观能动过程和认知交互过程，是信息、美与秩序的共同表征。

首先观·物理念贯穿设计过程的始终。设计师作为传者，寻找符号图式，与认知对象进行匹配，形成认知循环圈，再将无形的内容赋予有形的设计，传达给读者或者用户，并与用户的认知循环圈进行匹配，最后形成共鸣。

中国传统的观·物方式、前提、目的、准则都阐明了设计的基点。符号、风格特征、情感表达和观念所构成的复合式视觉经验是当代设计应当学习和表达的。宋版书中所蕴含的形式知觉和认知模块依然与今天中国人的心理结构有着呼应和同构的关系，是历史积淀的产物，也将继续积淀下去，产生新的变化。

对于中国设计语言而言，除了外在的物质属性外，两宋书籍所传递的精神属性也值得后世继承和发展，例如对理、和、韵、意等精神属性的表达。

从更宏观的视野和历史的纬度考察书籍设计会发现，书籍设计不仅仅是静态的图片和产品设计，更是融入了更多读者认知、体验和传播的动态过程，受到社会文化和审美的影响，也参与到社会文化的动态传播以及文化的纵向传承中，涉及书籍制度建构、书籍文化传承以及书籍设计传播的过程。

附录1: 中国手工纸产地

产　　地	纸　张　类　型
河北省	迁安桑皮纸
河南省	新密皮纸
山西省	定襄麻纸
	沁源麻纸
	平阳麻笺
	孟门桑皮纸
	高平桑皮纸
山东省	临朐桑皮纸
	沂水桑皮纸
	曲阜桑皮纸
甘肃省	陇南皮纸
陕西省	西安楮皮纸
	周至皮纸
	杏坪皮纸
	洋县皮纸
四川省	夹江竹纸
	叙永竹纸
重庆市	奉节竹纸
	云阳竹纸
	梁平/忠县竹纸

续　表

产　　地	纸　张　类　型
湖北省	漳河源竹纸
湖南省	浏阳竹纸
	滩头竹纸
	耒阳竹纸
安徽省	岳西桑皮纸
	潜山桑皮纸
	泾县宣纸
	泾县皮纸
浙江省	富阳竹纸
	开化纸
	龙游皮纸
	松阳皮纸
	黄岩竹纸
	泽雅屏纸
江西省	奉新竹纸
	铅山连四纸
	永丰玉扣纸
	石城竹纸
福建省	将乐竹纸
	姑田连史纸
	长汀玉扣纸
广东省	仁化竹纸
	四会竹纸

续 表

产　　地	纸　张　类　型
广西壮族自治区	灵川竹纸
	贡川砂纸
	都安书画纸
贵州省	务川皮纸
	印江皮纸
	岑巩竹纸
	丹寨皮纸
	泮水竹纸
	香纸沟竹纸
	地扪禾糯纸
	长顺皮纸
	贞丰棉纸
	盘县竹纸
	安龙竹纸
云南省	迪庆藏纸
	迪庆东巴纸
	鹤庆白棉纸 / 竹纸
	云龙白棉纸
	腾冲皮纸
	腾冲紫茎泽兰纸
	临沧傣纸
	普洱傣纸
	曼召傣纸
	元阳竹纸

产　　地	纸　张　类　型
云南省	建水竹纸
	屏边 / 马关竹纸
	西畴 / 麻栗坡竹纸
	罗平皮纸
西藏自治区	雪拉藏纸
	尼木藏纸
	金东藏纸
台湾省	台湾宣纸

注：目前手工纸的制作方法主要包括浇纸法和抄纸法，参考《中国手工纸地图》，民艺研究工作室，王大可、熊纪平制作。

附录 2：善本古籍网站

1. 北京大学数字图书馆 http://rbdl.calis.edu.cn/aopac/indexold.jsp

2. 高校古文献资源库 http://rbsc.calis.edu.cn/aopac/index.htm

3. 中国国家图书馆"中华古籍资源库"http://read.nlc.cn/thematDataSearch/toGujiIndex

4. 首都图书馆古籍珍善本图像数据库 http://gjzsb.clcn.net.cn/index.whtml

5. 日本静嘉堂文库 https://j-dac.jp/infolib/meta_pub/G0000018SGDB

6. 东京大学东洋文化研究所所藏古典籍 https://www.gakushuin.ac.jp/univ/rioc/vm/c04_kanseki/c0106_
   shozou.html

7. 东京大学东洋文化研究所汉籍善本全文影像资料库 http://shanben.ioc.u-tokyo.ac.jp/

附录 3：两宋书籍分析

序号	书 籍	现 藏	作 者	写作时间	刻印时间	出版方	类型	版框高	版框宽	半页行数	单行字
1	《资治通鉴》	国图	司马迁	西汉	南宋绍兴二年（1132年）	两浙东路提举茶盐司公使库绍兴府余姚县	史书	20.4	14.8	12	24
2	《资治通鉴》存223卷	静嘉堂文库	司马迁	西汉	南宋前期刊	鄂州孟太师府三安抚位鹄山书院	史书				
3	《资治通鉴》存155卷，30册	静嘉堂文库	司马迁	西汉	南宋中期刊	建安	史书				
4	《帝王经世图谱五卷》	国图	唐仲友	宋代	南宋嘉泰元年（1201年）	金氏赵善锯刻本	史书	27.3	19.5		
5	《大易粹言》	国图	曾穜撰	宋代	南宋淳熙四年（1177年）	舒州公使库	经书	14.3	10.2	10	20
6	《礼记》二十卷	国图	戴圣，郑玄注	汉代	南宋淳熙四年（1177年）	抚州公使库	经书	20.9	15.5	10	16
7	《礼记》二十卷，存5卷	国图	郑玄注	汉代	南宋初期孝宗年间	宋婺州义务蒋宅崇知斋刻本	经书			10	20/24
8	《礼记》二十卷，存16卷	国图	郑玄注，陆德明释文	汉，唐	南宋绍熙年间	闽刻本	经书			10	19
9	《纂图互注礼记》二十卷	国图	郑玄注	汉	南宋绍熙年间	闽刻本	经书			12	21
10	《礼记集说》一百六十卷	国图	卫湜	宋代	南宋嘉熙四年（1240年）	新定郡斋刻本	经书			13	25
11	《礼记释文》	国图	陆德明	唐代	南宋淳熙四年（1177年）	抚州公使库	经书	21.3	15.5	10	16
12	《周易》	国图		周朝		抚州公使库	经书	21.1	15.4	10	16
13	《春秋经传集解》三十卷，存3卷	国图	杜预文，陆德明释文	晋代，唐代		抚州公使库	经书	21.2	15.6	10	16
14	《春秋经传集解》，存15卷，15册	日本宫内厅书陵部，静嘉堂文库	杜预文	晋代	南宋嘉定九年（1216年）	兴国军学	经书			8	17～19
15	《春秋经传集解》16册	静嘉堂文库			南宋刊	蜀刻本	经书			8	17
16	《春秋经传集解》						经书			11	20

双行字	口	边	鱼尾	字体	图	纸张	墨色	牌记	装帧	刻工	价格	备　注
	白口	左右双边										
												元修有配
												绍兴十年（1140年）至淳熙末年（1189年），存世宋版书最多
24	白口	四周双边										纸厚韧，墨色浓郁。浑朴厚重，端庄凝重，印纸精良，墨色纯正
28	白口	四周双边						婺州义乌酥溪蒋宅崇知斋刊长方双栏牌记				小题在上，大题在下
23	细黑口	四周双边		柳体		竹纸						句读与圈发
23/24/25	白口	左右双边		柳体	卷首图二十五幅，上图下文	细竹纸						重言重义为白文，释文以圈隔之。有耳题、题卷次、页码
	白口	左右双边										
	白口	四周双边										
24	白口	左右双边										
24～25	白口	四周双边				抚州草钞纸						
17	白口	左右双边										卷三十后刻，经198 348言，注凡146 788
24												宋，元，明递修
26				字体秀劲					巾箱本			吴门潘氏滂喜斋，刊工精湛

序号	书　籍	现　藏	作　者	写作时间	刻印时间	出版方	类型	版框高	版框宽	半页行数	单行字
17	《春秋经传集解》					宋潜府刘氏家塾刻本	经书			11	20
18	《春秋经传集解》	上海图书馆				蜀刻本	经书				
19	《春秋经传集解》三十卷，存二十九卷，缺第十一卷	国图	杜预文，陆德明释文	晋代，唐代		鹤林于氏家塾栖云阁	经书			10	16/17
20	《春秋经传集解》，存二十三卷	国图					经书			14	23
21	《纂图互注春秋经传集解》三十卷，《春秋名号归一图》二卷	国图	杜预文，陆德明释文	晋代，唐代	南宋	龙山书院（安徽）	经书			12	21
22	《监本纂图春秋经传集解》	国图					经书			10	18
23	《春秋公羊经传解诂》	国图、台北故宫博物院	何休撰，陆德明释文	东汉，唐代	南宋绍熙二年（1191年）	建安余仁仲万卷堂	经书			11	19
24	《春秋谷梁经传集解》					建安余仁仲万卷堂	经书			11	17/18
25	《监本附音春秋谷梁传注疏》	国图	范宁撰，杨上勋疏，陆德明释文	晋，唐		宋国子监刻元修本	经书			10	17
26	《春秋传》三十卷，藏两部	国图	胡国安	北宋/南宋	南宋初刻本，隆兴元年（1163年）至淳熙十六年（1189年）	待考	经书			14	26
27	《春秋集注》十一卷，《纲领》一卷	国图	张洽	南宋	南宋宝祐三年（1255年）	临江郡庠本	经书			8	16
28	《春秋集注》	国图，辽图	张洽	南宋	南宋德祐元年（1275年）	卫宗武华亭义塾刻本	经书			10	18
29	《诗集传》二十卷	国图	苏辙	宋代	南宋淳熙七年（1180年）	苏诩筠州公使库	经书	20.1	14.5	10	19
30	《监本纂图重言重意互注论语》二卷	北京大学图书馆	何晏集解，陆德明释文	唐代		刘氏天香书院刻本（南宋福建地区）	经书	20.5	13.1	10	18
31	《周易》九卷	北京图书馆（国图）	魏王弼、晋韩康伯著、唐陆德明释文	魏晋、唐代	南宋初期孝宗		经书			12	22或22
32	《周易注疏》十三卷	北京图书馆（国图）	魏王弼、晋韩康伯著，唐孔颖达注	魏晋、唐代		南宋两浙东路茶盐司刻宋元递修本	经书	21	15.3	8	19
33	《周易注疏》	日本足利学校遗迹图书馆				宋越州本	经书				

续　表

双行字	口	边	鱼尾	字体	图	纸张	墨色	牌记	装帧	刻工	价格	备注
27												
32	白口	左右双边						鹤林于氏家塾栖云之阁锓梓长方形双栏牌记				纸墨莹洁,光彩夺人
23	白口	四周单边										
25	细黑口	左右双边				皮,竹混合		龙山书院图书之宝,纵向长方形双栏木记				袁寒云旧藏
24	细黑口	四周双边										
27	细黑口	左右双边	双鱼尾									《周礼》《礼记》《尚书精义》《事物纪原》
27								余氏万卷堂藏书记				楮墨精良,神采焕然
23	白口或黑口	左右双边										有耳题
	白口	四周双边		欧体		皮纸	墨色精良					
16	白口	左右双边										
27	白口	左右双边										
	白口	左右双边		欧柳		白麻纸(支纸)	墨色精纯			江西刻工		1989年入藏,10万元,墨色精纯,行格疏朗
24	细黑口	四周双边										
28	白口	左右双边		字体似手写,笔势清瘦		皮纸	楮墨,墨如点漆					版心上记数字,下记刊工姓名,各行皆顶格,经文字大如前,经文下注文双行。注文下均有阴文大"疏",疏字下疏文亦双行
19	白口	左右双边		字大如前		麻纸	墨点如漆					经、注、疏文合刻,行格疏朗,古朴大方,瞿氏铁琴铜剑楼

序号	书籍	现藏	作者	写作时间	刻印时间	出版方	类型	版框高	版框宽	半页行数	单行字
34	《汉上周易集传》	北京图书馆（国图）	宋朱震撰	宋代	南宋初年	坊刻或私宅刻	经书			10	21
35	《周易本义》十二卷	北京图书馆（国图）	宋朱熹撰	宋代	南宋咸淳元年（1265 年）	吴革建宁府刻本	经书	24	15.5	6	15
36	《张先生校正杨宝学易传二十卷》	北京图书馆（国图）	宋杨万里撰，张敬之校正	宋代	1209 年之后，1258 年之前	类闽中刻本	经书			10	21
37	《大易粹言十二卷》	北京图书馆（国图）	宋曾穜撰	宋代	南宋淳熙三年（1176 年）	舒州公使库本	经书			10	20
38	《大易粹言十二卷》70 卷本	北京图书馆（国图）	宋曾穜撰	宋代			经书			12	22～24
39	《童溪王先生易传》三十卷	北京图书馆（国图）	王宗传撰	两宋之交	南宋开禧元年（1205 年）	建安刘日新宅三桂堂	经书			14	24
40	《大易集义》六十四卷	北京图书馆（国图）	魏了翁缉	南宋	南宋淳祐十二年（1252 年），元二十五年（1288 年）重修	魏克愚紫阳书院刻本	经书			10	20
41	《周易要义》10 卷，存 6 卷	北京图书馆（国图）	魏了翁缉	南宋	南宋淳祐十二年（1252 年）	魏克愚紫阳书院刻本	经书				
42	《仪礼要义》五十卷	北京图书馆（国图）	魏了翁缉	南宋	南宋淳祐十二年（1252 年）	魏克愚紫阳书院刻本	经书				
43	《礼记要义》三十三卷，存 31 卷	北京图书馆（国图）	魏了翁缉	南宋	南宋淳祐十二年（1252 年）	魏克愚紫阳书院刻本	经书			9	17/18/21
44	《尚书要义》二十卷	北京图书馆（国图）	魏了翁缉	南宋	南宋淳祐十二年（1252 年）	魏克愚紫阳书院刻本	经书				
45	《毛诗要义》二十卷	北京图书馆（国图）	魏了翁缉	南宋	南宋淳祐十二年（1252 年）	魏克愚紫阳书院刻本	经书				
46	《古三坟书》三卷	北京图书馆（国图）			南宋绍兴十七年（1147 年）	沈斐婺州州学刻本	经书			10	18
47	《尚书正义》二十卷	北京图书馆（国图）	孔颖达	唐	南宋初年	南宋两浙东路茶盐司	经书	21.5	15.5	8	16/17/19
48	《周礼》十二卷，存两部	国图	郑玄签注	汉代	南宋初	婺州市门巷唐宅刊本	经书			13	25—27

续　表

双行字	口	边	鱼尾	字体	图	纸张	墨色	牌记	装帧	刻工	价格	备注
	白口	左右双边				皮纸						版心上镌字数，下镌刊工姓名；开版宏朗，字大如钱，字体不一，字体端庄，刀法剔透
15	白口	左右双边										
26	细黑口	左右双边		柳公权笔意		竹纸						
	白口	左右双边										蒙古篆文官印，国子监崇文阁书籍
	细黑口	左右双边				绢本						
	细黑口	左右双边										
	白口	左右双边										
	白口	左右双边										
	白口	左右双边										
	白口											
35～36	白口	左右双边				皮纸		婺州市门巷唐宅、婺州唐奉议宅				北宋刻，南宋修补本，中字秀雅，刀法剔透，墨色匀净

序号	书　籍	现　藏	作者	写作时间	刻印时间	出版方	类型	版框高	版框宽	半页行数	单行字
49	《周礼》十二卷	国图	郑玄注	汉代	南宋绍熙间	闽刻本	经书			10	19
50	《周礼》，存2卷	静嘉堂文库	郑玄注	汉代	南宋	蜀刻本	经书				
51	《东岩周礼订义》八十卷	国图	王与之		南宋淳祐间（1241—1252年）		经书			10	26
52	《周礼疏》	台北故宫博物院	贾公彦	唐代			经书	20.1	16.1	8	15～19
53	《周礼疏》（卷首）	台北故宫博物院	贾公彦	唐代			经书			12	21～24
54	《孟子注疏解经》	台北故宫博物院	汉赵岐注宋孙奭疏	汉代，宋代			经书	21.1	17.4	8	16
55	《增修互注礼部韵略》	台北故宫博物院	南宋毛晃、毛居正	宋代		南宋国子监	经书	29	19	10	
56	《尔雅》	台北故宫博物院	佚名			南宋国子监	经书	24.2	17	8	16
57	《资治通鉴》手稿残卷	国图	司马迁	汉代			史书				
58	《汉书》	国图	班固	汉代	北宋末南宋初		史书			10	19
59	《汉书》	日本静嘉堂文库	班固	汉代	南宋绍兴刻	南宋湖北庚司	史书			14	26～29
60	《汉书》5卷，4册	日本静嘉堂文库	班固撰颜师古注	汉代，唐代	南宋前期刊	两淮江东转运司	史书				
61	《汉书》100卷，40册	国图，静嘉堂文库	班固撰颜师古注	汉代	南宋绍兴	湖北提举茶盐司递修本	史书			8	16
62	《汉书》	国图	班固	汉代	南宋嘉定十七年（1224年）	白鹭洲书院刻本	史书				
63	《汉书》	国图				建安蔡琪家塾刻本（一经堂）	史书			10	16
64	《汉书》	国图			北宋末南宋初监本		史书			10	19
65	《汉书》				宋嘉定十七年白鹭洲书院		史书				
66	《汉书》	北京大学图书馆				刘元起家塾	史书			10	18
67	《汉书》	北京大学图书馆				建安黄善夫	史书			10	18
68	《汉书》	台北故宫博物院	班固	汉代	南宋绍兴	两浙江东转运司	史书			9	16
69	《后汉书》	国图				两浙江东转运司	史书				
70	《后汉书》，32册	日本静嘉堂文库	宋范晔撰唐李贤注志晋司马彪撰梁刘昭注补	晋，梁，唐，宋代	南宋嘉定元年刊	建安蔡琪一经堂	史书			8	16

续　表

双行字	口	边	鱼尾	字体	图	纸张	墨色	牌记	装帧	刻工	价格	备注
23	细黑口	四周双边				竹纸						耳题，通体有墨色句读四声，符号和圈发符号
	白口	左右双边							蝴蝶装			
22												
21/22												
31/34												
21												
25～28	白口	左右双边										
31～40	白口	左右双边										
												宋元递修，明印
21/22	细黑口	左右双边										淳熙 2，绍熙 4，庆元 4 递修
												纸墨精好
25～28	白口	左右双边										
24	细黑口	四周双边						建安刘元起刊于家塾之敬室				
24	细黑口	四周双边						建安黄善夫刊于家塾之敬室				
21/22												
21/22	细黑口	左右双边										

序号	书　籍	现藏	作　者	写作时间	刻印时间	出版方	类型	版框高	版框宽	半页行数	单行字
71	《汉书》《后汉书》合刻本，100卷	日本静嘉堂文库	班固撰颜师古注	汉代，唐代	南宋后期刊	福唐郡庠	史书				
72	《后汉书》《汉书》合刻本，90卷，志30卷	日本静嘉堂文库	宋范晔撰唐李贤注志晋司马彪撰梁刘昭注补	晋，梁，唐，宋代	南宋后期	福清县学	史书				
73	《后汉书》，60卷，17册	日本静嘉堂文库	宋范晔撰唐李贤注	唐，宋	南宋前期	两淮江东转运司	史书				
74	《后汉书》	国图				钱塘王叔边	史书			10	23/24
75	《后汉书》				南宋嘉定十七年（1224年）	白鹭洲书院刻本	史书				
76	《史记》	国图			南宋乾道七年（1171年）	蔡梦弼东塾刻本	史书			12	22
77	《史记》	国图			南宋淳熙三年（1176年）	张杆桐川郡斋刻八年耿秉修订印本	史书			12	25
78	《史记》	北京大学图书馆			南宋初	建阳地区	史书			13	27
79	《史记》集解	北京大学图书馆					史书				
80	《史记》现存69卷	国图				建安黄善夫	史书			10	18
81	《史记》	日本武田科学振兴财团杏雨书屋				邵武东乡朱中奉宅	史书				
82	《史记》					南宋绍兴两浙江东转运司	史书				
83	《史记》					绍兴中淮南路转运司	史书				
84	《史记》存99卷，24册	静嘉堂文库	司马迁，宋裴骃集解唐司马贞索隐	汉代	南宋淳熙三年刊（1176年）		史书				
85	《新定三礼图》二十卷	国图			南宋淳熙二年（1175年）	镇江府学刻公文纸印本	经书	21.7	16.5	16	26/27
86	《陶渊明集》	国图	陶渊明	东晋			集书			10	16
87	《后村居士集》	国图	刘克庄	宋代	南宋宋林希逸淳祐九年（1249年）		集书	19.2	12.7	10	21
88	《后村居士集》50卷，24册	静嘉堂文库	刘克庄	宋代	南宋末刊		集书				
89	《河东先生集》	国图	韩愈	唐代		世彩廖氏刻梓家塾	集书	20.7	13.7	9	17
90	《李太白文集》	国图，静嘉堂文库	李白	唐代	南北宋之际	四川成都眉山地区刻本	集书	18.8	11.1	11	20

续 表

双行字	口	边	鱼尾	字体	图	纸张	墨色	牌记	装帧	刻工	价格	备注
												同中期，元，明递修，明印
												集解，索隐二注合刻本
												南宋刻本，卷五到卷七为北宋刻本
22/23	细黑口	左右双边					墨色如漆，光彩夺目					是书精雕初印，棱角峭厉，是建本最精者
												淳熙八年至元递修
27/28	白口	左右双边		欧体		皮纸			蝴蝶装			刀法严整，线条流畅
	白口	左右双边										
	细黑口	左右双边										
												元修
17	细黑口	四周双边										
24	白口	左右双边				皮纸						字体浑朴厚重，刀法稳健不滞，墨色精纯，源于苏州本

序号	书　籍	现　藏	作　者	写作时间	刻印时间	出版方	类型	版框高	版框宽	半页行数	单行字
91	《骆宾王文集》十卷	国图	骆宾王	唐代	南北宋之际	四川成都眉山地区刻本	集书	18.4	11.1	11	20
92	《王摩诘文集》	国图	王伟	唐代	南宋绍兴年间		集书	18.2	11.1	11	20
93	《杜荀鹤文集》	上海图书馆	杜荀鹤	唐代			集书	19.8	14.3	12	21
94	《孟浩然诗集》等十九种	国图	孟浩然	唐代	南宋中叶	蜀本	集书	19.8	14.3	12	21
95	《张承吉文集》十卷	国图	张祜	唐代	南宋初	四川成都眉山地区刻本	集书			12	21
96	《天竺灵签》						子书	17.5	10.2		
97	《东家杂记》						集书	19.8	13.9		
98	《河东先生集》	国图	柳宗元	唐代			集书	20.7	13.7		
99	《朱文公订正门人蔡九峰书集传》六卷《书传问答》一卷	国图	蔡沈	宋代	南宋淳祐十年（1250年）	吕遇龙上饶郡学刻本	集书			8	18
100	《袁氏世范三卷》						集书				
101	《十二先生诗宗集韵》二十卷	国图	裴良辅缉	宋代	宁宗之后		集书	19.7	13.2	10	23
102	《唐女郎鱼玄机诗》一卷	国图	鱼玄机	唐代		临安府陈宅书籍铺刻本	集书				
103	《唐僧弘秀集》	台北"国家图书馆"	弘秀	唐代			集书				
104	《唐僧弘秀集》（四册）	北京大学图书馆	弘秀	唐代			集书	17.4	1.2	10	18
105	《王建诗集》	台北故宫博物院	王建	唐代		临安府陈宅书籍铺刻本	集书				
106	《周贺诗集》	国图	周贺	唐代		临安府陈宅书籍铺刻本	集书				
107	《常建诗集》	台北故宫博物院	常建	唐代		宋临安府陈宅书籍铺刻本	集书	17.1	12	10	18
108	《朱庆馀诗集》		朱庆馀	唐代		临安府陈宅书籍铺刻本	集书				
109	《南宋群贤小集》	台北"国家图书馆"		宋代		临安府陈宅书籍铺刻本	集书				
110	《才调集》5册	上海图书馆	韦縠	五代后蜀		临安府陈宅书籍铺刻本	集书	17.5	12.6	10	18
111	《欧阳文忠公集》	国图	欧阳修	北宋	南宋庆元二年（1196年）	周必大	集书				
112	《忘忧清乐集》	国图	李逸民编	北宋	南宋初期孝宗		子书	20.8	13.8	11（20）	20（18～25）

续 表

双行字	口	边	鱼尾	字体	图	纸张	墨色	牌记	装帧	刻工	价格	备注
	白口	左右双边				皮纸						开本宏朗，字体遒劲，印纸洁白坚韧，核刻精审。墨色精纯，刀法古朴厚重
	白口	左右双边										
	白口	左右双边										
	白口	左右双边		颜体								字体肥劲朴厚，行格疏朗，刻印精美，古朴大方，无书耳
18	细黑口	左右双边										
23	黑口	左右双边										
18	白口	左右双边	单鱼尾									蓝色封面，红色标注
	白口	左右双边	单鱼尾									
30	黑口（白口）	左右双边	双鱼尾			皮纸			蝴蝶装			我国最早的刻印本围棋专著，字体隽美，刀法娴熟，墨色精纯，行格疏朗，古朴大方，宋代浙刻本

序号	书　籍	现　藏	作　者	写作时间	刻印时间	出版方	类型	版框高	版框宽	半页行数	单行字
113	《梅花喜神谱》	上海博物馆	宋伯仁	宋代	南宋景定二年（1261年）	金华双桂堂	子书	15	10.4		
114	《列女传》					建安余氏勤有堂	子书				
115	《文选》	台北故宫博物院	梁昭明太子萧统编唐李善等六臣注	梁，唐		北宋国子监	集书	37.6	24.4	10	17/18
116	《文选》	国图，北京大学图书馆				杭州猫儿桥河东岸开笺纸马铺钟家	集书				
117	《文选》六臣注本，60卷，61册	静嘉堂文库	梁昭明太子萧统编唐李善等六臣注	梁，唐	南宋前期	赣州州军	集书				
118	《文选》	北京大学图书馆					集书				
119	《文选》	台北"国家图书馆"			南宋绍兴三十一年（1161年）	建阳崇化书坊陈八郎宅刊刻	集书				
120	《文选注》				南宋绍兴二十八年（1158年）	明州	集书				
121	《说文解字》十五卷	国图	许慎撰，徐铉校订	汉代（东汉），宋代	南宋初期	宋刻元修本	经书			10	16～18
122	《说文解字》十五卷，8册	静嘉堂文库	许慎撰，徐铉校订	汉代（东汉101年），宋代	南宋初期	宋刻元修本	经书				
123	《说文解字系传》四十卷	国图	徐锴	南唐	刊版于南宋中期孝宗时	浙刻本	经书			7	14
124	《新集古文四声韵》五卷	国图	夏竦	北宋			经书			6	
125	《新集古文四声韵》一卷	国图	夏竦	北宋	南宋		经书			8	
126	《龙龛手鉴》四卷	国图	释行均	辽	南宋初期	浙刻本	子书			10	不等
127	《集韵》	上海图书馆，国图	丁度 等	北宋（庆历三年）	南宋孝宗重刻本	湖南长沙	经书			10	大小不等

续　表

双行字	口	边	鱼尾	字体	图	纸张	墨色	牌记	装帧	刻工	价格	备　注
			双黑鱼尾									有插图，有题名，有诗词
								建安余氏靖安刊于勤有堂				
22～26												
												宋元明递修
	白口	左右双边										9353 个字，重文 1163 个字，注文 133440，分列 540 部，我国第一部系统分析字形和考究字源的著作；行格适度，字体严整，刀法稳健，端庄古朴，墨色纯正
	白口	左右双边				皮纸						行格疏朗，字体隽秀，刀法剔透
	白口	左右双边										
	白口	四周单边										版本较差
	白口	左右双边		欧体		皮纸						刀法娴熟，严整剔透
	白口	左右双边	双鱼尾									韵书，按声韵编排，收字 53525 字；北宋庆历原刊本失传；南宋淳熙重刻本

序号	书　　籍	现藏	作者	写作时间	刻印时间	出版方	类型	版框高	版框宽	半页行数	单行字
128	《集韵》	日本宫内省图书寮	丁度 等	北宋	南宋淳熙十四年（1187年）	陕西安康金州军刻本	经书			10	
129	《切韵指掌图》一卷	国图	题司马光撰	北宋	南宋绍定三年（1230年）	越之读书堂刻本	经书			8	不等
130	《附释文互注礼部韵略》五卷《韵略条式》一卷	国图	丁度 等	北宋	南宋绍定三年（1230年）	藏书阁刻本	经书			10	不等
131	《附释文互注礼部韵略》	国图	丁度 等	北宋	南宋后期	广东	经书			9	不等
132	《押韵释疑》五卷《拾遗》一卷	国图	欧阳德隆	南宋	南宋嘉熙三年（1239年）	余天任和兴郡斋刻本	经书			10	不等
133	《新刊校定集注杜诗》	台北故宫博物院	杜甫撰宋代郭知达编	唐代，宋代	南宋宝庆元年（1225）	广东槽司	集书	22.9	17.8	9	16
134	《新刊校定集注杜诗》存6卷，3册	静嘉堂文库	杜甫撰宋代郭知达编	唐代，宋代	南宋宝庆元年（1225年）	广东槽司	集书				
135	《国朝诸臣奏义》	台北故宫博物院	赵汝愚	宋代			史书	23.2	16.1	11	23
136	《国朝诸臣奏义》	国图	赵汝愚	宋代			史书	21.4	16.5	11	23
137	《国朝诸臣奏义》150卷，64册	静嘉堂文库	赵汝愚	宋代	南宋淳祐十年（1250年）	福州路提举史季温	史书				
138	《宣和奉使高丽图经》	台北故宫博物院	徐兢	北宋			史书	18.7	12.7	9	17
139	《淮海集》	台北故宫博物院	秦观	北宋		高邮军学	集书	20	14.5	10	21
140	《昌黎先生集》	台北故宫博物院，日本宫内厅书陵部	韩愈	唐代		锦溪张监税	集书	17.3	10.3	11	20
141	《昌黎先生集》	国图				廖氏世彩堂	集书			9	
142	《昌黎先生集》10卷，4册	静嘉堂文库	唐韩愈撰李汉编	唐	南宋淳熙刊	南安军	集书				
143	《礼仪要义》	台北故宫博物院	魏了翁	南宋		徽州魏克愚	经书	20.2	14.7	9	18
144	《九经要义》		魏了翁			徽州魏克愚	经书				
145	《通鉴纪事本末》	台北故宫博物院	袁枢	南宋	南宋淳熙二年（1175年）	严陵郡倅赵与	史书	25.7	19.9	11	9

续　表

双行字	口	边	鱼尾	字体	图	纸张	墨色	牌记	装帧	刻工	价格	备注
29～31	白口	左右双边										行格疏朗，字大如钱，墨似点漆，始修于北宋仁宗朝
	白口	左右双边			字母图，类隔图、字母四声图							
不等	白口	左右双边				皮纸						南京兵马指挥司副指挥堂关防印，书中有讳字，开版宏朗，版式严整
不等	白口	左右双边										
25	白口	左右双边				皮纸						字体端庄，刀法娴熟朴美，墨色纯正，浙刻本
16												
23												
23	白口		双黑鱼尾									
												元大德，至大，元统递修
21												
20												一般宋版书有牌记、条记、刻书识语、官员衔名等信息，本书为牌记（刊记）
		左右双边				抚州草钞清江纸						造油烟墨刷印。纸墨莹洁，精美绝伦
												魏了翁，严元照，张香修，袁又恺，阮元，傅增湘

序号	书　籍	现　藏	作者	写作时间	刻印时间	出版方	类型	版框高	版框宽	半页行数	单行字
146	《通鉴纪事本末》42卷80册	静嘉堂文库	袁枢	南宋	宋宝祐	湖州	史书				
147	《王荆文公诗》	台北故宫博物院	王安石	北宋			集书	20	14.3	7	15
148	《东坡先生和陶渊明诗》	台北故宫博物院	苏轼，陶渊明	北宋、东晋		黄州刊	集书	21	14.6	10	16
149	《春秋公羊经传》	台北故宫博物院，国图				建阳余仁忠	经书	17.6	11.9	11	19
150	《六家文选》	台北故宫博物院					集书	23.7	18.1	11	18
151	《附释文尚书注疏》	台北故宫博物院				建安魏县尉宅	经书	20.1	13.3	9	16
152	《历代名医蒙求》	台北故宫博物院			南宋嘉定十三年（1220年）	宋临安府太庙前尹家书籍铺	子书	18.8	13.1	9	17
153	《续幽怪录》	国图	李复言	唐代		宋临安府太庙前尹家书籍铺	子书			9	18
154	《搜神秘览》	日本天理大学附属天理图书馆	章炳文	宋代		宋临安府太庙前尹家书籍铺	子书				
155	《北户录》					宋临安府太庙前尹家书籍铺	子书				
156	《曲洧旧闻》					宋临安府太庙前尹家书籍铺	子书				
157	《春渚纪闻》					宋临安府太庙前尹家书籍铺	子书				
158	《述异记》					临安府太庙前尹家书铺	子书				
159	《抱朴子内篇》	辽宁图书馆	葛洪	晋代		临安府荣六郎家刊刻	子书				
160	《婺本点校重言重意互注尚书》	台北故宫博物院				巾箱本	经书	10.2	6.7	10	20
161	《一切如来心秘密全身舍利宝匣印陀罗尼经》	台北故宫博物院			北宋开宝八年（975年）	卷轴	子书	5.8	196.5	217	10
162	《刘宾客文集》	台北故宫博物院			南宋初	浙刻本	集书				
163	《邵子观物内篇》二卷（368）	上海图书馆	邵雍	北宋	宋咸淳	福建漕治吴坚刻本	集书				
164	《渔樵问对》	上海图书馆	邵雍	北宋			集书				
165	《化书六卷》（404）						集书				
166	《容斋续笔》（409）		洪迈	南宋	南宋嘉定五年（1212年）	章贡郡斋刻本	集书				

续　表

双行字	口	边	鱼尾	字体	图	纸张	墨色	牌记	装帧	刻工	价格	备注
											·	元明递修
15												
27												
26												
22												
	白口	左右双边	单鱼尾									
	白口	左右双边										
												《北户录》《曲洧见闻》《春渚纪闻》《述异记》
20												

序号	书　籍	现　藏	作者	写作时间	刻印时间	出版方	类型	版框高	版框宽	半页行数	单行字
167	《楚辞集注》				南宋嘉定六年（1213年）	章贡郡斋刻本	集书			7	15
168	《宝晋山林集拾遗》				南宋嘉泰元年（1201年）	筠阳郡刻本	集书				
169	《压韵释疑》				南宋嘉熙三年（1239年）	禾兴郡刻本	集书				
170	《伤寒要旨》				南宋乾道七年（1171年）	姑孰郡刻本洪遵	子书				
171	《山海经》十八卷（433）				南宋淳熙七年（1180年）	池阳郡斋刻本	集书				
172	《婚礼新编》	上海图书馆	丁昇之辑	南宋	宋刻元修本		子书	19.8	13.1	12	21
173	《校昌黎先生集传》一卷		韩愈	唐代	南宋咸淳	廖氏世彩堂刻本	集书				
174	《新刊经进详注昌黎先生集》四十卷	国图	韩愈	唐代	南宋中期	蜀刻本	集书			10	18
175	《新刊经进详注昌黎先生外集》十卷	国图	韩愈	唐代	南宋中期	蜀刻本	集书			10	18
176	《新刊增广百家详补注唐柳先生文集》	国图	柳宗元	唐代	南宋中期	蜀刻本	集书			10	18
177	《攻媿先生文集》一百二十卷（683）	北京大学图书馆	楼钥	南宋		宋楼氏家刻本	集书				
178	《放翁先生剑南诗稿》六十七卷目录（694）	国图	陆游	南宋		江州陆子虞	集书			10	20
179	《渭南文集》		陆游	南宋	南宋嘉定十三年（1120年）	南宋嘉定十三年陆子鹬（错字）溧（错字）阳学宫刻本	集书			10	17
180	《百川学海》一百种一百七十九卷						集书				
181	《妙法莲华经》	国图				临安府贾官人经书铺刊刻	子书				
182	《佛国禅师文殊指南图赞》	日本东京艺术大学、大谷大学	释惟白	南宋		临安府贾官人经书铺刊刻	子书				
183	《诚斋四六发遗膏馥》十卷	辽宁图书馆	杨万里撰，周公恕缉	宋		宋余卓刻本	子书	20	12.7	14	23不等
184	《新雕初学记》	日本宫内厅书陵部		宋代		东阳崇川余四十三郎宅刊刻	子书				
185	《新雕石林先生尚书传》	日本清冈清见寺			南宋绍兴二十九年（1159年）	东阳魏十三郎书铺	经书				

续　表

双行字	口	边	鱼尾	字体	图	纸张	墨色	牌记	装帧	刻工	价格	备注
21	细黑口	左右双边										
	白口	左右双边										
	白口	左右双边										
	白口	左右双边										
	细黑口	左右双边		柳体		竹纸						

序号	书　籍	现藏	作　者	写作时间	刻印时间	出版方	类型	版框高	版框宽	半页行数	单行字
186	《附释音春秋左传注疏》	国图、台北故宫博物院				建安刘叔刚一经堂	史书				
187	《毛诗正义》	日本武田科学振兴财团杏雨书屋			南宋绍兴九年（1139年）	绍兴府	经书				
188	《毛诗》一八至二十	国图	郑玄笺注				经书			13	24
189	《监本纂图重言重意互注点校毛诗》二十卷和图谱一卷	国图	郑玄笺注，陆德明释文	汉代，唐代	南宋	监本	经书			10	18
190	《监本纂图重言重意互注点校毛诗》前十一卷和图谱一卷	国图	郑玄笺注，陆德明释文	汉代，唐代			经书			10	18
191	《毛诗诂训传》二十卷	国图	毛苌传，郑玄笺，陆德明释文	汉代，唐代	南宋隆兴元年（1163年）到南宋淳熙十六年（1189年）	浙江刻本	经书			10	17
192	《毛诗诂训传》三卷	国图				福建麻纱本	经书			13	24
193	《仪礼经传通解》三十七卷，存十一卷	国图	朱熹	南宋	南宋嘉定十年（1217年）	南康道院刻元明递修本	经书			7	15
194	《仪礼经传通解续》二十九卷，存一卷	国图	黄干，杨复	宋代	南宋嘉定十五年（1222年）	南康军刻元明递修本	经书			7	15
195	《三国志》	国图	真		南宋中叶	建阳地区	史书				
196	《三国志》，65卷，25册	静嘉堂文库	晋陈寿撰，宋裴松之注		南宋前期	衢州州学	史书				
197	《钜宋广韵》	上海图书馆、日本内阁文库藏			南宋乾道五年（1169年）	建宁府黄三八郎书铺	经书				
198	《纂图分门类题五臣注扬子法言》	国图				刘通判宅仰高堂	经书				
199	《音注河上公老子道德经》	台北故宫博物院					经书				
200	《二十先生回澜文鉴》	南京图书馆				江仲达群玉堂	集书				
201	《颐堂先生文集》	南京图书馆				王抚幹宅	集书				
202	《蟏室老人文集》	南京图书馆	葛洪	宋代			集书				
203	《新刊国朝二百家名贤文粹》	国图				书隐斋	集书				
204	《新编近十便良方》	国图				建安余仁忠万卷堂	子书				
205	《太平御览》	日本宫内厅书陵部与东福寺	李昉等	北宋	南宋庆元五年（1199年）	成都府路转运判官兼提举学事蒲叔献刻	子书			13	22～24

续 表

双行字	口	边	鱼尾	字 体	图	纸 张	墨 色	牌 记	装帧	刻工	价格	备 注
												根据北宋国子监刻本翻雕，北宋淳化三年（992 年），两位校对官，两位管干雕造官
24	白口	四周双边										单疏本，刻画工整，纸墨精良
24	细黑口	四周双边										
22	白口	左右双边，或四周双边										开本宏朗，字体类欧，解构紧凑隽美，刀法娴熟剔透，南宋浙刻
24												
15	黑口	左右双边										
15	黑口											
												元，明，嘉靖递修
	白口	左右双边										

序号	书　籍	现藏	作　者	写作时间	刻印时间	出版方	类型	版框高	版框宽	半页行数	单行字
206	《太平御览》存366卷，76册	日本静嘉堂文库	李昉等	北宋	南宋刊		子书			13	22
207	《太平御览》1 000卷，96册	日本静嘉堂文库	李昉等	北宋			子书				
208	《太平御览》1 000卷，103册	日本静嘉堂文库	李昉等	北宋			子书				
209	《太平广记》	亡佚	李昉等	北宋	南宋刻本		子书				
210	《文苑英华》	国图，台湾"中央研究院"历史语言研究所	李昉等	北宋	南宋嘉泰元年至四年（1201—1204年），南宋景定元年（1260年）宋印宋装	周必大	类书			13	22
211	《册府元龟》存466卷，160册	日本静嘉堂文库	王钦若等	北宋	南宋刊		类书				
212	《册府元龟》	台北故宫博物院、国图、北京大学图书馆	王钦若等	北宋	南宋中叶	眉山地区坊刻本	类书			14	24
213	《新刊监本册府元龟》	国图	王钦若等	北宋			类书			13	24
214	《陶渊明集》十卷2册	国图	陶渊明	东晋	南宋刻本	宋刻递修本	集书			10	16
215	《陶渊明诗》	国图	陶渊明	东晋	南宋绍熙三年（1192年）	曾集刻本	集书			10	16
216	《陶靖节先生集》十卷，存四卷		陶渊明	东晋			集书			9	15
217	《陶靖节先生诗》四卷，二册	国图	陶渊明	东晋	南宋咸淳元年		集书			7	15
218	《花间集》	国图、台北故宫博物院	赵崇祚编	后蜀	南宋绍兴十八年（1148年）	南宋建康郡斋刻本，晁谦之刻	集书			8	17
219	《花间集》				南宋淳熙十一、十二年（1184—1185年）	宋刻递修公文纸印本，鄂州公文纸	集书			10	17
220	《注东坡先生诗》	台北"国家图书馆"，国图			南宋嘉泰间	淮东仓司	集书				
221	《三苏先生文萃》70卷	上海图书馆	苏洵、苏轼、苏辙	北宋	南宋孝宗	婺州吴宅桂堂刻本	集书			14	26
222	《三苏先生文萃》70卷残本	国图	苏洵、苏轼、苏辙	北宋			集书				
223	《三苏先生文萃》70卷	国图	苏洵、苏轼、苏辙	北宋		修补印本	集书				
224	《三苏先生文萃》70卷，32册	静嘉堂文库	苏洵、苏轼、苏辙	北宋	南宋刊		集书				

续　表

双行字	口	边	鱼尾	字体	图	纸张	墨色	牌记	装帧	刻工	价格	备注
	白口	左右双边,间有四周双边										浙刻本，字体疏劲，雕工精整
												五百卷
	白口	左右双边							蝴蝶装			一千卷，书衣背有宋景定元年（1260 年）装背臣王润的戳记，宋印宋装
	白口	左右双边										类书，三十一部，一千一百余门，总字数超过900 万字
	白口	左右双边										
	白口	左右双边										
16	白口	左右双边										
	白口	左右双边										
15	白口	左右双边										
	白口	左右双边								10 人		最早词总集，纸墨莹洁，字体娟秀，精美非常
	白口	左右双边								4 人		
	白口	四周双边						婺州义乌青口吴宅桂堂刊行				全本，字体俊整，镌工精湛
	白口							婺州东阳胡仓王宅桂堂刊行		26 人		残本，卷一到卷一一

序号	书　籍	现　藏	作　者	写作时间	刻印时间	出版方	类型	版框高	版框宽	半页行数	单行字
225	《标题三苏文》62卷		苏洵、苏轼、苏辙	北宋			集书				
226	《重广分门三苏先生文萃》70卷		苏洵、苏轼、苏辙	北宋			集书				
227	《重广分门三苏先生文萃》100卷	日本宫内厅书陵部	苏洵、苏轼、苏辙	北宋			集书				
228	《重广眉山三苏先生文集》80卷	北京大学图书馆，台北"国家图书馆"	苏洵、苏轼、苏辙	北宋		饶州德兴县银山庄溪董应梦集古堂	集书			13	27
229	《东莱标注三苏文集》59卷		苏洵、苏轼、苏辙	北宋			集书				
230	《中兴以来绝妙词选》10卷	国图	黄升辑	南宋	南宋淳祐九年（1249年）	刘诚甫	集书			13	23
231	《古文苑》九卷本无注本	国图	韩元吉	南宋	南宋淳熙六年—十六年（1179—1189年）	婺州	集书			10	18
232	《古文苑》二十一卷有注本	国图	章樵注	南宋	南宋端平三年（1236年），淳祐六年（1247年）	常州军刻盛如杞重修	集书			10	18
233	《乐府诗集》一百卷	国图	郭茂倩	汉代	南北宋之际绍兴年间	杭州猫儿桥河东岸开笺纸马铺钟家	集书	22.8	16.6	13	23
234	《乐府诗集》一百卷	上海图书馆					集书				
235	《乐府诗集》一百卷	南京图书馆					集书				
236	《建康实录》				南宋绍兴十八年（1148年）	荆湖北路安抚司	史书				
237	《临川先生文集》				南宋绍兴二十一年（1151年）	两浙西路转运司王珏	集书				
238	《本草衍义》				南宋淳熙十二年（1185年）	江西转运司	史书				
239	《吕氏家塾读诗记》				南宋淳熙九年（1182年）	江西漕台	集书				

续　表

双行字	口	边	鱼尾	字体	图	纸张	墨色	牌记	装帧	刻工	价格	备注
	细黑口	左右双边						长形牌记，"玉林此编，亦姑据家藏文集之所有，朋游闻见之所传。词之妙者固不止此。嗣有所得，当续刊之。若其序次，亦随得本之先后，非固为之高下也。其间体制不同，无非英妙杰特之作，观者其祥之。"				《唐宋诸贤绝妙词选》10卷已失传，有书耳，鱼尾
	白口	左右双边	双鱼尾							13人		字体方正，刻印精良
22	白口	左右双边								6人		
	白口	左右双边				金粟山藏经纸背书衣				40人		傅增湘，在在处处有神物护持
												明成化间襄陵县学官书

序号	书　籍	现　藏	作　者	写作时间	刻印时间	出版方	类型	版框高	版框宽	半页行数	单行字
240	《春秋繁露》17卷82篇	国图	董仲舒	汉代	南宋嘉定四年（1211年）	江右计台	史书			10	18
241	《程氏演繁露》10卷		程大昌	宋代	南宋宁宗时	杭州地区	史书			11	20
242	《唐书》	日本静嘉堂文库				南宋两浙东路茶盐司	史书				
243	《事类赋》					南宋两浙东路茶盐司	子书				
244	《外台秘要方》，40卷，42册	日本静嘉堂文库	王焘	唐	南宋刊	南宋两浙东路茶盐司	子书				
245	《唐百家诗选》存10卷，5册	日本静嘉堂文库	王安石编	宋	南宋高宗朝刊		集书				
246	《礼记正义》				南宋绍熙年间	南宋两浙东路茶盐司	经书			8	15
247	《汉官仪》				南宋绍兴九年（1139年）	临安府	史书				
248	《文粹》				南宋绍兴九年（1139年）	临安府	集书				
249	《乖崖先生文集》				南宋咸淳五年（1269年）	伊赓崇阳县斋	集书				
250	《昆山杂咏》三卷	国图	龚昱	宋代	南宋开禧三年（1207年）	昆山县斋徐挺之	集书			8	15
251	《心经》				南宋淳祐二年（1242年）	大庾县斋	集书				
252	《集古文韵》				南宋绍兴十五年（1145年）	齐安郡	经书				
253	《大唐六典》				南宋绍兴四年（1134年）	温州州学	史书				
254	《群经音辨》	国图	贾昌朝撰	北宋	南宋绍兴十二年（1142年）	汀洲宁化县学	经书			8	14
255	《群经音辨》	国图	贾昌朝撰	北宋	南宋绍兴九年（1139年）	临安府学刻宋元递修本	经书			8	15

续　表

双行字	口	边	鱼尾	字　体	图	纸　张	墨　色	牌　记	装帧	刻工	价格	备　注
	白口	左右双边	双鱼尾	字体端庄		皮纸						墨色精纯，开本宏朗，官本
	白口	左右双边		字体在褚、欧之间，当是在欧体字上加入褚体笔法		皮纸刷印，纸色略有发黄						
												宋代藏书家的印，"李安诗伯之克斋"藏书印。1264—1267年，会稽李安诗
												越州本，八行注疏本
	白口	左右双边		欧体，文人手书上版		麻纸						字体端庄，行格疏朗，款式大方，墨色，纯正，手书上版《友林乙稿》《草窗韵语》
20	黑口	左右双边										
	细黑口	左右双边										

序号	书 籍	现 藏	作 者	写作时间	刻印时间	出版方	类型	版框高	版框宽	半页行数	单行字
256	《离骚草木疏》四卷	国图	吴仁杰	南宋	南宋庆元六年（1200年）	罗田县痒	集书			12	21
257	《新刊剑南诗稿》二十卷，存十卷	国图	陆游	南宋	南宋淳熙十四年（1187年）	严州郡斋	集书	19.4	13.2	10	20
258	《翰苑群书》		洪遵	南宋		建康洪遵	集书				
259	《万首唐人绝句》		洪迈	南宋		绍兴府洪迈	集书				
260	《鄱阳集》		洪皓	南宋		徽州洪适	集书				
261	《松漠纪闻》		洪皓	南宋		徽州洪适	史书				
262	《松漠纪闻》		洪皓	南宋		建康洪遵	史书				
263	《隶续》		洪适	南宋		江东仓台尤袤	史书				
264	《论衡》		王充	汉代		绍兴府洪适	子书				
265	《类编增广黄先生大全文集》					麻沙镇水南刘仲吉宅	集书			15	25～27
266	《类编增广颖滨先生大全文集》	日本内阁文库				麻沙镇水南刘仲吉宅	集书				
267	《新刊五百家注音辩昌黎先生文集》					建安魏仲举家塾	集书				
268	《东莱先生诗集》《外集》				南宋庆元五年（1199年）	黄汝嘉刻江西诗派	集书				
269	《倚松老人文集》					隆兴府黄汝嘉	集书				
270	《春秋传》					隆兴府黄汝嘉	史书				
271	《北礀文集》	国图				崔尚书宅	集书				
272	《东都事略》130卷，20册	台北"国家图书馆"，静嘉堂文库	王称	宋	南宋刊	眉山程舍人宅	史书				
273	《南华真经》	台湾"中央研究院"历史语言研究所				安仁赵谏议宅	子书				
274	《新编四六必用方舆胜览》	日本宫内厅书陵部				祝太傅宅	史书				
275	《苏文忠公集》					四川地区	集书			9	15
276	《五曹算经》	北京大学图书馆				福建汀洲刻本鲍瀚之	子书				
277	《数术记遗》	北京大学图书馆					子书				
278	《白氏文集》	国图			南宋绍兴初年刻本		集书				
279	《乐全先生文集》	国图			南宋孝宗年间刻本		集书				

续　表

双行字	口	边	鱼尾	字体	图	纸张	墨色	牌记	装帧	刻工	价格	备　注
	白口	左右双边										
	白口	左右双边										
											字大行疏，气象宏朗，疏朗大气
							墨色如漆，光彩夺目					

序号	书籍	现藏	作者	写作时间	刻印时间	出版方	类型	版框高	版框宽	半页行数	单行字
280	《春秋左传正义》	国图	孔颖达	唐代	南宋庆元六年（1200年）	浙东知绍兴府刻，宋元递修本	经书			8	15/16
281	《论语注疏解经》					两浙东路	经书				
282	《孟子注疏解经》					两浙东路	经书				
283	《论语集说》十卷	国图	蔡节	宋	南宋淳祐六年（1246年）	湖州泮刻本（湖州州学）	经书			10	18
284	《中庸集略》二卷	国图	石敦（山）绂，朱熹删定	南宋	南宋庆元元年（1195年）到南宋嘉定十七年（1223年）	浙刻本	经书			7	15
285	《四书章句集注》二十八卷	国图	朱熹	南宋	南宋嘉定十年（1217年）—南宋淳祐十二年（1252年）	当涂郡斋刻	经书			8	15
286	《尔雅注》三卷《音释》三卷	国图	郭璞	晋	南宋初	浙东地区刻本	经书			10	20～23
287	《尔雅疏》十卷	国图	刑昺	北宋			经书			15	29～31
288	《尔雅疏》十卷，5册	静嘉堂文库	刑昺	北宋	南宋前期刊		经书				
289	《经典释文》	国图	陆德明	唐代	南宋初	杭州地区刻宋元递修本	经书			11	17
290	《輶轩使者绝代语释别国方言》释三卷	国图	扬雄撰，郭璞解	汉代，晋代	南宋庆元六年（1200年）	寻阳郡斋刻本	子书			8	17
291	《青山集》	国图	郭祥正	北宋	宋刻本		集书	20.1	15.2	10	20
292	《刘文房集》	国图	刘长卿	唐代			集书				
293	《营造法式》三十四卷，存三令（卷十末四页，卷十一至卷十三）	国图	李诫	宋代（1091年）	南宋后期	平江府刻元修本	子书	21.3	17.7	11	21/22
294	《新序》十卷	国图	刘向	汉代	南宋初年	浙刻本	史书			11	20
295	《兰亭序考》二卷	国图	俞松 辑	宋代	南宋淳祐四年（1244年）	俞松自刻本	集书			9	17～20
296	《洪范政鉴》	国图			南宋淳熙十三年（1186年）	内府写本	子书				

双行字	口	边	鱼尾	字体	图	纸张	墨色	牌记	装帧	刻工	价格	备　注
22	白口	左右双边										经注单疏合刻，开本宏朗，字大如钱，纸墨精良
												注疏本
												注疏本
18	白口	左右双边										以例视书，体例明晰，眉目清楚
	白口	左右双边										《礼记》中第三十一篇；行格疏朗，字大如钱
15	白口	左右双边										传世最早的刊本；行格疏朗，字大如钱，经注一样大小
30	白口	左右双边										字体肃穆，亦雅近北宋
	白口	左右双边				公文纸						
												宋、元、明初递修
24	白口	左右双边										宋刻宋元递修本，国子监崇文阁官书；该书最早为五代刊本，宋初也有刊行，此后不断刊行；字体端庄，刀法严整
17	白口	四周双边										古香腾溢，翰墨灿然
	白口	左右双边	单鱼尾									宋嘉定、咸淳间嘉兴府学藏书印
												翰林国史院官书
	细黑口	左右双边										1098年第一次镂板颁行
	白口	左右双边		皮纸								曾巩厘定，目前传世最早刻本；字体隽秀，刀法剔透，墨色纯正，古朴大方，浙刻本
	白口	左右双边										李心传序，作者自刻写样上版，非常珍贵
												大本堂书印

序号	书 籍	现 藏	作 者	写作时间	刻印时间	出版方	类型	版框高	版框宽	半页行数	单行字
297	《无为集》	国图					集书				
298	《国语解》	国图					史书				
299	《范文正公集》	国图	范仲淹	北宋			集书	23.3	15.3	9	18
300	《岑嘉州诗》	国图	岑参	唐代			集书	17.4	13	10	18
301	《金石录》	国图				龙舒郡斋	史书				
302	《战国策》	国图					史书				
303	《九章算经》	上海图书馆			南宋嘉定六年（1213 年）	汀洲军鲍瀚之	子书				
304	《诸儒鸣道集》	上海图书馆			南宋端平二年（1235 年）	黄壮猷修补本	集书				
305	《东观余论》	上海图书馆				浙刻本	集书				
306	《艺文类聚》	上海图书馆	欧阳询、令狐德棻等	唐代		浙刻本	类书				
307	《孟东野诗集》	北京大学图书馆					集书				
308	《太宗皇帝实录》	台北"国家图书馆"				宋理宗馆阁写本	史书				
309	《吴郡图记续记》	台北"国家图书馆"			南宋绍兴四年（1134 年）	孙佑苏州刻本	史书				
310	《中兴馆阁录》	台北"国家图书馆"				宋嘉定刻本	史书				
311	《白氏六帖事类集》	日本静嘉堂文库			北宋刻本		集书				
312	《白氏文集》	国图			绍兴初年刻本		集书				
313	《乐全先生文集》	国图			南宋孝宗年间刻本		集书				
314	《集韵》	上海图书馆			南宋初期	浙江	经书				
315	《吴书》，20卷，6册	日本静嘉堂文库	陈寿撰，裴松之注		南宋初期，南宋前期修		史书				
316	《历代故事》《诸史节要》12卷，12册	日本静嘉堂文库	杨次山编		南宋嘉定五年（1212 年）序刊本		子书				
317	《画一元龟》	日本宫内厅书陵部				建安余仁忠	类书				
318	《周易新讲义》	日本内阁文库	龚原				经书				
319	《庐山记》	日本内阁文库	陈圣俞				史书				

续　表

双行字	口	边	鱼尾	字　体	图	纸　张	墨　色	牌　记	装帧	刻工	价格	备　　注
												明文渊阁，天禄琳琅，天禄继鉴，乾隆御览之宝
	白口	左右双边	单鱼尾									26磅字体，行宽1.6 cm
	白口	左右双边	单鱼尾									24磅字体，行宽1.2 cm

序号	书　籍	现　藏	作　者	写作时间	刻印时间	出版方	类型	版框高	版框宽	半页行数	单行字
320	《刘梦得文集》	日本天理大学附属天理图书馆					集书				
321	《曹子建文集》	上海图书馆	曹植	三国魏			集书	24.7	16.5	8	15
322	《补注蒙求》8册	上海图书馆	李涵	唐代				18	13.5	12	19
323	《东莱先生吕成公点句春秋经传集解》30卷、16册	上海图书馆	杜预，陆德明释文	晋，唐			经书	13.9	9.7	13	21
324	《汉丞相诸葛忠武侯传》1卷	上海图书馆	张栻	宋代			史书	20.7	16.1	10	17
325	《皇朝编年备要》30卷、30册	上海图书馆	陈均	宋代			史书	19.2	12.2	8	16
326	《皇朝编年备要》30卷、30册	静嘉堂文库	陈均	宋代	南宋末		史书				
327	《嘉祐集》	上海图书馆	苏洵	宋代	南宋绍兴十七年（1147年）	婺州州学雕	集书	14.8	9.9	14	25
328	《李学士新注孙尚书内简尺牍》16卷、4册	上海图书馆	孙觌撰，李祖尧注	宋代		宋蔡氏家塾	经书	18.9	12.7	12	20
329	《吕氏家塾读诗记》32	上海图书馆	吕祖谦	宋代			经书	16.2	11.3	12	22
330	《梁溪先生文集》37卷、20册	上海图书馆	李纲	宋代			集书	22.7	16.6	9	20
331	《侍郎葛公归愚集》20卷、4册	上海图书馆	葛立方	宋代			集书	19.5	14.2	12	22
332	《王荆公唐百家诗选》20卷、5册	上海图书馆	王安石	宋代			集书	22.4	17.1	10	18
333	《新编方舆胜览》	上海图书馆	祝穆编，祝洙增订	宋代	南宋咸淳三年（1267年）	吴坚、刘振孙刻重修本	史书	17.5	11.8	大字7行/小字14行	23
334	《新编方舆胜览》70卷、32册	静嘉堂文库	祝穆编，祝洙增订	宋代	宋末元初	建安本	史书				
335	《重雕足本鉴诫录》2册	上海图书馆	何光远	五代后蜀			史书	13.8	10.5	15	24
336	《诗集传》20卷、6册	静嘉堂文库	朱熹	宋代	宋嘉定绍兴间刻		经书				
337	《新刊直音傍训纂集东莱毛诗句解》20卷、6册	静嘉堂文库	李公凯	宋代	南宋末元初	建安	经书				
338	《毛诗举要图》，零本，1册	静嘉堂文库			南宋	建安	经书				
339	《周礼》附音重言重意互注本，存3卷，存1册	静嘉堂文库	郑玄	汉代	南宋	建安	经书				
340	《纂图互注周礼》12卷，图说篇目1卷，存12册	静嘉堂文库	郑玄注，陆德明释文	汉代，唐代	南宋	建安	经书				
341	《纂图互注礼记》20卷，16册	静嘉堂文库	郑玄注，陆德明释文	汉代，唐代	南宋	建安	经书				

续　表

双行字	口	边	鱼尾	字体	图	纸张	墨色	牌记	装帧	刻工	价格	备注
	白口	左右双边	双鱼尾									48磅字号，行宽2 cm
	白口	左右双边	单鱼尾									艺芸书舍
21	细黑口	四周双边	双鱼尾，间有单鱼尾，有耳题									艺芸书舍
	白口	左右双边	双鱼尾						蝴蝶装			艺芸书舍
16	细黑口	四周双边	双鱼尾									艺芸书舍
	白口	左右双边	单鱼尾									艺芸书舍
	细黑口	左右双边	双鱼尾									艺芸书舍
	白口	四周双边	双鱼尾									艺芸书舍
	白口	左右双边	双鱼尾									艺芸书舍
	白口	左右双边	双鱼尾									艺芸书舍
	白口	四周双边	单鱼尾						蝴蝶装			艺芸书舍
	细黑口	左右双边	双鱼尾									艺芸书舍
	白口	四周双边	单鱼尾						蝴蝶装			艺芸书舍，明清间八位藏书家

序号	书　　籍	现藏	作　者	写作时间	刻印时间	出版方	类型	版框高	版框宽	半页行数	单行字
342	《礼记举要图》1册	静嘉堂文库	郑玄注，陆德明释文	汉代，唐代	南宋	建安	经书				
343	《礼书》150卷，10册	静嘉堂文库	陈祥道撰	宋代	南宋庆元刊，元至正七年（1347年）	福州路儒学	经书				
344	《乐书》200卷，14册	静嘉堂文库	陈旸 撰	宋代	南宋庆元六年（1200年）序刊，元至正七年（1347年）	福州路儒学	经书				
345	《广韵》，5卷，5册	静嘉堂文库	陈彭年	宋代	南宋孝宗朝初期		经书				
346	《广韵》，5卷，5册	静嘉堂文库	陈彭年	宋代	南宋宁宗朝刊（覆宋孝宗朝初期）		经书				
347	《晋书》130卷，40册	静嘉堂文库	房玄龄撰，何超 音义	唐代，宋代	南宋刊		史书				
348	《宋书》100卷，20册	静嘉堂文库	沈约	梁	南宋前期		史书				
349	《南齐书》59卷，8册	静嘉堂文库	萧子显	梁	南宋前期		史书				
350	《梁书》56卷，12册	静嘉堂文库	姚思廉	唐	南宋前期		史书				
351	《陈书》36卷，16册	静嘉堂文库	姚思廉	唐	南宋前期		史书				
352	《魏书》114卷，42册	静嘉堂文库	魏收	北齐	南宋前期		史书				
353	《北齐书》50卷，8册	静嘉堂文库	李百乐	唐	南宋前期		史书				
354	《周书》50卷，10册	静嘉堂文库	令狐德棻	唐	南宋前期		史书				
355	《北史》存81卷，80册	静嘉堂文库	李延寿	唐	南宋中期		史书				
356	《唐书》存188卷，90册	静嘉堂文库	欧阳修	宋	宋绍兴刊，南宋前期修		史书				
357	《陆状元集百家注资治通鉴详节》120卷，48册	静嘉堂文库	宋司马光撰宋陆唐老集注	宋	南宋中期	建安蔡氏家塾	史书				
358	《资治通鉴释文》30卷，12册	静嘉堂文库	史炤	宋	南宋刊	建安	史书				
359	《续资治通鉴长编撮要》存51卷，32册	静嘉堂文库	李焘	宋	南宋刊		史书				
360	《国语》21卷，12册	静嘉堂文库	宋庠撰，韦昭注	宋	南宋前期刊		史书				
361	《陆宣公中枢奏议》存2卷，1册	静嘉堂文库	陆贽 撰	唐	南宋		史书				

续　表

双行字	口	边	鱼尾	字体	图	纸张	墨色	牌记	装帧	刻工	价格	备　注
												明递修
												元明递修
												宋，元，明弘治四年，嘉靖八至十年递修
												宋，元，明嘉靖八至十年递修
												宋，元，明初至明嘉靖八至十年递修
												宋、元修
												宋，元，明初至明嘉靖八至十年递修
												宋，元，明初至明嘉靖八至十年递修
												宋，元，明初至明嘉靖八至十年递修
												补配　元覆同本，元末刊本，有钞配
												同中期，元，明递修

序号	书籍	现藏	作者	写作时间	刻印时间	出版方	类型	版框高	版框宽	半页行数	单行字
362	《石林奏议》15卷，4册	静嘉堂文库	叶梦得撰，叶模编	宋	南宋开禧，嘉定跋刊		史书				
363	《欧公本末》4卷，20册	静嘉堂文库	吕祖谦	宋	南宋嘉定五年（1212年）序刊，元印		史书				
364	《新雕名公纪述老苏先生事实》1卷，1册	静嘉堂文库	不详		南宋刊		史书				
365	《新刊名臣碑傅琬琰之集》前集27卷，中集55卷，下集25卷，20册	静嘉堂文库	杜大珪	宋	南宋末刊		史书				
366	《新刊指南录》4卷，附1卷，2册	静嘉堂文库	文天祥	宋	南宋末刊，元初印		史书				
367	《咸淳临安志》存95卷，48册	静嘉堂文库	潜说友	宋	南宋咸淳刊		史书				
368	《重修毗陵志》存14卷，3册	静嘉堂文库	史能之	宋	南宋咸淳刊		史书				
369	《图经 严州重修图经》存3卷，4册	静嘉堂文库	宋董弅撰陈公亮、刘文富校	宋	宋刊明修		史书				
370	《致堂先生读史管见》80卷，24册	静嘉堂文库	胡寅撰	宋	南宋淳熙九年（1182年）		史书				
371	《丽泽论说集录》10卷，6册	静嘉堂文库	吕祖谦	宋	南宋刊		子书				
372	《真西山读书记乙集上大学衍义》43卷，20册	静嘉堂文库	真德秀	宋	南宋刊		子书				
373	《西山先生真文忠公读书记》甲集37卷 乙集下22卷 丁集2卷	静嘉堂文库	真德秀	宋	南宋刊	福州学官	子书				
374	《西山先生真文忠公读书记》	国图	真德秀	宋	南宋开庆元年（1259年）	福州官刻	子书	22.1	15.9	9	16
375	《武经七书》25卷，6册	静嘉堂文库			南宋刊		子书				
376	《名公书判清明集》零本，8册	静嘉堂文库			南宋刊		子书				
377	《伤寒总病论》6卷附音训1卷 修治药法1卷，4册	静嘉堂文库	庞安石	宋	南宋刊		子书				
378	《新雕孙真人千金方》30卷，24册	静嘉堂文库	孙思邈	唐	南宋刊		子书				
379	《史载之方》2卷，2册	静嘉堂文库	史堪	宋	南宋刊		子书				
380	《重校正活人书》18卷，10册	静嘉堂文库	朱肱撰	宋	南宋刊		子书				
381	《鸡峰普济卷》25卷，24册	静嘉堂文库	孙兆撰 贾监重校	宋	南宋刊		子书				
382	《普济本世方》6卷6册	静嘉堂文库	徐叔微	宋	南宋刊		子书				
383	《太医张子和先生儒门事亲》零本，1贴	静嘉堂文库	张从正	金	南宋刊		子书				

续 表

双行字	口	边	鱼尾	字 体	图	纸 张	墨 色	牌 记	装帧	刻工	价格	备 注
												元明递修
24	白口	左右双边	双鱼尾									宋刻元修本
												配元明刊本
				带图本								

序号	书籍	现藏	作者	写作时间	刻印时间	出版方	类型	版框高	版框宽	半页行数	单行字
384	《太医张子和先生儒门事亲》12 卷，9 贴	静嘉堂文库	张从正	金	金刊		子书				
385	《金壶记》3 卷，3 册	静嘉堂文库	释适之	宋	南宋刊		子书				
386	《书小史》10 卷，2 册	静嘉堂文库	陈思	宋	南宋末刊		子书				
387	《愧郯录》15 卷，6 册	静嘉堂文库	岳珂	宋	南宋刊，元修		子书				
388	《自警编》4 册	静嘉堂文库	赵善璙编	宋	南宋端平元年（1234年）跋刊	九江郡斋	子书				
389	《白氏六帖事类集》30 卷，12 册	静嘉堂文库	白居易	唐	北宋刊		子书				
390	《唐宋白孔六贴》38 卷，19 册	静嘉堂文库	白居易，孔传编	唐，宋	南宋刊	建安	子书				
391	《重修事物纪原集》20 卷，8 册	静嘉堂文库	高承撰	宋	南宋庆元三年（1197 年）	建安余氏	子书				
392	《东莱先生分门诗律武库》前集 15 卷，后集 15 卷	静嘉堂文库	吕祖谦	宋	南宋末元初	建安	子书				
393	《锦绣万花谷》存 2 卷，1 册	静嘉堂文库	不详	南宋	南宋刊		子书				
394	《新编通用启劄截江网》10 集，68 卷，32 册	静嘉堂文库	熊晦仲编	宋	南宋末元初	建安	子书				
395	《挥麈录》前录 4 卷 后录 存 2 卷（卷 3—11 缺）三录 3 卷	静嘉堂文库	王明清撰	宋	南宋刊		子书				
396	《夷坚志》（甲志—丁志 各 20 卷），24 册	静嘉堂文库	洪迈	宋	南宋淳熙七年（1180 年）	建安	子书				
397	《历代编年释氏通鉴》12 卷，16 册	静嘉堂文库	释本觉	宋	南宋刊		子书				
398	《般若灯论》1 卷，1 贴	静嘉堂文库	释波罗颇迦罗蜜多罗译	唐	南宋刊		子书				
399	《四分律删补随机羯磨疏》	静嘉堂文库	零卷，1 贴	唐	释道宣		子书				
400	《首楞严义疏注经》9 卷 13 贴	静嘉堂文库	释子璿撰	宋	南宋淳祐九年刊（1249 年）		子书				
401	《金刚经纂要刊定记》3 卷，1 贴	静嘉堂文库	释子璿撰	宋	南宋		子书				
402	《四分律含注戒本疏行宗记》4 卷，4 册	静嘉堂文库	释元照撰	宋	南宋		子书				
403	《四分律行事钞资持记》	静嘉堂文库	释元照撰	宋	南宋		子书				
404	《涅槃经疏三德指归》7 卷，7 贴	静嘉堂文库	释智圆	宋	南宋		子书				
405	《大方广佛华严经疏》14 卷，12 册	静嘉堂文库	唐释澄观撰 宋释净源疏注	宋	南宋绍兴十六年（1146 年）		子书				
406	《大方广佛华严经疏》17 卷，5 贴	静嘉堂文库	唐释澄观撰 宋释净源疏注	宋	南宋	两浙转运司	子书				

续 表

双行字	口	边	鱼尾	字体	图	纸张	墨色	牌记	装帧	刻工	价格	备 注
												市民百科全书
												元修

序号	书　籍	现　藏	作　者	写作时间	刻印时间	出版方	类型	版框高	版框宽	半页行数	单行字
407	《大方广佛华严经疏》20卷，20贴	静嘉堂文库	唐释澄观撰宋释净源疏注	宋	南宋	两浙转运司	子书				
408	《华严经疏科》存7卷	静嘉堂文库		宋	南宋嘉泰刊		子书				
409	《大方广佛华严经随疏演义钞》存26卷，25贴	静嘉堂文库	唐释澄观撰	唐	南宋绍熙元年（1190年）	开源寺	子书				
410	《大方广佛华严经随疏演义钞》存7卷，7贴	静嘉堂文库	唐释澄观撰	唐	南宋刊		子书				
411	《华严一乘分齐章义苑疏》存1卷1贴	静嘉堂文库	唐释道亨撰	唐	南宋刊		子书				
412	《阿毗达磨大毗婆沙论　说一切有部发智大毗婆沙论》存2卷，2贴	静嘉堂文库	三藏玄奘译	唐	南宋绍兴十八年刊（1148年）	开元寺	子书				
413	《南华真经注疏》5卷，5册	静嘉堂文库	晋郭象注唐成玄英疏	晋，唐	南宋刊		子书				
414	《庄子鬳斋口义》10卷，5册	静嘉堂文库	宋林希逸撰刘辰翁点校	宋	南宋		子书				
415	《王右丞文集》10卷，2册	静嘉堂文库	王维	唐	南宋初期		集书				
416	《唐柳先生文集》零本，1册	静嘉堂文库	柳宗元	唐	南宋嘉定刊		集书				
417	《元氏长庆集》3卷，1册	静嘉堂文库	元稹	唐	南宋刊		集书				
418	《浣花集》10卷，2册	静嘉堂文库	韦庄	唐	南宋刊		集书				
419	《王黄州小畜外集》8卷，2册	静嘉堂文库	王禹偁	宋	南宋刊		集书				
420	《古灵先生文集》25卷，12册	静嘉堂文库	陈襄	宋	南宋末刊		集书				
421	《古灵先生文集》12册	上海图书馆	陈襄	宋	南宋绍兴三十一年（1161年）	陈光辉	集书			10	18
422	《钱塘韦先生文集》18卷，14册	静嘉堂文库	韦骧	宋	南宋刊		集书				
423	《王状元集诸家注分类东坡先生诗》25卷，28册	静嘉堂文库	苏轼，王十朋编	宋	南宋刊	建安万卷堂	集书				
424	《周益文忠公集》70卷，40册	静嘉堂文库	周必大	宋	南宋刊		集书				
425	《东莱吕太史集》15卷（卷9缺）别集16卷外集5卷 拾遗1卷 附录3卷，8册	静嘉堂文库	吕祖谦	南宋	南宋刊		集书				
426	《东莱吕太史集》存4卷，2册	静嘉堂文库	吕祖谦	南宋	南宋刊		集书				
427	《皇朝文鉴》(《宋文鉴》)150卷，64册	静嘉堂文库	吕祖谦	南宋	南宋宁宗朝刊		集书				
428	《迂斋先生标注崇古文诀》20卷，10册	静嘉堂文库	楼昉	南宋	南宋刊		集书				
429	《后山居士诗话》百川学海零本1卷，1册	静嘉堂文库	陈师道	北宋	南宋刊		集书				

双行字	口	边	鱼尾	字体	图	纸张	墨色	牌记	装帧	刻工	价格	备注
	白口	左右双边										
												元修
												元明递修
												明修
												端平元年，元，明递修

参考文献

英文文献:

[1] Anderson J R, Bothell D, Byrne M D, et al. An integrated theory of the mind [J].
Psychological Review, 2004, 111(4): 1036-1060.

[2] Bath J . Tradition and transparency: why book design still matters in the digital age [J]. New
Knowledge Environments, 2010, 1(1): 1-8.

[3] Susan C. Book culture and textual transmission in Sung China [J]. Harvard Journal of Asiatic
Studies, 1994, 54(1): 5-125.

[4] Stout D J. The role of book design in the changing book [J]. Collection Management, 2006,
31: 1-2, 169-181.

[5] Lupton E. Design is storytelling [M]. London: Thames & Hudson, 2017.

[6] Merkoski J. Burning the page: the ebook revolution and the future of reading [M]. Illinois:
Source-books, 2013.

[7] Lin H. Printing, publishing, and book culture in premodern china [J]. Monumenta Serica,
2015, 63(1): 150-171.

[8] Davis M, Hunt J. Visual communication design [M]. New York: Bloomsbury Publishing
Visual Arts, 2017.

[9] McLuhan M. Understanding media: the extension of man [M]. London and New York:
Routledge, 2001.

[10] Neisser U. Cognition and reality [J]. The American Journal of Psychology, 1977, 90(3):
541.

[11] Pan M S. Books and printing in Sung China, 960—1279 [D].Chicago: University of
Chicago, 1979.

[12] Irwin T. Transition design: a proposal for a new area of design practice, study and research
[J]. In Design and Culture Journal, 2015, 7(2): 229-246.

[13] Schramm W, Porter W E . Men women messages and media: understanding human

communication［M］. New York: Harper & Row Publishers, 1982.

［14］ Zhang Y J. Illustrating beauty and utility: visual rhetoric in two medical texts written in China's Northern Song Dynasty, 960—1127［J］. Journal of Technical Writing and Communication, 2016, 46(2): 172-205.

中文文献：

［15］ 阿恩海姆. 艺术与视知觉［M］. 滕守尧，译. 成都：四川人民出版社，2019.

［16］ 阿恩海姆. 视觉思维［M］. 滕守尧，译. 成都：四川人民出版社，2019.

［17］ 哈斯拉姆. 书籍设计［M］. 钟晓楠，译. 北京：中国青年出版社，2007.

［18］ 白新良. 中国古代书院发展史［M］. 天津：天津大学出版社，1995.

［19］ 包弼德. 宋代研究工具书刊指南（修订版）［M］. 桂林：广西师范大学出版社，2008.

［20］ 包弼德. 斯文：唐宋思想的转型［M］. 刘宁，译. 南京：江苏人民出版社，2001.

［21］ 北京图书馆. 中国版刻图录［M］. 北京：文物出版社，1960.

［22］ 毕嘉珍. 墨梅［M］. 陆敏珍，译. 南京：江苏人民出版社，2012.

［23］ 陈彬龢，查猛济. 中国书史［M］. 上海：上海古籍出版社，2008.

［24］ 陈红彦. 文苑英华（善本故事）［N］. 人民日报海外版，2005-10-14（07）.

［25］ 陈坚，马文大. 宋元版刻图释［M］. 北京：学苑出版社，2008.

［26］《中国典籍与文化》编辑部. 中国典籍与文化论存［M］. 北京：中华书局，1993.

［27］ 王圻，王思义. 三才图会［M］. 上海：上海古籍出版社，1988.

［28］ 陈师道. 后山居士文集［M］. 上海：上海古籍出版社，1984.

［29］ 陈亚建. 中国书籍艺术史［M］. 南京：江苏凤凰文艺出版社，2018.

［30］ 陈艺文. 宋代书籍版式设计研究［D］. 北京：北京服装学院，2017.

［31］ 陈寅恪. 陈寅恪集 金明馆丛稿二编［M］. 北京：生活·读书·新知三联书店，2015.

［32］ 陈正宏，谈蓓芳. 中国禁书简史［M］. 上海：学林出版社，2004.

［33］ 陈植锷. 北宋文化史述论［M］. 北京：中国社会科学出版社，1992.

［34］ 张丽娟，程有庆. 宋本［M］. 南京：江苏古籍出版社，2002.

［35］ 程颢，程颐. 二程集［M］. 北京：中华书局，1981.

［36］ 大辞海编辑委员会. 大辞海［M］. 上海：上海辞书出版社，2012.

［37］ 库恩. 儒家统治的时代：宋的转型［M］. 李文锋，译. 北京：中信出版社，2016.

［38］ 丁日昌. 持静斋书目［M］. 上海：上海古籍出版社，2008.

[39] 卡西尔.人论［M］.李琛，译.北京：光明日报出版社，2009.

[40] 方健.范仲淹评传［M］.南京：南京大学出版社，2001.

[41] 方闻.心印：中国书画风格与结构分析研究［M］.李维琨，译.上海：上海书画出版社，2016.

[42] 傅克辉.中国设计艺术史［M］.重庆：重庆大学出版社，2008.

[43] 傅克辉，周成.中国古代设计图典［M］.北京：文物出版社，2011.

[44] 耿海燕.宋代书刻述论［D］.郑州：郑州大学，2013.

[45] 葛兆光.思想史研究课堂讲录（增订版）［M］.北京：生活·读书·新知三联书店，2019.

[46] 巩本栋.宋集传播考论［M］.北京：中华书局，2009.

[47] 宫崎市定.东洋的近世［M］.张学锋，译.上海：上海古籍出版社，2018.

[48] 顾振宇.交互设计：原理与方法［M］.北京：清华大学出版社，2016.

[49] 潘运告.宋人画论［M］.熊志庭，刘城淮，金五德，译注.长沙：湖南美术出版社，2000.

[50] 西蒙.人工科学［M］.武夷山，译.北京：商务印书馆，1987.

[51] 何忠礼.科举制度与宋代文化［J］.历史研究，1990（5）：119-135.

[52] 黄夏.宋代书籍木刻插图价值研究［D］.重庆：西南大学，2010.

[53] 黄仁宇.中国大历史［M］.北京：九州出版社，2015.

[54] 胡飞.中国传统设计思维方式探索［M］.北京：中国建筑工业出版社，2007.

[55] 黄寿祺，张善文.周易译注［M］.上海：上海古籍出版社，2004.

[56] 金墨.宋画大系 山水卷［M］.北京：中信出版社，2016.

[57] 马衡，等.古书的装帧：中国书册制度考［M］.杭州：浙江人民美术出版社，2019.

[58] 卡特.中国印刷术的发明和它的西传［M］.胡志伟，译.北京：商务印书馆，1957.

[59] 雷德侯.万物：中国艺术中的模件化和规模化生产［M］.张总，钟晓青，陈芳，等译.北京：生活·读书·新知三联书店，2005.

[60] 方晓风.设计研究新范式 2:《装饰》海外论文精选［M］.上海：上海人民美术出版社，2019.

[61] 李道英.唐宋八大家文选［M］.海口：南海出版公司，2005.

[62] 李钢.两宋山水画笔墨解析：溪山行旅图［M］.上海：上海人民美术出版社，2019.

[63] 李钢.传统文脉与设计思维［M］.上海：上海交通大学出版社，2015.

[64] 李钢.传统文脉与现代设计体用［M］.上海：上海交通大学出版社，2019.

[65] 李富华，何梅.汉文佛教大藏经研究［M］.北京：宗教文化出版社，2003.

［66］ 李立新.中国设计艺术史论［M］.天津：天津人民出版社，2011.

［67］ 李茂增.宋元明清的版画艺术［M］.郑州：大象出版社，2000.

［68］ 李焘.续资治通鉴长编［M］.北京：中华书局，1992.

［69］ 李砚祖.造物之美：产品设计的艺术与文化［M］.北京：中国人民大学出版社，2000.

［70］ 李玉安，黄正雨.中国藏书家通典［M］.北京：中国国际文化出版社，2005.

［71］ 李致忠.宋版书叙录［M］.北京：北京图书馆出版社，1994.

［72］ 李致忠.中国古代书籍［M］.北京：中国国际广播出版社，2010.

［73］ 李泽厚.美的历程［M］.北京：生活·读书·新知三联书店，2009.

［74］ 皮尔斯.皮尔斯：论符号［M］.赵星植，译.成都：四川大学出版社，2014.

［75］ 李幼蒸.历史符号学［M］.桂林：广西师范大学出版社，2003.

［76］ 李泽厚.中国古代思想史论［M］.北京：生活·读书·新知三联书店，2008.

［77］ 林柏亭.大观：宋版图书特展［M］.北京：紫禁城出版社，2011.

［78］ 林申清.宋元书刻牌记图录［M］.北京：北京图书馆出版社，1999.

［79］ 乐国安，韩振华.认知心理学［M］.天津：南开大学出版社，2011.

［80］ 刘宝楠.论语正义［M］.北京：中华书局，1990.

［81］ 云告.宋人画评［M］.长沙：湖南美术出版社，1999.

［82］ 刘方.宋型文化与宋代美学精神［M］.成都：巴蜀书社，2004.

［83］ 刘子健.中国转向内在：两宋之际的文化转向［M］.赵冬梅，译.南京：江苏人民出版
社，2012.

［84］ 卢伟.美国图书馆藏宋元版汉籍研究［M］.北京：北京大学出版社，2013.

［85］ 陆游.渭南文集［M］.北京：北京图书馆出版社，2004.

［86］ 凯夫，阿德亚.极简图书史［M］.戚昕，潘肖蔷.北京：电子工业出版社，2016.

［87］ 巴特.显义与晦义：批评文集之三［M］.怀宇，译.天津：百花文艺出版社，2005.

［88］ 吕敬人.书艺问道：吕敬人书籍设计说［M］.上海：上海人民美术出版社，2017.

［89］ 内藤湖南.概括的唐宋时代观［C］//刘俊文.日本学者研究中国史论著选译 第1卷 通
论.黄约瑟，译.北京：中华书局，1992：10-18.

［90］ 麦克法兰.给四月的信：我们如何知道［M］.马啸，译.北京：生活·读书·新知三联
书店，2015.

［91］ 孟凡君.认知神经美学视域下的美感问题研究［D］.长春：吉林大学，2018.

［92］ 孟元老，等.东京梦华录（外四种）［M］.北京：文化艺术出版社，1998.

［93］ 柳宗元.柳宗元集［M］.北京：中华书局，1979.

［94］ 倪雅梅.中正之笔：颜真卿书法与宋代文人政治［M］.杨简茹，译.南京：江苏人民出版社，2018.

［95］ 彭莱.古代画论［M］.上海：上海书店出版社，2009.

［96］ 彭聃龄.普通心理学［M］.4版.北京：北京师范大学出版社，2012.

［97］ 钱存训.中国纸和印刷文化史［M］.桂林：广西师范大学出版社，2004.

［98］ 钱穆.文化学大义［M］.北京：九州出版社，2012.

［99］ 钱穆.宋明理学概述［M］.北京：九州出版社，2010.

［100］ 钱穆.中国思想史［M］.北京：九州出版社，2017.

［101］ 瞿冕良.中国古籍版刻辞典［M］.济南：齐鲁书社，1999.

［102］ 邵雍.邵雍集［M］.北京：中华书局，2010.

［103］ 邵琦，李良瑾，陆玮，等.中国古代设计思想史略［M］.上海：上海书店出版社，2009.

［104］ 杉浦康平.造型的诞生：图像宇宙论［M］.李建华，杨晶，译.北京：中国人民大学出版社，2013.

［105］ 孙从添.藏书纪要［M］.北京：中华书局，1991.

［106］ 霍尔.表征：文化表征与意指实践［M］.徐亮，陆兴华，译.北京：商务印书馆，2013.

［107］ 苏畅.宋代绘画美学研究［M］.北京：人民美术出版社，2017.

［108］ 苏梅.宋代文人意趣与工艺美术关系［M］.北京：中国社会科学出版社，2015.

［109］ 苏轼.苏轼文集（第2册）［M］.孔凡礼，点校.北京：中华书局，1986.

［110］ 苏轼.苏轼诗集［M］.王文诰，辑注.北京：中华书局，1982.

［111］ 苏勇强.北宋书籍刊刻与古文运动［M］.杭州：浙江大学出版社，2010.

［112］ 孙昌武.禅思与诗情［M］.北京：中华书局，1997.

［113］ 叶朗.美学原理［M］.北京：北京大学出版社，2009.

［114］ 中华再造善本工程编纂出版委员会.中华再造善本总目提要 唐宋编［M］.北京：国家图书馆出版社，2013.

［115］ 诺曼.情感化设计［M］.付秋芳，程进三，译.北京：电子工业出版社，2005.

［116］ 田建平.宋代书籍出版史研究［M］.北京：人民出版社，2018.

［117］ 田建平.宋代出版史［M］.北京：人民出版社，2017.

［118］ 脱脱，等.宋史［M］.北京：中华书局，2011.

［119］ 王溥.五代会要［M］.上海：上海古籍出版社，1978.

［120］ 王国维.王国维遗书（五）［M］.上海：上海书店出版社，2011.

［121］ 王国维.王国维遗书（十一）［M］.上海：上海古籍书店，1983.

［122］ 王受之.世界现代设计史［M］.北京：中国青年出版社，2002.

［123］ 吴钩.宋：现代的拂晓时辰［M］.桂林：广西师范大学出版社，2015.

［124］ 吴功正.宋代美学史［M］.南京：江苏教育出版社，2007.

［125］ 席涛.信息视觉设计［M］.上海：上海交通大学出版社，2011.

［126］ 夏燕靖.中国设计史［M］.上海：上海人民美术出版社，2009.

［127］ 法兰.设计史：理解理论与方法［M］.张黎，译.南京：江苏凤凰美术出版社，2016.

［128］ 王余光，徐雁.中国阅读大辞典［M］.南京：南京大学出版社，2016.

［129］ 许慎.说文解字［M］.汤可敬，译注.北京：中华书局，2018.

［130］ 许嘉璐.宋史 第1册［M］.上海：汉语大词典出版社，2004.

［131］ 许倬云.万古江河：中国历史文化的转折与开展［M］.长沙：湖南人民出版社，2017.

［132］ 徐松.宋会要辑稿［M］.北京：中华书局，1957.

［133］ 徐飚.成器之道：先秦工艺造物思想研究［M］.南京：南京师范大学出版社，1999.

［134］ 薛冰.中国版本文化丛书·插图本［M］.南京：江苏古籍出版社，2002.

［135］ 叶德辉.书林清话［M］.北京：华文出版社，2012.

［136］ 严绍璗.日藏汉籍善本书录［M］.北京：中华书局，2007.

［137］ 姚伯岳.中国图书版本学［M］.北京：北京大学出版社，2004.

［138］ 朱熹.周易［M］.上海：上海古籍出版社，1987.

［139］ 杨永德.中国古代书籍装帧［M］.北京：人民美术出版社，2006.

［140］ 叶梦得.石林燕语［M］.北京：中华书局，1984.

［141］ 叶朗.美学原理［M］.北京：北京大学出版社，2009.

［142］ 叶朗.中国美学史大纲［M］.上海：上海人民出版社，1985.

［143］ 叶朗.观·物：哲学与艺术中的视觉问题［M］.北京：北京大学出版社，2019.

［144］ 易图强.出版学概论［M］.长沙：湖南师范大学出版社，2008.

［145］ 尹定邦.设计学概论［M］.长沙：湖南科学技术出版社，1999.

［146］ 费斯克.关键概念：传播与文化研究辞典［M］.李彬，译注.北京：新华出版社，2004.

［147］ 伯格.观看之道［M］.戴行钺，译.桂林：广西师范大学出版社，2015.

［148］ 杜威.艺术即经验［M］.高建平，译.北京：商务印书馆，2017.

［149］ 余英时.文史传统与文化重建［M］.北京：生活·读书·新知三联书店，2004.

[150] 余英时.士与中国文化［M］.上海：上海人民出版社，2003.

[151] 岳仁.宣和画谱［M］.长沙：湖南美术出版社，1999.

[152] 长孙无忌.隋书经籍志［M］.上海：商务印书馆，1936.

[153] 赵农.中国艺术设计史［M］.北京：高等教育出版社，2009.

[154] 张国良.传播学原理［M］.上海：复旦大学出版社，1995.

[155] 张秀民.张秀民印刷史论文集［M］.北京：印刷工业出版社，1988.

[156] 张彦远.历代名画记［M］.杭州：浙江人民美术出版社，2019.

[157] 张煜明.中国出版史［M］.武汉：武汉出版社，1994.

[158] 曾枣庄，刘琳.全宋文［M］.上海：上海辞书出版社，2006.

[159] 邓乔彬.第五届宋代文学国际研讨会论文集［M］.广州：暨南大学出版社，2009.

[160] 朱熹.四书章句集注［M］.北京：中华书局，1983.

[161] 中国国家图书馆，中国国家古籍保护中心.第一批国家珍贵古籍名录图录［M］.北京：国家图书馆出版社，2008.

[162] 周昌忠.中国传统文化的现代性转型［M］.上海：上海三联书店，2002.

[163] 郑军.历代书籍形态之美［M］.济南：山东画报出版社，2017.

[164] 宗白华.艺境［M］.北京：北京大学出版社，1987.

[165] 凯瑞.作为文化的传播［M］.丁未，译.北京：中国人民大学出版社，2019.

期刊文献：

[166] 艾君.二十四节气的内涵以及文化传承价值［J］.工会博览，2019（35）：40-43.

[167] 包弼德.唐宋转型的反思：以思想的变化为主［J］.中国学术，2000（3）：63-87.

[168] 曹之.古代历书出版小考［J］.出版史料，2007（3）：83-86.

[169] 丁海斌，杨茉."图书"一词的起源及本义考［J］.档案学研究，2018（2）：21-27.

[170] 邓雷.浅谈宋代艺术的极简风格及其审美蕴涵［J］.美与时代（上），2018（8）：17-19.

[171] 董德英.陈元靓《岁时广记》及其辑录保存特点与价值［J］.古籍整理研究学刊，2017（6）：42-46.

[172] 董春林.论宋代刻本书籍版式设计［J］.中国出版，2013（20）：47-49.

[173] 段炼.蕴意载道：索绪尔符号学与中国山水画的再定义［J］.美术研究，2016（2）：18-22.

[174] 方旭东.邵雍"观物"说的定位：由朱子的批评而思［J］.湖南大学学报（社会科学版），2012（6）：51-56.

[175] 顾媛媛.论中国现代书籍设计与传统建筑设计的内在契合[J].出版发行研究，2013（7）；94-96.

[176] 韩毅.宋代佛教的转型及其学术史意义[J].青海民族大学学报（社会科学版），2005，31（2）：31-37.

[177] 林明.中国古代纸张避蠹加工研究[J].图书馆，2012（2）：131-134.

[178] 李承华.《三才图会》"图文"叙事及视觉结构[J].新美术，2012（6）：36-42.

[179] 李钢.解密"林泉之心"[J].美术观察，2015（9）：120-121.

[180] 李钢，姚君喜.台湾当代图书设计中的文化传承[J].编辑之友，2016（1）：88-92.

[181] 李砚祖.从功利到伦理：设计艺术的境界与哲学之道[J].文艺研究，2005（10）：100-109.

[182] 李致忠.中国古代书籍的装帧形式与形制[J].文献，2008（7）：3-17.

[183] 李致忠.宋两浙东路茶盐司刻本《周易注疏》考辨[J].文物，1986（6）：68-73.

[184] 刘方.从杭州西湖白莲社结社诗歌看北宋佛教新变：以《杭州西湖昭庆寺结莲社集》为核心的考察[J].宗教学研究，2014（2）：103-108.

[185] 刘耀.中国古代佛教传播过程中佛经插图变化[J].现代商贸工业，2016，37（12）：68-70.

[186] 钱存训.纸的起源新证：试论战国秦简中的纸字[J].文献，2002（1）：4-11.

[187] 吕敬人.当代阅读语境下中国书籍设计的传承与发展[J].编辑学刊，2014（3）：6-12.

[188] 牛宏宝.时间意识与中国传统审美方式：与西方比较的分析[J].北京大学学报（哲学社会科学版），2011，48（1）：32-40.

[189] 史庆丰，侯佳.中国传统文化在现代书籍装帧艺术中的重构[J].编辑之友，2017（9）：91-96.

[190] 滕晓铂.论威廉·莫里斯的书籍设计及其影响[J].创意设计源，2017（1）：4-11.

[191] 王明.隋唐时代的造纸[J].考古学报，1956（1）：115-126.

[192] 石谷风.谈宋代以前的造纸术[J].文物，1959（1）：33-35.

[193] 王永波.《柳河东集》在宋代的编集与刊刻[J].青海师范大学学报（哲学社会科学版），2016，38（2）：93-99.

[194] 王怀义.近现代时期"观物取象"内涵之转折[J].文学评论，2018（4）：179-187.

[195] 尾崎康.宋代雕版印刷的发展[J].故宫学术季刊.2003，20（4）：167-190.

[196] 肖东发.建阳余氏刻书考略（上）[J].文献，1984（3）：19.

[197] 许怀林.陆九渊的思想与生活实践[J].河北大学学报（哲学社会科学版），2018，43（4）：1-8.

［198］ 徐新红 . 玉不琢，不成器：论书籍装帧设计背后的"工匠精神"［J］. 传播与版权，2017（1）：53-56.

［199］ 应受庚 . 中国绘画构图学的规律与法则研究［J］. 浙江丝绸工学院学报，1997（1）：47-55.

［200］ 叶浩生 . 有关具身认知思潮的理论心理学思考［J］. 心理学报，2011，43（5）：589-598.

［201］ 叶浩生 . 具身认知：认知心理学的新取向［J］. 心理科学进展，2010，18（5）：705-710.

［202］ 殷曼楟 . 论沃尔海姆"看进"观的视觉注意双重性［J］. 南京社会科学，2014（7）：116-121.

［203］ 张红梅，刘兆武 . 从千里江山到富春山居：创作主体审美知觉模式对绘画风格衍变的作用及影响［J］. 文艺争鸣，2015（12）：189-195.

［204］ 张易 . 论宋太宗对中国古代图书事业的贡献［J］. 图书馆工作与研究，2009（7）：80-82.

［205］ 张自然 .《宣和奉使高丽图经》美术史学价值管窥［J］. 中国美术研究，2019（4）：56-60.

［206］ 郑工，于广华 . 人与物之间：中国书籍设计现代性问题［J］. 现代出版，2020（2）：45-52.

［207］ 万剑，漆小平 . 宋代书籍出版范式及美学价值［J］. 中国出版，2018（15）：67-71.

［208］ 周燕明 . 苏轼"静故了群动"诗学观与禅宗止观［J］. 北方论丛，2017（3）：65-70.

后 记

感谢我的导师李钢教授，是他用艺术的直觉和学术的宽容将我从社会科学的理性世界带入了艺术与设计的世界，寻找到学术的平衡。他一直用生命的体验之学引导我追求知识之外的生命本质。他引导我探究如诗如画的宋型文化，带领我进入了一个美与理兼备的学术世界。当我辗转两宋山水画和两宋书籍时，在符号、章法与气韵中感受到了中国传统文化的精神追求。宋版书籍如同一扇门，带我进入兼具古雅之美、柔软之美和理性之美的世界。

感谢我在博士期间遇到的每一位老师，我的硕士研究生导师张国良老师让我得以坚持追求学术的道路，他温文尔雅，其学术人生一直是我的前进灯塔。感谢姚君喜老师、丁未老师、席涛老师、周武忠老师、林迅老师、葛岩老师、韩挺老师、顾振宇老师、戴立农老师、张立群老师、邹其昌老师、朱淳老师、王雪青老师带给我的学术启发。师姐丁未老师鼓励我继续攻读博士，又每在我论文写不下去的时候，在遥远的美国和我电话沟通，让我坚定研究的信心。感谢深圳报业集团时任社长陈寅和现任社长丁时照，深圳报业集团出版社的胡洪侠社长和孔令军副总编辑，上海人民美术出版社的乐坚副社长，在我的书籍编辑实践和对书籍的理解上给予了许多智慧的启发。因为他们，我也得以结缘英国人类学学者麦克法兰先生、现当代文学学者黄子平老师、图书馆界专家吴晞馆长，还有台湾《汉声》杂志创办人黄永松先生，让我学会从更宏大的历史叙事角度理解设计。感谢亦师亦友的佟鸿举、设计师韩湛宁先生、上海图书馆资深馆员梁颖先生、阅读推广人郝纪柳先生和我的朋友王静、何映霏关心我的宋版书研究，他们经常给我很多研究上的启发。我的师妹唐诗毓一直与我一起在设计与传播的学科之间寻找桥梁。感谢我采访的每一位书籍设计师，他们的睿智、创意和活力让我体会到设计对社会变革的作用。

我出生在内蒙古，从 1997 年离开家乡呼和浩特，一路南下，从天津南开，到上海复旦，再回到北京，又南下深圳，最后回到上海交通大学，不断求学、工作、再求学的日子如同在翻越一座座大山，一路艰辛，但也一路风景如画。

特别感谢我的母亲，一直以来，特别是在我四十岁去攻读博士的期间对我的包容和支持，她也一直用坚强支撑我走过很多难关。感谢我的先生，给予我最大程度的鼓励和倾听，在我困惑的时候，让我坚持关注读书的意义本身而不是它的功用。我 100 岁的奶奶已经驾鹤西去，她在世的日子里一直用微信鼓励我，为我加油，一直到我博士毕业。她的智慧和积极乐观的人生态度，深深地影响着我。我的儿子，则一直给我生命的灵感。

能有机会在繁忙的快节奏生命中，用四年时间回望一座千百年前的文化艺术高峰，我深感幸运，也心怀感恩。人生如逆旅，有缘身在此山中。

岳鸿雁

2022 年正月初十于沪上